中国地质调查成果 CGS 2021-060

共和盆地水文地质环境地质调查评价(项目编号:1212011220944)

青海省共和盆地地下水资源及其环境问题研究

QINGHAI SHENG GONGHE PENDI DIXIASHUI ZIYUAN
JIQI HUANJING WENTI YANJIU

杨会峰　孟瑞芳　刘春雷　曹文庚　白　华　等编著

中国地质大学出版社

ZHONGGUO DIZHI DAXUE CHUBANSHE

内容提要

本书是中国地质调查局"全国地下水资源及其环境问题调查评价"计划项目下属的"共和盆地水文地质环境地质调查评价"工作项目成果的总结。共和盆地地下水开发利用程度低,是研究自然条件下水循环演变的理想地区。本书系统地研究了区域地下水循环及其变化特征,分析了水资源开发利用相关的环境地质问题;首次划分了共和盆地地下水系统,构建了共和盆地水文地质参数系列,建立了盆地内重点地区地下水的数值模型,开展了对地下水数量、质量及开发利用潜力的评价;系统评估了人畜用水、工业用水、农田及生态用水的中长期需求量,开展了区域和重点区的水资源承载力的评价,提出了地下水资源可持续开发利用方案,为水资源合理开发利用和生态环境保护提供了科学依据。

本书可供水文与水资源学、水文地质学、环境地质学等专业的研究人员及大专院校师生阅读,也可供从事国土、水利、资源开发、生态和环境保护的管理人员参考。

图书在版编目(CIP)数据

青海省共和盆地地下水资源及其环境问题研究/杨会峰等编著.—武汉:中国地质大学出版社,2021.9
ISBN 978-7-5625-5092-1

Ⅰ.①青…
Ⅱ.①杨…
Ⅲ.①盆地-地下水资源-研究-青海
Ⅳ.①P641.8

中国版本图书馆 CIP 数据核字(2021)第 177421 号

青海省共和盆地地下水资源及其环境问题研究

杨会峰　孟瑞芳　刘春雷　曹文庚　白　华　等编著

责任编辑:韦有福　谢媛华	选题策划:韦有福	责任校对:徐蕾蕾

出版发行:中国地质大学出版社(武汉市洪山区鲁磨路388号)　　邮编:430074
电　　话:(027)67883511　　传　　真:(027)67883580　　E-mail:cbb@cug.edu.cn
经　　销:全国新华书店　　　　　　　　　　　　　　　　　　http://cugp.cug.edu.cn

开本:880毫米×1230毫米　1/16　　　　　　　　　　　　字数:578千字　印张:18.25
版次:2021年9月第1版　　　　　　　　　　　　　　　　　印次:2021年9月第1次印刷
印刷:湖北新华印务有限公司

ISBN 978-7-5625-5092-1　　　　　　　　　　　　　　　　　　　　　　　定价:198.00元

《青海省共和盆地地下水资源及其环境问题研究》编委会

编著者：杨会峰　孟瑞芳　刘春雷　曹文庚

　　　　白　华　郝奇琛　李剑锋　王丽娟

　　　　王贵玲　宋　博　李泽岩　孙红丽

　　　　张英平　徐步云　包锡麟　任　宇

序

共和盆地位于青藏高原东北缘,面积约 $1.2\times10^4\mathrm{km}^2$,行政区划上包括青海省海南藏族自治州的共和县、贵南县大部分地区以及海西蒙古族藏族自治州乌兰县部分地区。"天空之镜"茶卡盐湖位于盆地西北部,中国第三大水库黄河上游的"龙头"电站——龙羊峡水库位于盆地东南部。共和盆地是青海油田油气勘查和开采的重要后备基地、干热岩资源主要赋存区,盆地及其外围干热岩面积达 $3\,092.89\mathrm{km}^2$,具有分布广、岩性条件好、资源量丰富等优势,也是青海省重要的盐矿基地和畜牧业生产基地。

区内龙羊峡水库虽然为部分地区提水灌溉提供了水源和电源条件,但是由于水位低、提水扬程高,尚不能作为大规模农牧业灌溉和生态建设的水源。盆地内沙珠玉河等河流上、中游水资源被大量利用,导致下游地表水锐减、终端湖湖面缩小、湿地减少、土地荒漠化问题日趋严峻。

地下水资源是共和盆地人畜饮水、盐矿工业、农业灌溉、饲草料基地建设和荒漠化治理主要供水水源,对当地社会经济发展具有重要支撑作用。因此本书着眼于盆地地下水资源量及分布规律,与地下水相关的环境地质问题及其影响因素,着重分析研究水资源承载能力状况并提出了水资源合理开发规划目标。"共和盆地水文地质环境地质调查评价"项目为中国地质调查局计划项目"全国地下水资源及其环境问题调查评价"下属的工作项目,项目编号:1212011220944。本书是共和盆地水文地质环境地质调查评价项目成果的系统总结。

本书共分为12章,重点分析了盆地内第四纪地质条件和沉积环境对含水层形成的控制作用,划分了区域地下水系统,系统阐述了地下水资源开发利用状况和存在的主要问题,构建了水文地质参数系列,建立了恰卜恰河谷和茶卡冲洪积扇重点地区地下水数值模型,系统开展了对盆地尺度和重点城市地下水资源数量、质量及开发利用潜力的评价,查明了地下水资源空间分布特征和开发利用潜力状况,分析了盆地与水资源开发利用相关的主要环境地质问题,评估了农牧业和生态环境建设对水资源的需求量,开展了对区域和重点城镇水资源承载力的评价,基于地下水资源供需分析和重点区数值模型预测,提出了地下水资源合理开发利用区划与可持续利用对策,为共和盆地水资源可持续开发利用和生态环境保护提供了科学依据。

本书的特色有以下几方面:一是首次利用稳定同位素和放射性同位素测年技术系统分析了共和盆地地下水的来源和年龄特征,查明了盆地地下水主要来源于河流出山口入渗补给,其中浅层地下水主要为现代水,更新能力强,深层承压水的年龄为 $17.88\sim11.23\mathrm{ka}$,径流路径长、速度缓慢、更新能力差;二是首次以地下水流系统为主要依据,同时充分考虑地质构造、地貌、含水层介质对地下水补给、径流、排泄条件的影响,将共和盆地地下水系统进行了整体划分,划分为3个二级地下水系统、15个三级地下水系统,为区域地下水资源评价及相关研究奠定了基础;三是系统构建了盆地水文地质参数系列,建立了共和盆地重点区地下水数值模型,首次按照地下水系统进行了区域地下水资源评价,查明了地下水资源数量、质量及空间分布状况,并利用数值法进行了地下水开发利用方案的预测评估;四是通过多期动态遥感地质解译，查明了20世纪70年代以来盆地沙漠化、草场退化等环境问题演变过程和变化原因；五是首次开展了对盆地水资源承载力的评价，系统评估了人畜用水、工业用水、农业及生态用水的中长期需求量，开展了对区域和恰卜恰河谷、哇洪河冲洪积扇、茶卡盐湖北缘冲洪积扇等重点地区的水资源承载力的评价，提出了地下水资源可持续开发利用方案。

共和盆地地下水开发利用程度低，人类活动对水循环影响程度弱，是研究自然条件下水循环演变的理想地区，本书的成果可供从事水文地质、环境地质研究的学者借鉴和参考。

俄罗斯自然科学院院士

前　言

我国地下水的长期持续开采为保障经济社会的快速发展和农业的稳产高产发挥了重要作用。随着地下水开采强度不断加大、地表水利工程大量修建等人类活动的增加以及受全球气候变化的影响，我国地下水资源和地质环境的整体状况与以往相比发生了很大变化，如含水层枯竭、地下水污染、地面沉降、地裂缝发育、土壤盐渍化和沙化加剧，原有的水文地质调查数据和成果已无法满足当下地下水资源开发、地质环境保护与管理的需要，亟待更新。同时水文地质理论、技术方法和相关研究领域的不断发展，水文地质工作逐步转向资源与环境并重，需要用新的理论方法开展主要平原（盆地）地下水资源和地质环境的调查工作。

为全面掌握 20 多年来全国气候变化及人类活动影响下地下水资源和地质环境的变化、制订地质环境保护适应性对策、促进地下水资源的合理开发利用，中国地质调查局实施了"全国地下水资源及其环境问题调查评价"项目，先后对中国北方柴达木盆地、塔里木盆地、准噶尔盆地、河西走廊、华北平原、松嫩平原等开展了对地下水资源及其环境问题的调查评价工作。

共和盆地是青海油田油气勘查和开采的重要后备基地，开展了对共和、贵德等盆地的地质构造与油气资源的勘查，主要目的是为青海省全面建成千万吨级高原油气田奠定基础。共和盆地西部的茶卡盐湖是青海省四大盐湖之一，已探明储量 4.4×10^8 t 以上，是青海省重要的盐矿基地。共和盆地还是青海省重要的畜牧业生产基地。

共和盆地内龙羊峡水库虽然为部分地区提水灌溉提供了水源和电源条件，但是由于水位低、提水扬程高（400~500m），工程投资和运行费用会很高，目前作为大规模农牧业灌溉和生态建设的水源尚存在很大的开发难度。盆地内内陆河上、中游水资源被大量开采，已使下游地表水锐减、终端湖湖面缩小、湿地减少、植物凋萎、土地荒漠化。同时盆地中地下水资源是盐矿工业生产、农业灌溉、饲草料基地建设、人畜饮水、荒漠化治理和植被恢复的重要水源，对当地社会经济发展具有重要支撑作用。

盆地水文地质工作程度低，整个地下水资源"大账"尚不清楚。盆地内内陆河上、中游水资源被大量利用，已经导致严重的生态环境问题，也严重制约着地区经济的发展。

着眼于查明盆地地下水资源量及分布规律，为区域经济社会发展提供地下水资源依据，中国地质调查局下达的"共和盆地水文地质环境地质调查评价"任务，为计划项目"全国地下水资源及其环境问题调查评价"下属的工作项目。

总体目标任务：查明共和盆地含水层空间结构和地下水补给、径流、排泄条件及其变化；查明与地下水相关的环境地质问题及其影响因素；评价区域地下水资源总量和开采潜力；提出地下水资源合理开发、利用方案，为区域经济社会发展提供地下水资源依据。

本次工作主要采用资料收集、遥感解译、野外调查、水文地质物探、水文地质钻探、水文地质试验、地下水资源评价、数值模拟、承载力评价等技术方法来开展调查评价工作，重点完成如下工作：

（1）含水层结构调查。在充分收集以往地质、水文地质钻孔及各类地质报告和水文地质调查研究报告的基础上，本次工作在盆地中部布设了区域浅层地震物探剖面，在重点区布设了 EH-4 测深、视电阻率测深物探剖面，在含水层结构不清、水文地质参数控制不足地段完成了 6 个水文地质钻孔，结合以往资料，编制了 11 条区域水文地质剖面，对含水层结构进行了深入研究，建立了恰卜恰河谷、哇洪河冲洪积扇和茶卡盐湖北缘冲洪积扇含水层立体结构模型。

(2)区域地下水补给、径流、排泄条件调查。重点调查了盆地周边出山口流量、盆地集中排泄区——龙羊峡库区泉水的流量,对盆地地下水进行统测;采集测试了区域剖面和重点区剖面同位素水样,进行了盆地地下水开采量调查。在此基础上,本书分析了盆地含水层系统和地下水流动系统,首次划分了共和盆地地下水系统。

(3)环境地质问题调查。选取1977年、1987年、1994年、2003年、2013年5期遥感数据,重点对植被、农田、地表水体、沙漠、草场分布及动态变化进行了5期解译,对沙漠化、盐渍化、河道断流、终端湖萎缩、泉水断流等主要环境地质问题进行了系统调查,查明了环境问题的分布及演变过程。

(4)地下水资源评价。采用勘探、水文地质试验、地下水同位素分析以及地下水长期观测等各种技术手段,开展对共和盆地地下水流动场、水化学场以及水文地质参数演变、边界条件等的调查,进一步查明区域地下水补给、径流、排泄条件,与以往资料进行对比分析,分析区域地下水补给、径流、排泄条件的变化及其原因;在区域地下水系统划分的基础上,首次按照系统评价了地下水资源总量、质量状况和开发利用潜力,全面更新共和盆地地下水资源数据。

(5)地下水数值模拟。在共和盆地内首次建立了恰卜恰河谷、茶卡盐湖北缘冲洪积扇数值模拟,采用数值法进行了重点区地下水资源评价,按照开采方案对2022年、2030年开采状况进行了预测,优化了地下水开发利用方案。

(6)地下水承载力评价。在查清地下水系统结构、评价区域地下水资源的基础上,综合共和盆地人口、工业、农业及生态用水的需求和规划,对共和县、贵南县、乌兰县茶卡镇进行区域地下水资源承载力进行评价,对盆地内的人口、工业、用水聚集区——恰卜恰河谷、哇洪河卡冲洪积扇、茶卡盐湖北缘冲洪积扇和贵南县城所在的塔秀河冲洪积扇进行了重点区水资源承载力评价,显著提升了调查成果对共和盆地区域发展规划的支撑能力。

(7)数据库建设。根据"全国地下水资源及其环境问题调查评价"数据库建设标准,以调查成果为基础,建设共和盆地水文地质环境地质数据库。

本次工作调查研究的主要成果如下:

(1)首次划分共和盆地地下水系统。共和盆地在以往的水文地质工作中并没有开展过对地下水系统的研究,从而制约着地下水调查、评价、利用及管理等诸多方面。本书在充分收集以往相关地质、水文资料的基础上,依据本次调查最新数据,开展了对盆地含水层结构和地下水补给、径流、排泄条件的研究,以地下水流系统为主要依据,充分考虑地质构造、地貌、赋存介质对地下水流系统的影响,对共和盆地地下水系统进行了整体划分,即划分为3个二级地下水系统、15个三级地下水系统。划分结果为共和盆地地下水资源评价、地下水潜力评价、地下水承载力评价、地下水开发利用区划及相关综合研究奠定了坚实的基础。

(2)查明了恰卜恰河谷、哇洪河冲洪积扇、茶卡盐湖北缘冲洪积扇的含水层结构和地下水补给、径流、排泄条件,提高了对重点地区的研究程度。

(3)首次开展了对整个盆地地下水资源评价。共和盆地20世纪80年代在1∶20万水文地质普查工作时主要是按图幅概算了地下水资源量,地下水资源量评价精度低且没有整个盆地的评价结果,其后主要是围绕共和县城、茶卡盐湖及盆地南部较大冲洪积扇开展过局部调查评价工作,而盆地整体地下水资源量尚不明确。本次工作在充分收集以往资料的基础上,通过钻探,物探、出山口河流、泉群测量及开采量调查等工作,以地下水系统划分为基础,首次按照地下水系统进行了盆地整体地下水资源评价,为地下水资源合理开发利用奠定了坚实的基础。

(4)首次利用数值法对恰卜恰河谷重点区、茶卡盐湖北缘冲洪积扇重点区进行了地下水资源评价,并预测地下水开采方案。共和盆地整体研究程度低,以往的工作(包括2011年以后开展的重点区水文地质勘查工作),对地下水资源评价均是采用均衡法。本次工作在恰卜恰河谷和茶卡盐湖北缘冲洪积扇重点区1∶5万水文地质调查的基础上,根据获取的大量数据,首次采用数值模拟的方法进行了地下水资源评价和地下水开采方案的预测,提高了评价预测的精度。

（5）首次开展了对盆地水资源承载力的评价。在对地下水资源评价的基础上，综合共和盆地人口、工业、农业及生态用水的需求和规划，对共和县、贵南县、茶卡镇进行区域地下水资源承载力评价，对盆地人口、工业、用水聚集区——恰卜恰河谷、哇洪河冲洪积扇、茶卡盐湖北缘冲洪积扇和贵南县城所在的塔秀河冲洪积扇进行了重点区水资源承载力评价，显著提升了调查成果对共和盆地区域发展规划的支撑能力。

主要编写人员：前言由杨会峰编写，第一章区域背景、第二章地质概述由刘春雷编写，第三章区域地下水系统特征由杨会峰、孟瑞芳编写，第四章地下水开发利用状况由刘春雷编写，第五章地下水数值模拟由郝奇琛、王丽娟编写，第六章地下水资源评价概述由孟瑞芳、杨会峰编写，第七章地下水质量评价概述由曹文庚编写，第八章地下水潜力评价概述由孟瑞芳编写，第九章主要环境地质问题由曹文庚、李剑锋编写，第十章农牧业与生态环境建设对水资源的需求由杨会峰、刘春雷编写，第十一章水资源承载力评价概述由孟瑞芳编写，第十二章地下水资源合理开发利用区划由刘春雷、郝奇琛编写，第十三章结论与建议由杨会峰编写。全书由杨会峰、刘春雷统稿，插图和附图由孟瑞芳统稿，文字和图件最终由杨会峰定稿。

"共和盆地水文地质环境地质调查评价"项目参加人员杨会峰、刘春雷、曹文庚、孟瑞芳、李剑锋、王丽娟、郝奇琛、白华、王贵玲、陈德华、孙红丽、王婉丽、何雨江、李曼、苗青壮、宋宏伟、尚铭森、朱玉晨、殷夏、黄远征、王立民等。

限于编著者研究水平和实践经验，书中疏漏之处在所难免，敬请广大读者批评指正。

编著者

2021 年 6 月 20 日

目　录

第一章　区域背景 (1)
　第一节　地理位置 (1)
　第二节　地形地貌 (2)
　第三节　气　象 (5)
　第四节　水　文 (5)

第二章　地质概述 (7)
　第一节　第四纪地质概况 (7)
　第二节　新构造运动 (8)
　第三节　第四纪地质 (10)
　第四节　第四纪地质环境演化特征 (25)

第三章　区域地下水系统特征 (27)
　第一节　地下水系统划分 (27)
　第二节　地下水类型与含水层结构 (38)
　第三节　水文地质参数系列 (69)
　第四节　地下水动态特征 (70)
　第五节　地下水同位素特征 (79)
　第六节　地下水补给、径流、排泄特征 (86)
　第七节　地下水化学场 (89)
　第八节　区域水循环变化 (100)

第四章　地下水开发利用状况 (106)
　第一节　水资源开发利用历史 (106)
　第二节　地下水资源开发利用状况 (106)
　第三节　水资源开发利用中存在的主要问题 (109)

第五章　地下水数值模拟 (111)
　第一节　恰卜恰河谷地下水数值模拟 (111)
　第二节　茶卡冲洪积扇地下水数值模拟 (124)

第六章　地下水资源评价概述 (132)
　第一节　地下水资源评价原则与方法 (134)
　第二节　地下水均衡计算 (134)
　第三节　地下水资源量及其分布 (151)
　第四节　重点地区地下水资源分布 (157)

第七章　地下水质量评价概述 (159)
　第一节　地下水质量评价原则与方法 (159)
　第二节　区域地下水质量评价 (160)
　第三节　重点地区地下水质量特征 (170)

第八章 地下水潜力评价概述 ……………………………………………………………(176)
第一节 评价原则与方法 ………………………………………………………………(176)
第二节 区域地下水潜力评价 …………………………………………………………(177)
第三节 重点城镇地下水潜力分析 ……………………………………………………(181)

第九章 主要环境地质问题 ………………………………………………………………(182)
第一节 水资源开发利用的环境效应 …………………………………………………(182)
第二节 生态环境遥感解译 ……………………………………………………………(183)
第三节 环境地质问题历史演变特征 …………………………………………………(194)
第四节 沙漠化影响因素分析 …………………………………………………………(214)

第十章 农牧业与生态环境建设对水资源的需求 ………………………………………(220)
第一节 农牧业对水资源的需求 ………………………………………………………(220)
第二节 生态环境建设对水资源的需求 ………………………………………………(221)
第三节 灌溉用水地下水开采方向 ……………………………………………………(222)

第十一章 水资源承载力评价概述 ………………………………………………………(228)
第一节 社会经济现状 …………………………………………………………………(228)
第二节 水资源供需分析 ………………………………………………………………(228)
第三节 水资源承载力指标体系及指标标准研究 ……………………………………(231)
第四节 水资源承载力等级划分 ………………………………………………………(236)
第五节 区域水资源承载力评价 ………………………………………………………(239)
第六节 重点地区水资源承载力评价 …………………………………………………(242)

第十二章 地下水资源合理开发利用区划 ………………………………………………(245)
第一节 地下水资源供需分析 …………………………………………………………(245)
第二节 重点地区地下水开发利用方案数值模拟预测 ………………………………(247)
第三节 地下水资源合理开发利用区划与可持续利用对策 …………………………(264)

第十三章 结论与建议 ……………………………………………………………………(273)

主要参考文献 ……………………………………………………………………………(277)

第一章 区域背景

第一节 地理位置

共和盆地位于青藏高原东北缘,地理坐标:E98°46′—101°22′,N35°27′—36°56′,北面为青海南山,西部及南部是哇洪山及河卡山,东邻西倾山,中间为低洼的盆地。盆地东西长210km,南北宽50km,盆地面积约为$1.2\times10^4 km^2$,海拔2600~3500m,海拔高度自西北往东南逐渐降低,龙羊峡库区海拔最低。共和盆地在行政区划上分属于青海省海南藏族自治州的共和县、贵南县大部分地区以及海西蒙古族藏族自治州乌兰县部分地区。区内交通较为便利,214国道纵贯盆地中央,109国道、青藏公路从盆地西部进入后又往东西向横贯盆地北部,在市县之间有县级公路相连(图1-1-1)。内陆湖泊-茶卡盐湖位于盆地西部,黄河上游第一座大型梯级电站——龙羊峡水电站位于盆地东北部。

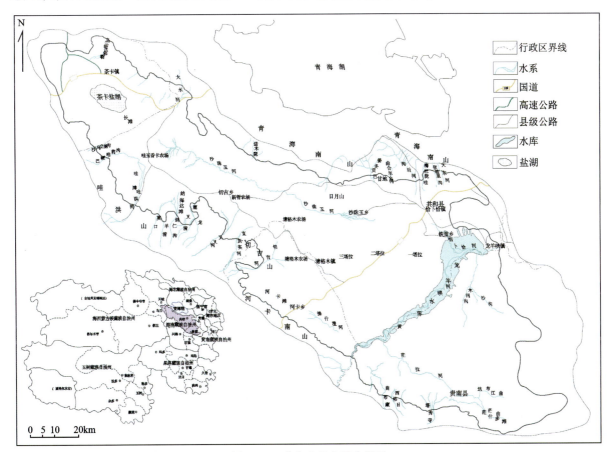

图1-1-1 共和盆地交通位置图

本次工作区主要位于共和盆地平原区,涉及4个1:25万图幅:J-47-04贵南县幅、J-47-14都兰县幅、J-47-15茶卡镇幅、J-47-16西宁市幅。

第二节 地形地貌

共和盆地位于青藏高原的东北缘,处于祁连及昆仑复合山系与秦岭山脉的交会处。盆地南、北分布高山,中部呈菱形凹地,山区均为北西向断块山,海拔3000～5000m,山势陡峭,切割剧烈,冰川地形发育。断陷盆地内部的堆积平原可分为:强烈切割的冰水堆积扇形平原、中等切割的洪积平原、冲积洪积扇前倾斜平原、风力剥蚀和堆积平原、湖积平原。堆积平原海拔3000～3500m,地势平坦。除堆积平原外,盆地内分布有侵蚀河谷平原,河流深切呈槽状或峡谷地形,河岸侵蚀阶地发育,海拔2480～2700m。外营力主要表现在对山体的剥蚀、侵蚀,以及对河谷及平原区的堆积,从而形成了山地和平原两大不同的地貌景观。

一、山地及冰川地形

共和盆地的南、北山系均呈北西向,属于侵蚀构造地形。山体自印支旋回褶皱成山之后,普遍遭受较长时期的准平原化作用,因而古夷平面或多层地形在山顶或山坡普遍残存后被新构造运动导致的断裂分割成一系列强烈隆起的断块山。按中国科学院地理研究所提出的山岳分类,它可分为高山和低中山两类。前者山势陡峭,切割剧烈,冰山地形极为发育;后者地势平缓,切割中等。现按山系分述如下。

1. 青海南山

青海南山位于共和盆地之北,其西段又称中吾农山,中段称橡皮山,东段称千卜里山、罗卜楞山及柳梢山等。山脉走向呈北西西向,为共和盆地与青海湖盆地的分水岭。山势西高东低,最高峰为中吾农山,达4500m,而东段最低,为3400m,一般在3500～4000m之间。山脉宽一般为7～10km,西部中吾农山最宽达20km。山体形态可分为两类:西段中吾农山及东段罗卜楞山为对称山体;中段橡皮山及东段千卜里山为不对称山体,南坡陡峭而北坡缓。对称山体是受两侧山麓断裂所控制的断块隆起山,不对称山体乃是由单侧断裂隆起所致,所以说断裂构造对这里山体的形态起主要作用。山脊形态多为平顶状,如橡皮山、千卜里山、罗卜楞山,山顶均很平坦,海拔在3300～3400m之间。其余山脊均呈圆顶状,无论圆顶山或平顶山,都代表印支褶皱山,经过较长时间的准平原化(夷平作用)后再经新生代以来的地质构造运动隆起成山这一过程。山坡形态均为凸起形,这种单调的凸起形山坡,亦是隆起山区的另一佐证。南坡与北坡略有区别,南坡陡峻,其岩裸露;北坡较缓,坡积覆盖较厚。山坡与山顶交界处,往往有大片的倒石堆,堆积于山顶周围,由于地面坡度较大,石堆极不稳定,调查时屡见石块坍塌。坡脚(山麓)地带大都堆积着较厚的坡积洪积物,山脚与平原的交界处亦大致呈一条直线,这也是断块山体的另一特征。

山脉的切割程度中等,切深500～800m,侵蚀与山脉走向呈直角或较大角度相交。山谷横剖面有"U"字形和"V"字形两种沟谷。"V"字形沟谷由水流侵蚀而成;"U"字形沟谷为冰川刨蚀而成。如冰斗、刃脊,由于强烈的侵蚀剥蚀作用,已残缺不全;山麓地形的冰蚀残丘保存完整,残丘北坡较缓,南坡较陡。

2. 哇洪山—西头山

哇洪山—西头山为共和盆地的南山,其中包括哇洪山、切吉山、河卡山及西头山。山脉走向为北西西向,西端转为北北西向,与青海南山相接,东端日茫石骓河隐没于杂什滩,山脉东段宽7～10km,西段达15km,构成共和盆地与同侄盆地及子什滩凹陷的分水岭。为了叙述方便,现将它归并于西头山之内描述。该山脉山势大致与北山相似,即西段较高、东段较低。西端哇洪山最高处(测区之内)4933m,东段最低处浪青山为3500m左右。山脉西端——哇洪山为对称山体,东段切吉山以东为不对称山体。后者南坡陡而短,北坡缓而长。如前所述,此亦为断裂作用所致。

山脉西端——哇洪山,山顶形态甚为尖峭,东段大都呈平顶山形态。前者说明山体一直处在直线上升阶段,而未经历夷平作用。平顶山则是曾经历过夷平作用的地质历史记录,也就是说在造山过程中是呈曲线形上升的。

哇洪山——西头山山坡形态皆呈凸起形。如前所述,这是上升山区的一种标志,山脚地带堆积着厚层的冰水堆积或坡积物,因而山区与平原的界线含糊不清。

山区形成现代地貌景观的外营力,主要为冰山刨蚀作用,水流作用次之。冰蚀地形在哇洪山地区保存较为完整,如冰斗、刃脊、夷平面及"U"形谷等。

冰斗地形主要分布在4500m以上,呈椅形,开口向北,直径一般为500～1500m,其后往往有冰侵台阶。

刃脊:刃脊与冰斗常常相互伴生,除冰斗与刃脊之外,冰蚀隆地在河卡山保存完好,其海拔3250m。

夷平面:多位于3500～4000m之间。夷平面上零星的冰川堆积物证明它是冰川侵蚀的另一种地形。

"U"形谷:分布极为广泛,典型的"U"字形沟谷如贵南南山工卡沟及塔秀沟。沟谷方向一类近东西向;另一类近北北东向,谷笔直,沟底平坦,宽1000～2000m,沟坡陡峻。

二、平原地形

盆地内由于受侵蚀剥蚀及各种堆积作用,构成各种地形形态的平原地貌,按其成因和形态,盆地可分为:强烈分割的冰水堆积平原、中等切割的洪积扇形平原、冲积洪积扇形平原、河谷平原、风成地貌。现分述如下。

1. 强烈分割的冰水堆积平原

强烈分割的冰水堆积平原,呈环状零星分布青海南山南麓及哇洪山山脚地带,其海拔在3000～3100m之间,高出洪积平原10～20m,最高达40m,宽一般为0.5～3km,最宽达6km,其原始地形系冰水相砂与漂砾混合物构成,后因水流的强烈分割再造,而形成现在的丘壑景观,其间沟谷切割剧烈,切深均在30～100m之间。个别地区如茶卡以北新近系亦被切割,暴露于沟谷地带。

2. 中等切割的洪积扇形平原

中等切割的洪积扇形平原呈环状分布于冰川堆积平原的前缘山麓地带。该类地形一般在盆地南侧或北侧发育,它由洪积扇相连而成。海拔在2000～3200m之间,地面呈4°～8°的坡度向盆地中央倾斜。前缘与山前倾斜平原的界线不甚明显,其上沟谷均为间歇性水流侵蚀而成,一般不发育,切深2～10m,最深不超过50m。地表岩性由洪积粉砂质亚黏土组成。

3. 冲积洪积扇形平原

冲积洪积扇形平原前缘以下的广大草原地区,均属于冲积洪积山前倾斜平原的范围。测区东部的贵南地区,由于受河流的强烈切割形成几个隔离开的平原,如木格滩、巴洛乎滩、杂什滩、后登滩等,海拔均为3100m。地势平坦,起伏不大。近河谷边缘地带,短促而深切的冲沟极为发育,切深300～500m,横剖面呈"V"字形,沟坡陡峻以至直立。但至测区西部,即共和地区及茶卡地区,地形与东部截然不同,这里冲沟、河谷切割微弱,切深一般数米。总的看来,山前倾斜平原自南北山区微向盆地中央倾斜,坡角一般小于1°。构成地面的岩性:上部为粉砂质亚黏土;下部为砂砾石层。个别地段(以西部茶卡地区为甚)上部粉砂质亚黏土剥蚀殆尽,下部的砂砾石层裸露地壳。

4. 河谷平原

河谷平原分布于黄河、恰卜恰河、沙珠玉河等河谷地带,由河漫滩和阶地组成。

黄河河谷平原:从拉干峡至龙羊峡段,阶地发育,谷地宽窄相间,似串珠状,一般宽为1～3km,从底与两侧滩(台)地高差500～600m,为不对称谷,右岸Ⅰ级阶地以上多呈直线型的悬崖陡壁,左岸呈阶梯状的曲线河岸阶地,多达Ⅵ级以上,其中以Ⅴ级、Ⅵ级分布最广。

河漫滩及Ⅰ级、Ⅱ级阶地:由于已被龙羊峡水库淹没,看不到原本地貌特征。

Ⅲ级阶地:分布于黄河左岸,高出Ⅱ级阶地40～70m,阶面海拔2620m。阶面较平坦,为基座阶地。基座由上新世泥岩组成,基座之上为全新世冲积物组成的二元结构,上部为砂质亚黏土,下部为砂卵砾石层。

Ⅳ级阶地:分布于黄河左岸那同以北地段,高出Ⅲ级阶地50m左右,其中那同-武雷段由于阶面被风积砂覆盖,仅在局部地段出露,在武雷以北阶面宽1～2km,具二元结构,上层为2m左右的土黄色亚砂土,下层为5～7m的砂卵砾石层。

Ⅴ级阶地:一塔拉,阶地前缘呈弧形,高出Ⅳ级阶地300m左右,海拔2860～2970m,阶面宽12～18m,微倾向北东,阶坡有13阶坎,向南逐渐消失。阶地具有二元结构,上部1～1.8m的粉砂及土黄色亚砂土,阶面上分布大量风积砂。下部为8m左右的砂卵石。

Ⅵ级阶地:二塔拉为黄河的最高Ⅰ级阶地,高出Ⅴ级阶地60～100m,海拔2964～3035m,阶面宽6～13km,微倾向东北,展布方向与一塔拉平行,具二元结构,上部为厚1m左右的棕黄色粉砂及土黄色亚砂土,下部为厚20m左右的砂卵砾石层。

恰卜恰河谷平原分布于恰卜恰河谷一带,由全新世砂砾石组成,呈 槽形谷地,恰卜恰河由夏拉曲和梅杜陇哇两条支流汇合而成,发育Ⅳ级阶地,河谷平原长约44km,宽1～6km,皆由全新世砂卵石组成,具二元结构。

Ⅰ级阶地:呈零星状分布,高出河漫滩2m左右,由砂砾石组成,局部地区粉细砂覆盖较厚。

Ⅱ级阶地:高出河漫滩约12m,平行分布于恰卜恰河两岸,宽0.5～1.0m,微倾向河流,为该地区主要耕作区。西香卡一带Ⅰ级阶地由具有二元结构的砂砾石组成:下部为砂砾石,厚约3m;上部为粉细砂,厚约3m。下塔买一带下部为砂砾石层,上部为砂质黏土。

Ⅲ级阶地:在阿乙亥沟口和上塔买北有零星分布,在共和县北部分布较广泛,高出Ⅱ级阶地4～10m,与下部下更新统呈不整合接触。下部为砂砾石层,厚约5m;上部为粉细砂,厚1～2m。

Ⅳ级阶地:不完整,仅在卜塔买和西香卡一带可见,高出Ⅲ级阶地10～50m,具有二元结构。下部为砂砾石层,厚约5m;上部为粉细砂,厚约1m。

沙珠玉河谷平原:因该河系为内陆水系,河谷平原仅在现代河谷中分布,河谷呈箱形,深切40～100m,宽1.8～3km。后期又因被暂时性洪水侵蚀,河谷平原又形成了洪蚀陡坎,坎高70～80m。沙珠玉河位于盆地中部,河谷平原的展布方向与盆地长轴方向一致。河流两岸陡峭,阶地不发育,在扎布达村以东才有Ⅰ级阶地分布,阶地高出河漫滩0.5～1.0m。Ⅰ级阶地上部为粉砂及亚砂土,下部为砂砾石或粗砂细砾。阶地微向河流倾斜,南岸阶地被近代风沙堆积。

5. 风成地貌

风成地貌分为风积地貌和风蚀地貌。风成地貌主要分布于沙珠玉河南岸、塔拉台面及黄河的西岸,面积达335.52km^2。按沙丘的活动程度,可将风积沙丘分为移动沙丘和半固定沙丘。按沙丘的形态,风积沙丘可分为新月形沙丘、沙丘链、梁窝状沙丘、沙垄和草丛沙堆。沙丘的长轴方向138°,与风向一致,迎风坡角13°～16°,背风坡25°～31°。在沙丘之间分布有大量的风蚀洼地、风蚀沟槽及风蚀残丘。

草丛沙堆分布于一塔拉和沙珠玉河沿岸,属于半固定沙丘,长轴方向138°,呈小椭圆丘形,直径1～1.5m,高0.5～1.0m,其上生长的固沙植物只有狼麻刺和芨芨草。

第三节 气 象

共和盆地地处青藏高原东北缘,具显著的高原大陆性气候特征,属高寒干旱、半干旱气候区。总的气候特征:日照强烈、冬寒夏凉、温较差大、降水集中、干旱少雨、风大沙(暴)多、无绝对无霜期等。近年来共和盆地气温明显呈上升的趋势。尤其是20世纪90年代以后,这种趋势更加明显,平均每10年增加约0.128℃,但明显高于全国(0.111℃/10a)和全球气温增幅[(0.103~0.106℃)/10a]。

多年平均降水量为310.5mm。每年5~9月降水占全年降水量的88%。降水量除了年际间的正常波动外,呈现出略有增加之势。最小值出现在气温较低的20世纪50年代,年降水158mm,最大降水量出现在60年代,为522.15mm。夏季和秋季降水量一直呈现逐年下降的趋势,秋季降水减少的趋势更加明显一些,春季和冬季的降水量增多。多年平均蒸发量为1751.4mm,蒸发量为降水量的5倍多(图1-3-1)。

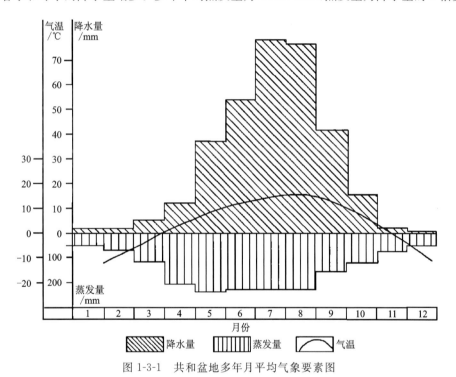

图1-3-1 共和盆地多年月平均气象要素图

第四节 水 文

盆地地表水主要由南部、北部的山区河流,盆地西部的茶卡盐湖和盆地中部的沙珠玉河内陆水系构成,盆地东缘为黄河外流水系。盆地南部山区的河流主要有茫拉河、操什澄河、切吉河、直亥实河、叉叉沟、鹿龙河、羊清河、哇洪河、莫河等;盆地北部河流主要有茶卡河、大水河、曲合尔河、沟后河、大东河等。山区河水在山前渗入补给后经地下径流最终在黄河排泄。

沙珠玉河发源于盆地西部的阿拉丘一带,汇水总面积5703km², 全长95km,由泉水汇集而成,自西向东注入达连海湖。两侧支流主要有切吉河、直亥实河、叉叉龙洼、哇洪河、然去乎沟、乌水河等。北侧支沟短小,南侧支沟长而流量大,河水出山口后,一部分引去灌溉,另一部分入渗补给地下水。除雨季节外,支流河水均到达不了沙珠玉河,年径流量16 232×10⁴m³。

恰卜恰河为黄河一级支流，发源于青海南山南坡，源头为夏拉曲，流过加央沟后称沟后沟，至加拉村以下称恰卜恰河。上游河段河水多潜流，在上他买村以下，陆续以泉水的形式泄出地表，汇集成河，至克才村有支流阿乙亥河汇入，流量增大，在曹多隆村附近汇入黄河，全长71km。

茶卡盐湖位于共和盆地的西部，为一内陆湖。湖水面积154km^2，干季湖水面积明显减少。湖水属卤水型。底部有石盐层，一般厚5m，最厚处达9.68m，盐湖的边缘有呈放射状展布的乌兰哈达河、莫河、小察汗乌苏河等河水入湖。在湖区东部、北部泉水发育，以地下水的形式补给茶卡盐湖湖盆。

黄河纵贯共和盆地中部，从西南部尕马羊曲进入共和盆地，于龙羊峡谷流出盆地。据邻区贵德水文站多年观测资料，黄河年径流量$210\times10^8\mathrm{m}^3$。

此外，在盆地中央有英德尔海、达连海、尕海、上更尕海、下更尕海等湖泊，这些湖泊均为内陆湖，主要由地下水泄出补给。

第二章 地质概述

第一节 第四纪地质概况

一、构造体系

工作区位于西域系和河西系交界归并部位，主要构造体系有西域系、河西系、东西向体系等。这些构造体系在形成过程中，对老的构造体系起到了改造作用，而老构造体系对新构造体系又起到了制约作用，从而构成了区内基本构造格架。

1. 西域构造体系

西域构造体系是区内的主要构造体系，由青海南山褶皱断裂带及青海湖、共和盆地组成。展布方向为北西60°~70°，每一褶皱断裂带均有一系列北西向、北西西向压性和压扭性断裂及褶皱，规模一般较大。青海南山南缘大断裂为隐伏断裂，西起茶卡盆地北缘，沿大水桥、甘地，经沟后村转为北东东向，至次汉达哇村又折向南东方向。据前人物探资料分析，该断层属高角度逆冲断层，并且影响到早更新世地层。在恰卜恰河谷内有一条平行河谷的隐伏断裂，造成早更新世地层错位。

2. 河西构造体系

它由一系列北北西隆起带及坳陷带组成，与北西西向断裂构成一系列雁形排列的断陷盆地，共和盆地即属这种断陷盆地。该构造体系断裂发育，褶皱少见。断裂多发生在隆起带的边缘，为高角度压扭性断裂，控制着共和盆地的现今形态。

3. 东西向构造体系

东西向构造体系展布于工作区南部山区和北部尕海滩以北。褶皱有仁蒙铜背斜、直亥勒儿向斜；断裂有公卡-叉叉龙洼冲断层、直亥实河-切吉滩冲断层。

二、地层

共和西盆地第四纪地层主要分布在盆地周边的青海南山、哇里关山、哇洪山和河卡山，由老到新有石炭系至二叠系甘家组、三叠系隆务河群和鄂拉山组、新近系西宁群和贵德群。

石炭系至二叠系甘家组：出露于直亥实河、切吉水库及哇彦山一带，为一套灰黄色碎屑岩夹火山岩及灰色碳酸盐岩组成的地层，其上与三叠系呈断层接触关系，出露总厚度5056~5819m。

三叠系：广泛分布于周边山区。盆地南北沉积现象明显不同。北部地层厚度虽大，但岩性组合简单。隆务河群（$T_{1-2}L$）广布于盆地北缘山区，构成青海南山之主体，为一套碎屑岩夹少量碳酸盐岩组成的地层，根据岩性划分为砂板岩组、砂岩组、砂岩夹灰岩组。

盆地南部地层齐全，沉积巨厚，岩性复杂，主要有隆务河群下部以碎屑岩为主，上部为火山岩，属浅海相沉积，分砂岩组、板岩组、流纹岩组；鄂拉山组（T^3e）为不整合于隆务河群之上的一套火山碎屑岩为主夹火山熔岩及不稳定沉积碎屑岩的地层。下部为灰色安山岩、流纹岩夹英安岩及凝灰质砂岩；中部为灰白色英安岩、英安质凝灰熔岩、碳质火山角砾岩夹安山岩；上部为灰白色块层状流纹质凝灰岩、紫红色块层状流纹质英安岩。

新近系西宁群为一套在干燥气候条件下以湖相沉积为主的红色碎屑岩与膏岩层互层为特征的地层建造，主要分布于哇里关山西南部，与下伏地层呈不整合接触关系。贵德群为一套以滨湖相和山前河流冲、洪积相为主的碎屑岩，以不含盐类矿物区别于西宁群。它主要分布于瓦里关山西南坡、铁盖乡东、石乃亥镇、茶卡河上游一带。岩性以砂砾岩、泥岩、砂质泥岩、粉砂岩、细砂岩为主。

第二节 新构造运动

共和盆地自新近纪以来，构造运动表现的十分强烈，主要表现在区域性抬升上的差异升降运动，同时伴随断裂和褶皱运动的发生。构造运动表现为盆地周边山区大幅度抬升，盆地受南北基底断裂控制，则相对缓慢沉降，盆地内堆积了巨厚的中新生代陆相碎屑岩。前人资料表明，共和盆地的沉降中心在达连海、上更尕海、下更尕海和英德尔海地区内，早更新世地层沉积厚度达2000m以上。黄河、恰卜恰河多级河流阶地发育，表明本区间歇性隆升作用频繁且强烈。伴随着新构造运动的不断发展，共和古湖外泄，黄河切穿龙羊峡，盆地深切，地下水系统遭到破坏。

本区新构造形迹主要发育有第四纪地震、活动断裂和褶皱构造等。

一、地震

工作区地震基本烈度为Ⅷ度区，地震活动频繁，历史上的大小地震多发生在主干断裂的拐弯处、不同构造体系复合处、复活断裂处、两组或两组以上断裂交会处。这些地方常伴有新的地壳变形。

1989年发生在塘格木—河卡一带的6.9级地震，震中位于东经100°08′、北纬36°07′处，为北北西基底断裂复活而形成的灾害性地震，给当地人民群众的生命财产造成了巨大的损失。

二、活动断裂

共和盆地属于秦祁昆断褶系的昆仑、南秦岭亚区。盆地处于秦岭山脉与昆仑山脉的接合部位，作为一个特殊的地质构造单元，在长期的发展过程中很大程度上具有独立性，并影响了秦岭、昆仑两大山脉的差异性，使秦岭-昆仑构造带作为一个统一的构造带在各自所占的纬度位置上发生了偏移。

共和盆地是新近纪初形成的断陷盆地，其四周被断褶隆起山地围限。盆地在中新世以来强烈下陷，与周围山地形成千余米的地形高差。盆地总体呈北西向展布，长约200km，平均宽度50km，其内广泛发育上新世—早更新世湖相堆积，并有西厚（1200m）、东薄（769m）的地形高差。此外，盆地内还发育有Ⅲ级湖相阶地和多级黄河阶地，说明中更新世以来，盆地一直处于间歇性抬升状态。

中更新世以后受盆地基底断裂复活的影响，表现为F_4、F_8（图2-2-1）两条隐伏断层之间上升。两条隐伏断层与各自相邻山体之间继续下降。根据资料，盆地内隐伏活断裂有F_8、F_7、F_6、F_5、F_4等，现分述如下。

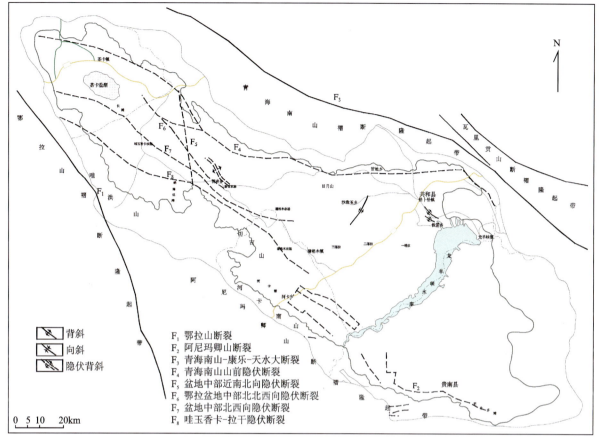

图 2-2-1　共和盆地构造体系图

F_8 断裂：断裂全长 180km，作为共和盆地西南部边界控制着盆地的形成与演化。该断裂结构复杂，主要由一系列北北西向挤压逆冲断层组成。两条主干断裂向右斜，主断层面不太规则，主体走向呈北西向，倾向南西，倾角 49°～60°。北西西向断裂、褶皱构造由于受到该北北西向断裂的切割与改造，展布不连续，断裂显示强烈的挤压现象，呈现出 50～100m 宽的挤压破碎带，南段宽达 250m。断裂是顺扭运动、深切地壳、多期活动且新构造活动较强。沿断裂有多处温泉出露，温度多在 50～60℃的范围，最高达 82℃，反映出这是一条现代地热异常带。该活动断裂又是一条控制中小地震活动的地震活动带，小震沿断裂呈北北西向展布，具有频度高、强度低的特点。

F_7 断裂：位于 F_8 号断裂以北 12km 处，在新哲一带距离变小，即不足 1km，呈北西-南东向展布。该断裂表现为北盘上升、南盘下降。新哲以西在地貌和地层上均有明显反映。

F_6 断层：分布于沙珠玉河上游，呈北西-南东向展布，长 30km，向北西延交于 F_4 断层，向南东与新哲背斜相连。

F_5 断层：纵贯盆地南北与山前断层相接，长 30km，沿断层有上升泉呈线状出露。

F_4 断层：分布于青海南山南坡山前地带，由西向东，在文巴地以南由北西向转为近东西向，断裂活动方式以左旋走滑为主，在全新世有多期活动。该断层为基底隐伏断裂，会影响中更新世地层。

此外，在恰卜恰河谷上他买-阿乙亥地区有北西向及北北西向两组断裂发育，沿断裂带有多处上升泉分布。在断裂交接部位多形成温泉，水温达 42℃，属地热异常。

三、第四纪褶皱构造

区内的褶皱构造有背斜和向斜两类，发生在新近纪和更新世地层中。区内主要有龙古塘背斜、新哲背斜、阿乙亥背斜、达连海背斜和阿乙亥鞍状向斜。

龙古塘背斜和新哲背斜：由于受基底刚性地层的断裂构造的影响，引起晚更新世地层变形，从而形成褶皱。

阿乙亥背斜：发育于早更新世地层中。轴向北西西，长17km、宽3.5km，西南翼倾角3°~4°，东北翼倾角15°~20°。

达连海背斜：位于已干枯的达连海湖东部，轴向北东，长约13km、宽4km东北端两翼倾角3°~5°，呈对称背斜，为早更新世地层。

阿乙亥鞍状向斜：位于阿乙亥背斜东北部，并与该背斜轴向平行，轴长约13km，总体为一鞍状向斜。轴部被上更新统覆盖，仅在阿乙亥沟谷内见有早更新世地层出露。

第三节 第四纪地质

共和盆地第四系分布广、厚度大且成因复杂。据前人资料将共和盆地第四纪地层划分如下。

一、下更新统

1. 下更新统下部冰碛层

下更新统下部冰碛层零星出露于盆地南部山体边缘、沟谷两侧的低山丘陵顶部。岩性为灰黄色、微红色的泥砾，灰黄色、土黄色泥质砂碎石。该套地层较密实，泥砂质胶结，呈泥包砾结构。

2. 下更新统冲湖积相地层

下更新统冲湖积相地层出露于茶卡盐湖西北的东沙柳河、茶卡盐湖周边湖滨地带、贵南县沙沟一带。东沙柳河一带冲积相出露黄色、红色的砾岩，砂砾岩与砂岩互层，不整合于上更新统之上。砾岩、砂砾岩的砾石成分以侵入岩为主，一般为次圆状到次棱角状，分选性不好，粒径5~30cm，胶结一般，胶结物为砂质及钙质。砾岩与砂岩层均不稳定，在横向上相互相变。

茶卡盐湖周边湖滨地带冲湖积相地层为晚更新世洪积层所覆盖。岩性主要为土黄色粉细砂夹薄层灰白色砂砾石层，呈半胶结状，砂砾石层内砾石含量占80%左右，为半浑圆状，砾径0.5~1.0cm。由于受挽近构造的影响，该地层倾角较大，倾向30°，倾角25°，可见厚1-2m，与上更新统呈不整合接触关系（图2-3-1）。

贵南县沙沟3号孔揭露，湖相地层岩性由一套厚层的（10~20m，最厚达50m）亚砂土或亚黏土与粉细砂互层，结构紧密，夹厚度为5~7cm，透镜体钙质砂板，层中有铁锰质斑点。亚砂土、亚黏土呈杂色，半胶结，含钙质结核及螺壳化石（图2-3-2）。

盆地内其他地区，该层被其他地层覆盖，根据本次工作在恰卜恰河谷布设的GHZK01号孔揭露地层，岩性由一套厚层的亚砂土或亚黏土与粉细砂互层组成，顶界埋深205.6m，钻孔深度307.3m未揭穿该地层。该层被第四纪地层所覆盖。本次工作在乌兰哈达河出山口布设的CKZK02号孔揭露该地层，岩性为黏土，夹薄层含泥砂砾石和细砂层，顶底板埋深19.2~71.4m。上部被晚更新世冲湖积地层覆盖。本次工作在哇洪河冲洪积扇前缘布设的CKZK04号孔揭露该地层，岩性为中粗砂、含砾粗砂，夹数层黏土，埋深46.7~131.02m。上部被早更新世晚期冲湖积地层覆盖。

3. 下更新统上部洪积层和冲湖积层

下更新统上部洪积层广泛分布于共和盆地内，为早更新世间冰期堆积而成。系古湖水域内沉积的冲湖积地层，在周边山区及南戈滩等地相变为洪积层。

第二章 地质概述

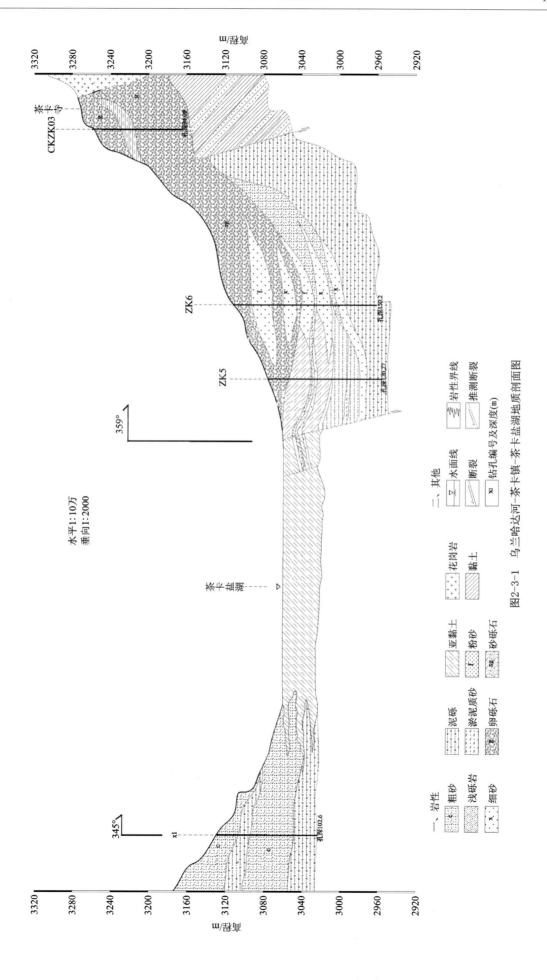

图2-3-1 乌兰哈达河-茶卡镇-茶卡盐湖地质剖面图

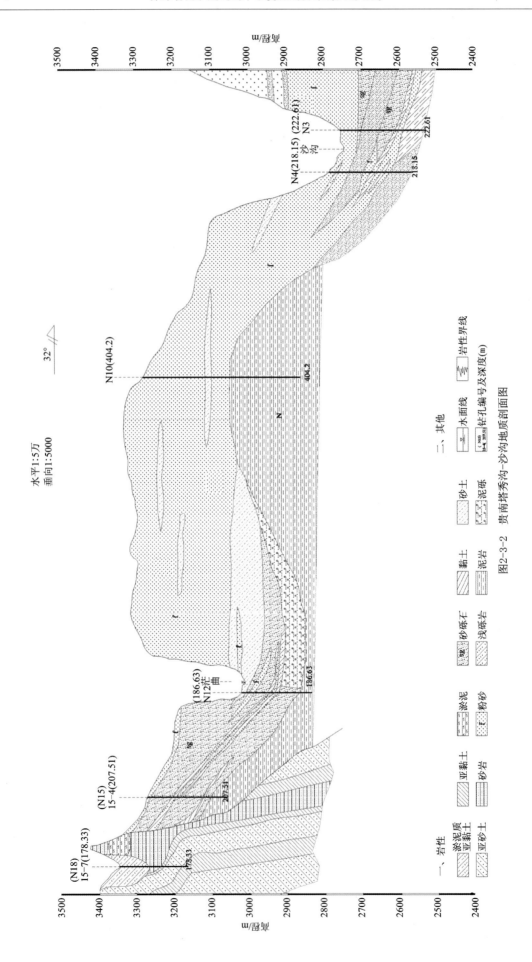

图2-3-2 贵南塔秀沟-沙沟地质剖面图

洪积层：分布于共和西盆地南部山前倾斜平原、南戈滩、塘格木农场二大队一带，地表未见出露，钻孔揭露厚度50～150m，以亚砂土为主，夹砂砾石层。砂砾石夹层，青灰色，松散，分选性差，次棱角状，夹层厚度小于10m。

冲湖积层：分布于共和盆地中央平原及恰卜恰河以东的塔买至曲沟地区，也出露于沙珠玉河两岸和沙沟等较大冲沟两侧（图2-3-3～图2-3-5）。冲湖积层为一套巨厚的粉细砂层（厚达百米）及亚砂土透镜体，厚3～5m不等，结构松散，局部半胶结，水平层理与交错层理发育，夹有厚度为5～10cm的钙质砂板，多呈链状，与层理平行，另有零星分布的不规则结核体。层中有锈斑色及锈色条带，与下更新统下部为连续沉积。总体为粗细相间的互层，多含蚌壳和螺化石。细粉砂地层中交错层理发育。据本次恰卜恰河谷施工的钻孔GHZK01揭露的地层，该层在恰卜恰河谷顶部埋深103.1m，底界埋深205.6m，厚度102.5m。据本次工作在恰卜恰河谷施工的钻孔CKZK04揭露的该地层，岩性为粉砂、细砂夹薄层亚砂土；埋深5.5～46.7m，上部被全新世冲积地层覆盖。

此外，该套河湖相地层在黄河谷地表现为粗细相间的地层。河卡滩黄河北岸一带砾石层厚度为500m左右，呈灰白色，半胶结状。砾石磨圆度好，呈浑圆状及扁平状。

塔拉台该层垂向上可分为两层：上层为以亚砂土与亚黏土为主；下层以中细砂为主，总体结构松散，夹有层状与层理平行的钙质砂板（厚度20～50cm）及钙质结核，交错层理发育。

4. 下更新统河湖相地层

下更新统河湖相地层分布在黄河、恰卜恰河谷两岸，为一套薄层的（2～6m）亚砂土、亚黏土与粉砂互层，与下更新统中部为连续沉积。

恰卜恰河两岸岩性有粉砂、细砂、中砂、亚砂土、亚黏土、淤泥质亚砂土、淤泥质亚黏土，上部50m左右为黄绿色、土黄色砂层，具有铁锰浸染的黑色斑点。黏性土上部的砂层中，由于受淋滤和沉淀作用，常形成4～5cm厚的紫红色链状砂板岩（图2-3-3，图2-3-4）。砂层中交错层理发育，在达连海湖北侧的沟谷中的黏性土，由于冰冻消融作用有揉皱现象。在恰卜恰河左岸的他买地段，由于受新构造运动抬升的影响，地层出露在地表。地层颗粒比河谷左岸略粗，下部有粗砂细砾层，具交错层理，有旋涡状构结和波状层理。底部一层3m左右的蓝灰色泥质粉砂与下伏地层分界，该区该层厚114.0m。在恰卜恰河西侧的三湖地区，早更新世地层厚度达2400m。三湖地区的45号孔，孔深597.33m，全属早更新世晚期的粗细相间地层（图2-3-5）。地层倾角一般小于5°。受达连海背斜影响的三塔拉地区，地层倾角增大至31°。

黄河右岸剖面全长50km，明显地看出两个岩相带，冲洪积相地层岩性为砂砾石层，砾石带宽约24km，厚约500m，砾石层呈灰白色半胶结状，胶结物为泥钙质，砾石磨圆度好，呈浑圆状及扁平状，含砂量约占20%。湖积相岩性为砂及亚砂土、亚黏土，宽约26km，厚600m左右。该带从垂直方向上可以分为上、下两层：上层为以亚砂土与亚黏土为主的细粒相带，厚300m左右；下层以中、细砂为主，结构松散，夹有与层理平行的钙质砂板（厚20～50cm）及钙质结核，该层厚200m左右。

二、中更新统

中更新统广泛出露于共和盆地山前倾斜平原、南戈滩。按沉积的先后顺序和成因类型，将中更新统划分为冰期的冰碛物和间冰期的洪积物及冰水堆积物。

1. 中更新统冰碛层

中更新统冰碛层分布在盆地南、北两侧山前及山麓地带，共和盆地新哲农场一大队以西（图2-3-6～图2-3-8），冰碛层延伸至盆地中心，岩性为泥质砂卵石及泥砾，分选性差，最大粒径达数米。泥质含量变化较大，最高达30%，呈泥包砾结构，漂石压坑、压裂现象普遍，擦痕少见，常构成台地或丘陵地貌。据哇玉香卡附近12孔资料显示该层厚168m，上覆洪积砂卵石厚70m；南戈滩28孔，该层埋深为81.50～

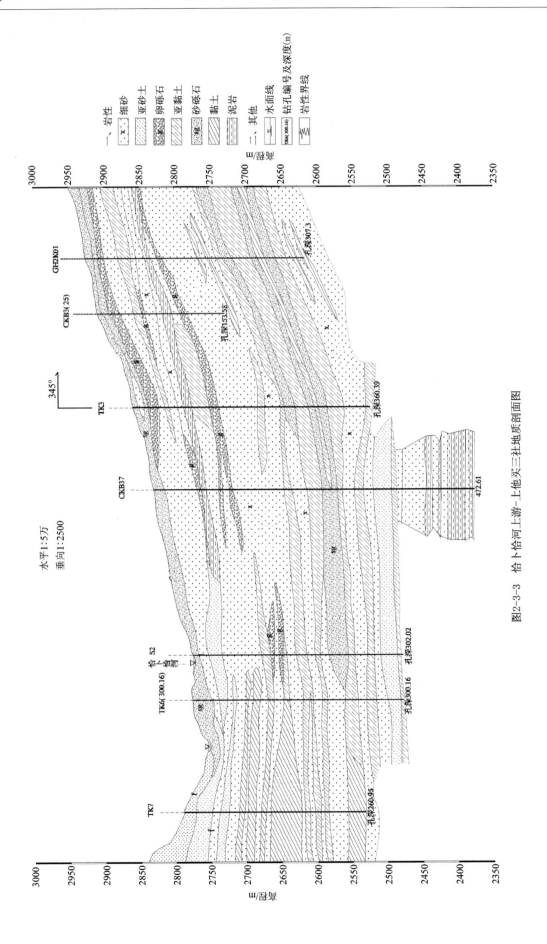

图2-3-3 恰卜恰河上游-上他买三社地质剖面图

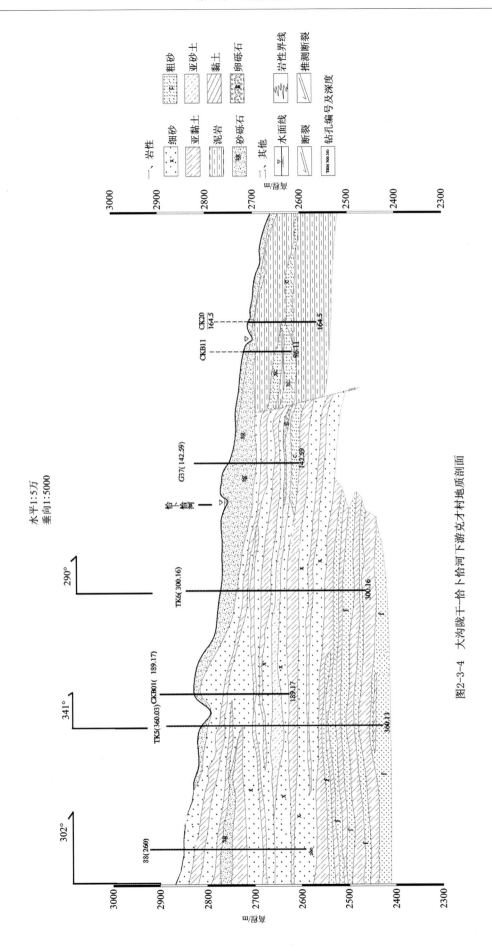

图2-3-4 大沟陇干—恰卜恰河下游克才村地质剖面

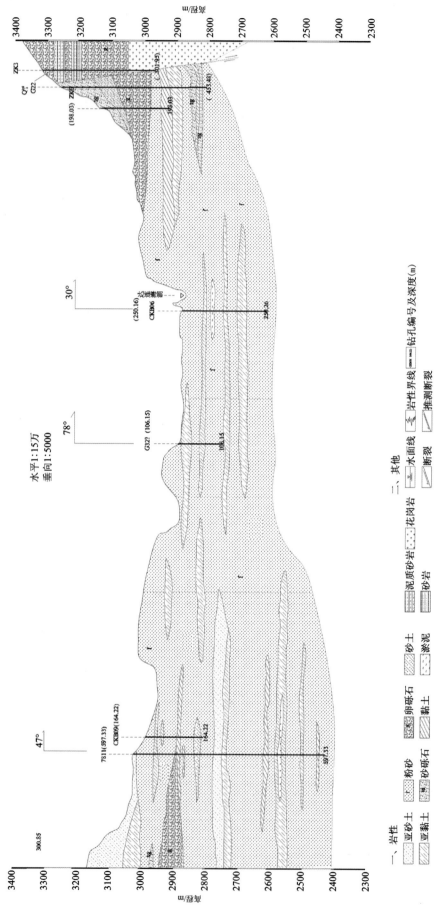

图2-3-5 塘格木-沙珠玉-曲什纳地质剖面

150.19m,厚68.69m。在沙珠玉河北部然去乎一带的山区沟谷中有冰期形成的鼓丘地形,以直径10m的基岩为核,堆积物为直径2m的黏土块与泥砾相混杂的冰碛物,呈土丘状地形。

2. 中更新统冰水沉积层

中更新统冰水沉积层在盆地内不发育,仅在茶卡盆地北缘及更尕海一带出露。

茶卡盆地北缘冰水沉积层岩性以砾石为主,表面上盖有一层砂土。砾石成分与附近的基岩一致,磨圆度差,几乎没有分选性。砾石堆积物在冰斗和冰川谷中形成阶地,阶地表面平坦,略向冰川谷下游倾斜(倾角不超过5°)。阶地表面上,特别是靠冰川谷上游和冰斗部分,常形成沼泽地及近代间歇性流水所形成的小沟,在下游部分切穿了砾石层,下面露出了基岩,从基岩面到阶地顶面的高度为50m左右。

尕海滩地区冰水沉积层,上部被上更新统的洪积物覆盖,岩性为黄土质亚砂土,夹数层砂卵石夹层,呈土黄色,颗粒较均匀,具有钙质结核和无规则的垂直节理,结核中含有泥质成分,风化之后结核的表面呈白色的粉末状,中间夹的砂卵石为青灰色,松散,无分选,卵石占50%,直径5~15cm,漂石占20%,直径20~40cm,卵石和漂石均呈次棱角状,有压坑、压裂现象。砾石、卵石、漂石成分主要为青灰色的砂岩,次为板岩、砾岩、花岗岩、石英岩等。与下伏下更新统中段呈假整合接触关系。26号孔揭露埋深43.06~122.96m,层厚79.90m,下部以3m厚的黄绿色中粗砂和早更新世青灰色亚黏土为界。

3. 中更新统洪积层

中更新统洪积层分布于盆地山前倾斜平原及山间断陷谷地,主要由砂砾石组成,砂砾石层由黄色亚砂土、砂、砾石及巨砾堆积在一起所组成的。由顶部到底部,砾石含量逐渐增加,底部砾石含量达70%以上。砂砾石层的上部,在部分地区覆盖有一层含基岩碎块的亚砂土。

茶卡寺西北砾石层不整合于上新世沉积物和印支期花岗岩之上,其余均未见到其与老地层间的直接接触关系。该层厚度各地相差较大。南戈滩揭露厚度5.5m。

大水河冲洪积扇孔揭露该层厚度大于162m,岩性以砾石为主,粒径一般为5~20cm,小的过渡到砂,大的粒径超过1m,由山前向盆地中心方向粒径逐渐减小。砾石磨圆度中等偏差,为半滚圆—半棱角状,少量滚圆状和尖棱角状的,分选较性差。本次工作实施的大水桥CKZK01孔,位于大水河出山口,揭露中更新世洪积层地层岩性为黏土、卵砾石,顶底界埋深78.30~139.70m。本次工作实施的乌兰哈达河CKZK03孔,位于乌兰哈达河出山口,揭露中更新世洪积层地层岩性为砾石、砂砾石,顶界埋深29.40m。钻孔深度94.09m未揭穿该层。

共和盆地南部山前倾斜平原东部厚度仅29m,西部厚130m。部分地区砾石显示出不太明显的水平层理或微倾斜层理(微向河谷盆地倾斜)。

本次工作在恰卜恰河谷实施的GHZK01孔,位于共和县加拉新村恰卜恰河Ⅱ级阶地,揭露中更新世洪积层地层岩性主要为黏土、亚黏土与砂层互层,揭露厚度91.1m,顶界埋深12.0m,底界埋深103.1m,根据GHZK01孔第四系古地磁测试结果,磁极性曲线图大约在103m处,样品序列极性发生了变化。上部以正极性为主,界线以下则显示多以负极性为其主要特征。认为此处的分界线就是B/M界线,即下、中更新统的界线,其界线处年龄为78万年(图2-3-9);本次工作在加隆台布设GHZK02孔,位于梅杜隆哇、依格里沟冲洪积扇的中部,山前隐伏断裂的南侧。揭露中更新世洪积层地层岩性为黏土、卵砾石,顶底界埋深133.1~200.8m。本次工作在大水桥冲洪积扇布设的CKZK01孔揭露该地层,岩性为泥质砂砾石、黏土,顶底界埋深78.3~139.7m(表2-3-1)。

三、上更新统

共和盆地内上更新统不发育,主要为冰期的冰碛物,分布于山区沟谷、山前倾斜平原及山间断陷盆地;间冰期的洪积物,分布于山前倾斜平原的低平原及山区沟谷中。

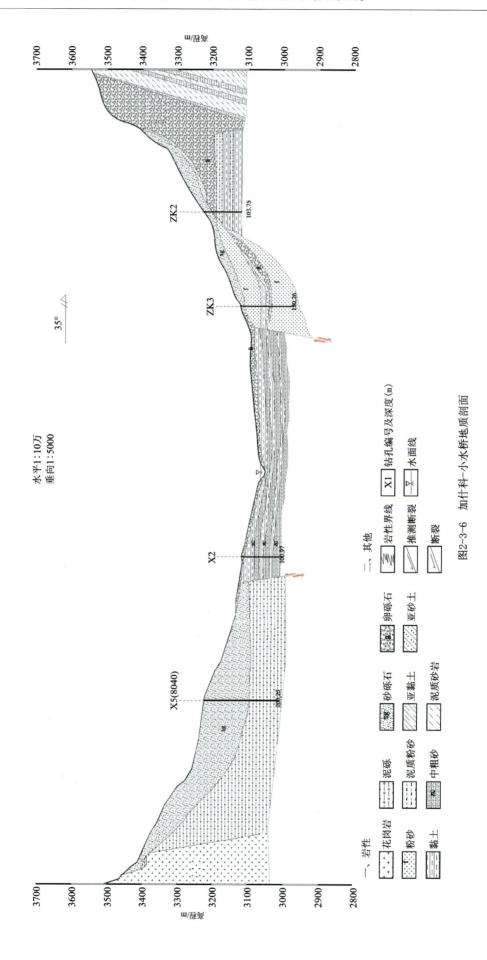

图2-3-6 加什科-小水桥地质剖面

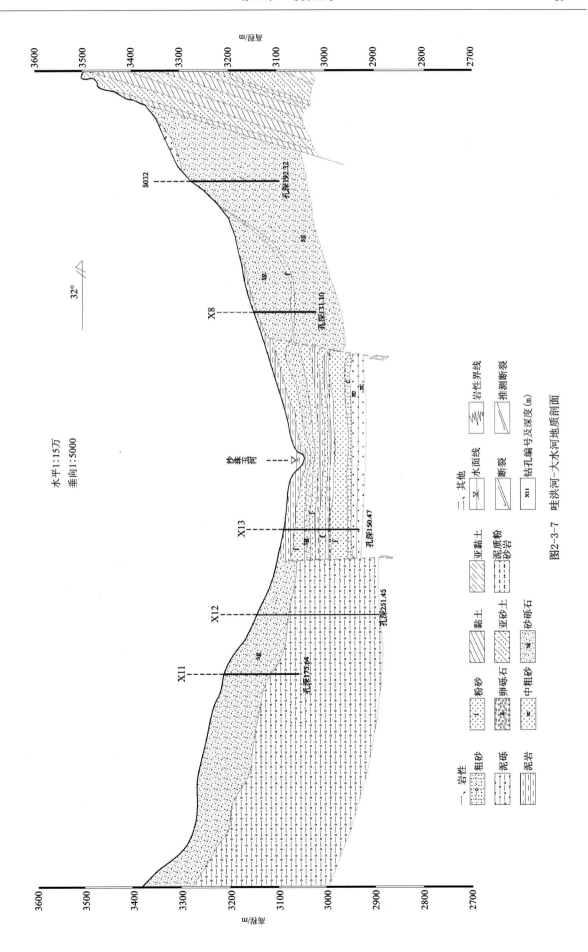

图2-3-7 哇洪河-大水河地质剖面

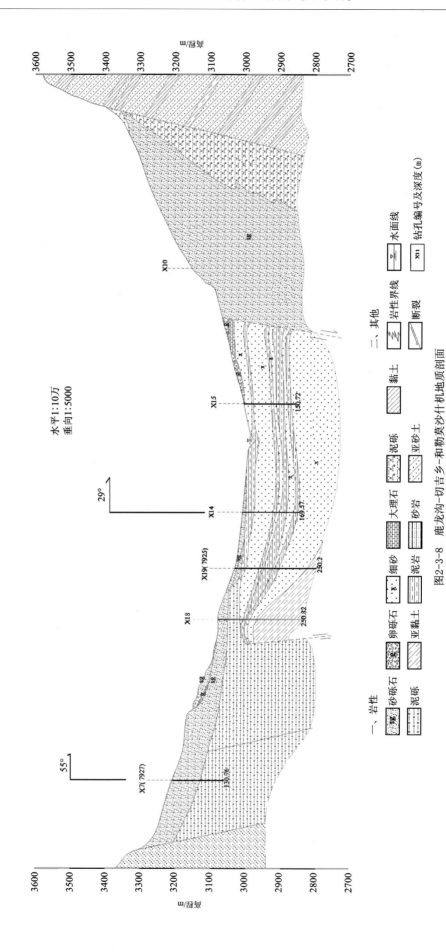

图2-3-8 鹿龙沟-切吉乡-和勒莫沙什机地质剖面

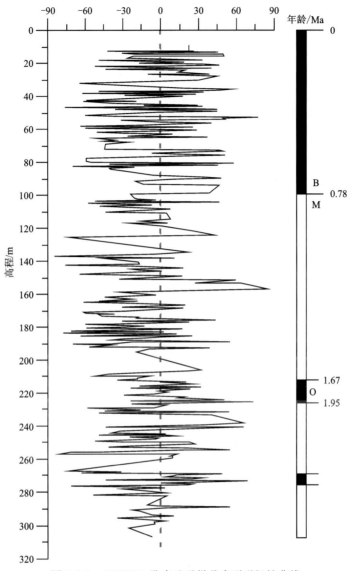

图 2-3-9　GHZK01 孔古地磁样品序列磁极性曲线

表 2-3-1　中更新统洪积层厚度统计表

孔号	孔内深度/m	厚度/m	备注
28	76.00～81.50	5.5	南戈滩
4	30.11～192.32	162.21	大水河冲洪积扇
8	71.40～131.10	59.70	大水河冲洪积扇
CKZK01	78.30～139.70	61.40	大水河冲洪积扇
GHZK02	133.1～200.8	67.7	梅杜隆哇、依格里沟冲洪积扇的中部
GHZK01	12～103.1	91.1	恰卜恰河谷上游
26	19.00～97.50	78.50	共和盆地南部山前倾斜平原

续表 2-3-1

孔号	孔内深度/m	厚度/m	备注
30	18.77~128.00	109.23	
24	1.00~30.00	29.00	
21	24.00~129.00	105.00	
17	0~70.91	70.91	共和盆地南部
16	2.40~23.37	20.97	山前倾斜平原
12	0~70.00	70.00	
11	0~95.43	95.43	
5	0~130.00	130.00	
1	32.51~77.71	45.22	

1. 上更新统下部冰碛层

上更新统下部冰碛层分布于海拔3000m以上的山区沟谷中,构成谷中谷地形,厚度几米至数10m。这期冰期主要发育在山区,为冰斗冰川。冰碛物的岩性主要为青灰色含泥质的碎石、卵石层。结构松散,分选性差,多为次棱角状及次圆状。最大粒径为1m,可见巨大的黏性土透镜体。此期冰川规模小,在碎石、卵石表面很少见到擦痕、压裂等现象。盆地西南部的冰蚀洼地中,堆积了冰碛物。在南戈滩谷地内,该冰期冰碛层发育,钻孔揭露厚度21~86m(表2-3-2),在盆地山前倾斜平原该期冰碛物不发育,仅在塘格木农场九中队截流工程附近可见。

表 2-3-2 上更新统冰碛层厚度统计表

孔号	孔内深度/m	厚度/m	备注
27	26.00~47.40	21.40	南戈滩
28	2.50~76.00	73.50	南戈滩
32	38.8~125.00	86.20	南戈滩
9	0~20.70	20.70	然去乎
1	19.85~32.51	12.66	茶卡盐湖东侧

2. 上更新统下部冲洪积层

上更新统下部冲洪积层分布在山间微倾斜平原及山区较大的河谷地带。具典型二元结构,上部为土黄色的亚砂土,颗粒较均匀,黏土含量5%左右;下部砂卵石为黄灰色、灰绿色,松散,无分选性,卵石占60%~70%,呈次棱角状和次浑圆状,直径5~10cm,砾石占20%~30%,多呈次浑圆状,少数为次棱角状,直径1~2cm,砂的含量近10%,厚度在山前15~20m,从山前向盆地中心逐渐变薄,至盆地中心只有0.3~0.4m。

青海南山山前洪积平原上的上、中、下部的砾石统计资料显示,卵石直径从上至下逐渐变小,分选性、磨圆度逐渐变好。砾卵石的成分有砂岩、板岩、花岗岩、花岗闪长岩、石英岩等。本次工作施工的CKZK01钻孔和CKZK03钻孔,大水桥冲洪积扇CKZK01钻孔显示该层顶底板埋深26.70~78.30m,层厚51.6m,岩性为砂砾石夹薄层黏土层,砾石呈棱角状,分选性差。乌兰哈达河CKZK03钻孔显示该层顶底板埋深15.40~29.40m,层厚14m,岩性为砾石、砂砾石,砾石次棱角状,分选性差。

三塔拉台、河卡滩地区,具二元结构,下部以杂色砾石为主,上部为砂和黄土状亚砂土。砾石的成分以砂岩为主,灰岩、板岩、火成岩及石英岩次之,磨圆度差,分选性不佳,大小间杂,粒径 5~10cm,结构松散。黄土状亚砂土,结构松散,垂直节理发育,表层往往土壤化,厚度不均一,三塔拉台面厚度 1~12m,河卡滩东缘厚达 30m 左右。

3. 上更新统上部洪积层

上更新统上部洪积层分布于山区沟谷、南戈滩及黄河高级阶地一塔拉、二塔拉台面上,山区沟谷中一般宽几十米至数百米,厚约 10m。大水河冲洪积扇层厚 24~71m。据 CKZK01 钻孔资料,大水桥冲洪积扇顶底板埋深 1.80~26.70m,层厚 24.9m,岩性为砂砾石,呈棱角状,分选性差。茶卡盐湖南部地区该层厚 20m。据钻孔揭露和地面出露,岩性为砂卵石,青灰色,松散,分选性不佳,次圆状,卵石约占 60%,砾石和砂各占 20%,岩性和对应的山区基岩岩相一致。天然露头为粉细砂与砂卵石互层,具有洪积物的多元结构特征。

黄河高级阶地一塔拉、二塔拉之上,具二元结构,岩性下部为灰绿色、灰黄色的砂卵石,卵石成分有砂岩、板岩、花岗岩、千枚岩、石英岩等。呈次浑圆状和浑圆状,直径 10~15cm,分选性较好,砾、卵石具定向排列,分层不明显,夹有细砂条带,宽 0.1~0.2m,砂卵石大多松散,局部有泥砂胶结,厚 6~18m,上部为土黄色的亚砂土,颗粒均匀,具有孔隙和垂直节理,0.3m 以上含有草根,黏土含量 5%~8%,主要成分为粉土(图 2-3-10)。

四、全新统

共和盆地全新统不发育,成因类型较复杂,山区有冰缘堆积,沟谷中洪积物堆积,盆地中央有冲洪积、沼泽堆积、化学沉积,沙珠玉河河谷内有冲积物堆积,沙珠玉河下游浪娘桥和沙立岗折玉一带有风积沙丘堆积。

1. 全新统冲洪积层

全新统冲洪积层分布在黄河、恰卜恰河、沙珠玉河、茫拉河、沙沟沟谷及山前平原,河谷冲积层具二元结构,表层为土黄色的亚砂土,亚砂土颗粒均匀,含砾石,粒径较小,黏土含量约 5%,黏聚力不强,具有小孔隙和垂直节理,在河谷岸边及阶地前缘形成直立小陡坎,厚 0.5~1.5m;下部为砂砾石、砂卵石层,灰黄色,松散,分选性不佳,无层理,夹中细砂的透镜体,卵石呈定向排列。卵石占 60%,直径 5~10cm,大者 20cm,呈次棱角状和次浑圆状,砾石占 25% 左右,直径 0.5~1.5cm,呈次浑圆状,砂的含量近 15%,多为中粗砂、砾、卵石。山前洪积平原为砂砾石。砂砾石成分复杂,因地而异,多棱角状及次棱角状,结构松散,分选性差。总的来看,距山体越远,粒径越小。

沙珠玉河为泉水汇集而成,河谷沉积物相对较细。沙珠玉河河谷区内揭露全新统,下部为黄灰色的粗砂细砾,上部为土黄色、黄绿色的粉砂,亚黏土,粗砂细砾层松散,无分选,粗砂为次棱角状,占 40%,细砾占 50%,细中砂粒径 0.5~0.8cm,呈浑圆状和次浑圆状,二者的成分为石英、长石、砂岩、板岩等,粉砂呈松散状态,颗粒均匀,亚砂土颗粒较均匀,黏土含量约 3%,构成明显的层理,厚度 6.70~10.93m,与下部早更新世地层呈假整合接触。

2. 全新统风成堆积

全新统风成堆积主要分布于共和盆地的三湖地区、塔拉台、木格滩及黄河谷地。在塔拉台一带的固定沙丘,多呈沙垄、沙丘链及沙山。岩性为浅土黄色的中细砂,细砂占 60%,中砂占 40%,砂粒磨圆度不佳,次棱角状居多。沙丘表面生长有牧草及灌木。在滩(台)地及黄河谷地一带的现代活动沙丘,形状有新月形、沙垄、沙梁等。岩性为浅土黄色的中细砂,磨圆度较好,表面有擦痕,垂直剖面上见有风成斜层理。

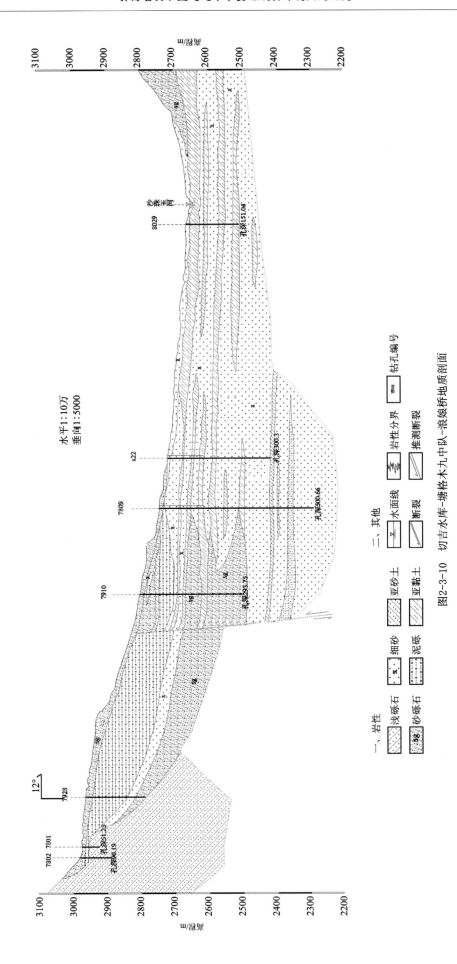

图2-3-10 切吉水库-塘格木九中队-浪娘桥地质剖面

3. 全新统沼泽堆积

全新统沼泽堆积分布于河卡滩、恰卜恰河谷上游、尕海滩、沙珠玉河上游地区。上部为灰褐色的粉砂,淤泥质亚砂土或淤泥质亚黏土、腐殖质含量达15%~30%,厚0.5~1.5m;下部为灰褐色的砂卵石,厚3.5~5m。有腐臭味,富含有机质,局部发育灰绿色条纹,成分为黏土及亚黏土。

第四节 第四纪地质环境演化特征

共和盆地在地质构造上处于秦昆纬向构造体系、河西系构造体系及青藏滇"歹"字形构造体系复合部位。它是由青藏滇"歹"字形构造体系旋扭作用形成的一个中新生代山间断陷盆地。在晚古生代及中生代期间,它与祁连山、昆仑山和秦岭加里东-海西褶皱带同属地槽区,目前分布于盆地周围山地最高层位的岩层及盆地褶皱基底,以浅海相三叠纪地层为主。自三叠纪以来,受印支运动影响,地槽区强烈褶皱回返,在盆地和山地海相三叠系下部广泛出现花岗岩、花岗闪长岩等侵入体。之后由于受北西西向的继承性断裂和北北西向的新生代断裂作用,使盆地周围山地上升,内部陷落,从而奠定了共和盆地的雏形。

早更新世至中更新世末,盆地边缘上更新世夷平面随周围山地进一步抬升,内部继续强烈沉降,形成以河湖相沉积为主的共和组,同时伴有黄土和风成沙堆积。该组地层的岩性在水平和垂直方向上变化较大。盆地南缘以杂色和灰色的砂卵砾石为主;河卡滩黄河岸边,由经长距离搬运的古黄河河床相砂卵砾石组成,卵砾石分选性、磨圆度都较好,厚度达500m;盆地北缘为分选性和磨圆度较差,搬运距离较短的山麓相砂卵砾石与粗砂互层;而在广大盆地内部发育河湖相灰黄色、棕黄色和灰绿色细砂,粉砂,亚砂,亚黏土地层。共和组厚度达数百米至1500m。上升的山地使断裂带附近的曲沟组与共和组呈不整合或断层接触。此时期,整个盆地只有一个统一的黄河水系,诸如沙珠玉河等黄河支流也已形成,但其入河口及流程与现今有所差异。如沙珠玉河位置偏南,恰卜恰河略短。

中更新世末开始,共和盆地结束了长期相对下沉状态,转入以强烈上升为主的构造运动时期。一方面周围山地沿老断裂面继续抬升,在盆地山麓相乃至共和组沉积内部产生新的褶皱与断裂;另一方面盆地内部发生大幅度不均匀隆升,在恰卜恰河至达连海附近和新哲农场等地,盆地基底连同共和组一起形成短轴背斜,并出现北西向和北北西向两条基底隐伏断裂。这就是对中更新世以来共和盆地地貌、水环境发育与演化具有重要控制意义的一次构造运动——共和运动。这次构造运动导致共和古湖外泄,使盆地发展出现以下3个结果。

一是在中更新世末至晚更新世早期,莫河至亚毋纳哈河本是沙珠玉河上游,由于基底隆起及哇洪河和乌水河洪积扇的不断扩展,使亚毋纳哈河倒流汇成茶卡湖,从而使原本统一的共和盆地变成了现在的茶卡盆地和狭义的共和盆地。

二是在此之前,沙珠玉河原是黄河的一条支流,由于达连海东侧基底晚更新世以来的不断隆起,迫使黄河向东南方向迁移,使沙珠玉河与主流相分离,并在其尾端形成尾闾湖——达连海湖,从而使沙珠玉河变为内陆水系,仅通过地下水的水平径流与黄河发生联系。

三是在此之前,共和盆地的地表总体较为平整。在此之后,由于基底隆起导致流水侵蚀作用增强,也进一步加剧了地表分割的下切程度。例如,在黄河由西北向东南摆动的过程中,受多次间歇性运动影响,在原共和组的基础上形成了由河床相砾石层和各下切陡崖组成的基座阶地,最明显的有二级、最高一级在黄河的左岸称二塔拉;Ⅰ级阶地又比Ⅱ级阶地低约50m,称为一塔拉。它还可分出若干次级阶地,特别是一塔拉阶地多达12级以上,反映该区晚更新世以来构造间歇性抬升活动的频繁性。

在晚更新世末或全新世初,黄河贯穿龙羊峡。现在龙羊峡基岩上见到的成层阶地、浪蚀崖以及底部由分选性和磨圆度较好的砾石组成的宽谷,就是当时遗留下来的黄河古道。从那时到现在,黄河继续向南摆动并沿基岩构造破碎带继续下切,最后形成深为 600~900m 的龙羊峡峡谷。与此同时,以黄河为侵蚀基准面的沙珠玉河、恰卜恰河等河道也相应迁移、下切、伸长或缩短,在两岸形成一系列新的阶地和沟谷;英德尔海、更尕海等许多大小不等的湖泊洼地,便是沙珠玉河在由南向北摆动下切过程中在阶面上遗留下来的古河道或牛轭湖。而同一时期,在共和组以及一系列阶面上,形成了大量风成地貌。上述因素均加剧了盆地内地表的起伏程度,使原先统一、平整的共和盆地最终解体为沟谷深切,河谷、阶地成层分布,风蚀和风积地貌到处叠置的现代地貌景观。

第三章 区域地下水系统特征

第一节 地下水系统划分

一、地下水系统划分原则

地下水系统包括含水层系统和地下水流系统两部分。含水层系统主要界定地下水赋存条件的介质场特征；地下水流系统主要界定地下水补给、径流、排泄条件的渗流场的特征。地下水系统本质上就是地下水流系统，含水层系统是地下水系统划分的基础，地下水流系统是地下水系统划分的首要依据，系统之间是否具有水力联系或水力联系强弱是划分地下水系统最为核心的因素，水力联系可以把不同含水层的地下水纳入到一个整体的流动系统之中。

地下水系统划分应遵循以下原则：

(1) 以自然状态不同级别地下水流系统为首要依据。地下水系统划分要保持不同级别地下水流系统的完整性和相对独立性，地下水流系统常受构造、地貌和地表流域的控制，在划分时应充分考虑构造地貌格局和地表流域的分布特征。

(2) 以含水层系统为判断水力联系和流动系统内部结构的重要基础。在一个水流系统内，根据含水层系统的结构，尤其是含水层边界的水理性质（导水、隔水等）来判断水流系统的内部结构和水力联系，进一步区分不同级别（区域、中间或局部）的水流系统。

(3) 区分地下水系统的层次性。地下水系统划分，在垂向上应区分不同层次的含水层系统（浅层含水层系统、承压含水层系统等），针对不同的含水层系统，依据不同级别地下水流系统特征，划分各自的地下水系统。共和盆地除在恰卜恰河谷（面积 68.60km²）、茶卡盆地（面积 572.21km²）等发育着浅层含水层系统和承压含水层系统以外，盆地周边山前冲洪积平原仅发育单一潜水含水层系统，占据大部分面积的盆地中部平原赋存微承压水，其地下水主要来源山前冲洪积平原的侧向补给，与山前平原可视为统一的含水层系统。基于共和盆地的水文地质条件，本次工作在区域上以盆地周边山前平原与盆地中部平原形成潜水-微承压含水层系统为主划分地下水系统，仅在恰卜恰河谷、茶卡盆地分别考虑浅层含水层、承压含水层划分地下水系统。

二、地下水系统划分依据

1. 一级地下水系统划分

一级地下水系统主要依据盆地周边山区向平原区排泄基准（龙羊峡库区、茶卡盐湖区）径流的区域地下水流系统划分。

共和盆地地下水补给主要为盆地周边出山口河流的入渗补给，由山前向盆地中心排泄基准径流，最终汇入龙羊峡水库再排出区外和通过茶卡盐湖蒸发排泄。

2. 二级地下水系统划分

二级地下水系统主要依据区域水流系统在平面不同排泄基准的分区划分。区域地下水流系统常受构造和地貌控制,本次工作在考虑河套平原的宏观构造格局和地貌特征的基础上,进一步分析区域水流系统的分布特征,划分二级地下水系统。

共和西盆地地下水主要来源贵南南山塔秀河、茫曲、达布江曲以及盆地西侧沙沟河流的山前补给,由山前分别向茫拉河、沙沟等河谷径流排泄,最终汇入龙羊峡库区,形成一个完整的区域水流系统,划分为一个独立的二级地下水系统。

共和东盆地地下水主要来源盆地南部哇洪河、鹿龙河、叉叉龙洼、切吉河等较大河流及盆地北部青海南山山前小河流的入渗,向盆地中心沙珠玉河一带径流,最终通过泉水排泄于龙羊峡水库,形成一个完整的区域水流系统,划分为一个独立的二级地下水系统。

茶卡盆地地下水来源盆地北缘乌兰哈达郭勒,大水河及盆地南缘小河流的山前入渗,向茶卡盐湖径流,最终通过茶卡盐湖蒸发排泄,形成一个完整的区域水流系统,从而划分为一个独立的二级地下水系统。

3. 三级地下水系统划分

三级地下水系统主要依据中间地下水流系统,并充分考虑地下水的赋存介质(山前冲洪积平原、冲湖积平原、台地及隆起区含水介质的差异)进行划分。三级地下水系统应具有相对独立的地下水补给、径流、排泄体系,系统内的含水介质形成条件相对单一。

共和东盆地地下水系统进一步划分为巴洛滩地下水系统、塔秀河冲洪积扇地下水系统、茫什多滩地地下水系统、莫格滩地下水系统、木格滩地下水系统、沙沟-木河沟侵蚀台地地下水系统;共和西盆地进一步划分为哇洪河冲洪积扇地下水系统、切吉河-直亥买河冲洪积扇地下水系统、河卡滩地地下水系统、塔拉台地地下水系统、沙珠玉河谷平原地下水系统、大水河冲洪积扇地下水系统、青海南山南缘山前冲洪积平原地下水系统、恰卜恰河谷地下水系统、恰卜恰河谷东侧丘陵地下水系统、大东河-依格里沟冰积台地地下水系统、尕海滩盆地地下水系统、阿乙亥沟东侧丘陵裂隙孔隙地下水系统;茶卡盆地进一步划分为山前冲洪积平原地下水系统、盆地中部冲湖积平原地下水系统。

三、地下水系统划分结果

根据前述划分原则和依据,把共和盆地划分为 1 个一级地下水系统、3 个二级地下水系统、20 个三级地下水系统。详见表 3-1-1 和图 3-1-1。

表 3-1-1 共和盆地地下水系统划分一览表

一级 地下水系统	二级 地下水系统	三级 地下水系统	面积/km²
共和盆地 地下水系统 (A)	共和东盆地 地下水系统 (A01)	巴洛滩地下水系统(A01-1)	446.30
		塔秀河冲洪积扇地下水系统(A01-2)	173.30
		茫什多滩地地下水系统(A01-3)	110.73
		莫格滩地下水系统(A01-4)	466.52
		木格滩地地下水系统(A01-5)	1 323.31
		沙沟-木河沟侵蚀台地地下水系统(A01-6)	568.08

续表 3-1-1

一级 地下水系统	二级 地下水系统	三级 地下水系统	面积/km²
共和盆地 地下水系统 （A）	共和西盆地 地下水系统 （A02）	哇洪河冲洪积扇地下水系统（A02-1）	844.24
		切吉河-直亥买河冲洪积扇地下水系统（A02-2）	193.34
		河卡滩地地下水系统（A02-3）	501.49
		塔拉台地地下水系统（A02-4）	4 589.98
		沙珠玉河谷平原地下水系统（A02-5）	209.55
		大水河冲洪积扇地下水系统（A02-6）	176.62
		青海南山南缘山前冲洪积平原地下水系统（A02-7）	362.15
		恰卜恰河谷地地下水系统（A02-8）	63.52
		恰卜恰河谷东侧丘陵地下水系统（A02-9）	129.29
		大东河-依格里沟冰积台地地下水系统（A02-10）	76.35
		尕海滩盆地地下水系统（A02-11）	111.90
		阿乙亥沟东侧丘陵裂隙孔隙地下水系统（A02-12）	104.34
	茶卡盆地地 下水系统 （A03）	山前冲洪积平原地下水系统（A03-1）	1 268.29
		盆地中部冲湖积平原地下水系统（A03-2）	532.56

四、地下水系统特征

（一）共和东盆地地下水系统（A01）

系统南边界为贵南南山山前断裂，贵南南山以三叠纪、二叠纪碎屑岩为主，经受历次的构造运动及长期物理化学风化作用，褶皱与断裂构造发育，赋存基岩裂隙水，裂隙分布不均且大部分被泥砂充填，该区坡度陡峭，基岩裂隙水多排泄于山间沟谷，因此南边界仅在塔秀河、茫曲河、达布江曲河出山口有河流入渗补给和地下侧向径流补给，其他段基本为隔水边界；系统东边界为朗绀山-恰仟山山前断裂，山区基岩裂隙水不发育，无较大河流发育，基本对盆地区没有补给，为隔水边界；系统北边界在唐乃亥—得茫一线，该区地下水埋深大，富水性差，而且地下水主要排泄于沙沟后流入区外，主体是隔水边界；系统西边界为龙羊峡库区，为排泄边界，地下水主要以泉水和侧向排泄汇入龙羊峡水库。

该系统地下水主要来源于南部山区降水及基岩裂隙水汇集河流在出山口的入渗。另外，在较大沟口有部分地下水潜流侧向补给，南部山前冲洪积平原地下水主要向茫拉河径流排泄，东北部台地地下水主要向沙沟径流排泄，最终通过茫拉河、沙沟排泄于龙羊峡库区。

1. 巴洛滩地地下水系统（A01-1）

1）边界条件

系统主体为巴洛滩地，面积 446.30km²。系统南边界为贵南南山山前断裂，主要为山区曲不藏沟、西格日沟等较大河流地表水和洪流山前入渗补给；系统西边界为黄河河谷，河谷切割深度很大，滩地西缘地下水以泉排泄于河谷；系统东边界为巴洛滩地与塔秀河冲洪积扇的地质地貌界线，为侧向排泄边界；系统北边界中西段为黄河河谷东西丘陵，为隔水边界，西段为茫拉河谷，滩地地下水径流至此排泄于茫拉河中，为侧向排泄边界。

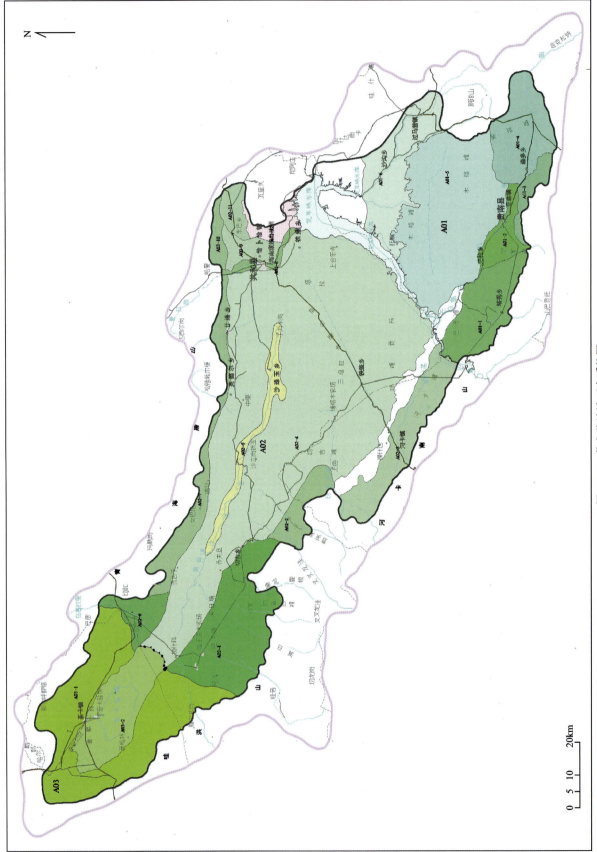

图3-1-1 共和盆地地下水系统图

2）含水层特征

巴洛滩地地下水系统为山前单一潜水含水层,岩性主要为泥质卵砾石,厚度30~60m,水位埋深大,大部分地段大于100m,滩地中部水位埋深70余米,富水性中等且变化较大,单井涌水量100~1000m³/d。水质良好,矿化度小于0.5g/L,属HCO_3-Ca·Mg(Na·Ca·Mg)型水。

3）地下水补给、径流、排泄

巴洛滩地地下水主要来源于南部山区曲不藏沟、西格日沟等较大河流地表水和洪流山前入渗,由山前向滩地前缘茫拉河方向径流,除小部分径流进入塔秀河冲洪积扇外,其他主要排泄于茫拉河河谷。

2. 塔秀河冲洪积扇地下水系统（A01-2）

1）边界条件

系统主体为塔秀河冲洪积扇,面积173.30km²。系统北边界为贵南南山山前断裂塔秀河段,沟谷的裂隙水可通过边界以地下潜流补给冲洪积扇,为侧向补给边界;系统东边界为塔秀河冲洪积扇与茫什多滩地的地质地貌分界,西边界为塔秀河冲洪积扇与巴洛滩地的地质地貌界线,两侧滩地地下水对塔秀河冲洪积扇有一定补给作用,为侧向补给边界;系统北边界为茫拉河河谷,为侧向排泄边界。

2）含水层特征

塔秀河冲洪积扇地下水系统为山前单一潜水含水层,岩性主要为砾卵石,含泥砂卵石,厚20~55m,自山前往茫拉河增厚。水位埋深自山前到茫拉河渐浅,冲洪积扇顶部水位埋深100余米,至冲洪积扇前缘水位埋深30余米,到茫拉河边地下水以泉水溢出。水质良好,属HCO_3-Ca·Mg型水,矿化度小于0.5g/L。塔秀河汇水面积大,经常性水流、洪流出山后潜入地下,地下水富水性好,单井涌水量1200~2700m³/d。

3）地下水补给、径流、排泄

地下水主要来源于冲洪积扇南部山区塔秀河地下水及洪流在出山口入渗,由山前向茫拉河径流,最终通过冲洪积扇前缘泉水及侧向排泄汇于茫拉河谷中。

3. 茫什多滩地地下水系统（A01-3）

1）边界条件

系统主体为茫什多滩地,面积110.73km²。系统南边界为贵南南山山前断裂,由于山区基岩裂隙水多转化为沟谷地表水,因此断裂可视为隔水边界,通过较大沟口的水流或洪流补给滩地;系统东边界为茫什多滩地与莫格滩地地质分界,两个滩地都是从山前向茫拉河谷方向径流,彼此间水力联系不紧密,可视为隔水边界;系统北边界为茫什多滩地与塔秀河冲洪积扇的地质地貌界线,为侧向排泄边界。

2）含水层特征

茫什多滩地地下水系统为山前单一潜水含水层,岩性以卵砾石为主,含水层厚度变化大,厚10~100m,且由山前到茫拉河河谷逐渐增厚。水位埋深自山前到茫拉河河谷变浅,山前最大水位埋深在50m左右,茫拉河谷有泉水溢出。该地区补给条件相对较好,南部山区溪流、洪流出山后渗漏补给,富水性中等,单井涌水量100~1000m³/d。水质良好,矿化度小于0.5g/L,属HCO_3-Ca·Mg型水。

3）地下水补给、径流、排泄

地下水主要来源于南部山区较大河流地表水及洪流的出山口入渗,有山前向茫拉河方向径流,最终侧向流出排泄于塔秀河冲洪积扇。

4. 莫格滩地地下水系统（A01-4）

1）边界条件

系统主体为莫格滩地,面积466.52km²。系统南边界及东边界为贵南南山山前断裂,山区发育的小河流及茫曲、达布江曲等河流出山口入渗是滩地地下水的主要补给来源;系统西边界为莫格滩地与茫什多滩地的地质界线,两侧地下水基本无水量交换,为隔水边界;系统北边界为莫格滩地与木格滩地的地质地貌界线,莫格滩地地下水侧向流出对木格滩地有一定补给作用,为侧向排泄边界。

2)含水层特征

该地区由于下部基岩隆起,第四系沉积厚度不大,有100余米,地层岩性以亚砂土为主,局部夹薄层粉细砂。该地区富水性差,单井涌水量小于$100m^3/d$。隆起带中部冲沟中出露的泉水矿化度$1\sim3.8g/L$,属SO_4Cl-$Na \cdot Mg$型水。

3)地下水补给、径流、排泄

滩地地下水主要来源于贵南南山山区发育的小河流及茫曲、达布江曲等河流出山口入渗,基本由北西-南东向滩地前缘径流,侧向流出排泄于木格滩地。

5. 木格滩地地下水系统(A01-5)

1)边界条件

系统主体为木格滩地,面积$1\,323.31km^2$。东南边界为木格滩地与莫格滩地的地质地貌界线,为侧向补给边界,东北边界为朗绀山-支尔纳玛山山前断裂,因山区河流不发育,基本不补给滩地地下水,为隔水边界;系统南边界为茫拉河河谷,仅在下江当附近河水补给滩地,其他地段基本为隔水边界;北界为木格滩与沙沟-木河沟侵蚀台地的地貌界线,两侧地下水基本无水力联系,为隔水边界;系统西边界为龙羊峡库区,滩地地下水径流至此通过泉水溢出,部分通过库区周边粉细砂层侧向流出,为侧向排泄边界。

2)含水层特征

含水层岩性为粉细砂、含钙质结核粉细砂,厚度80余米,含水层间夹薄层黏性土层,含水层底部为新近纪泥岩。水位埋深$100\sim200m$,水量贫乏,单井涌水量小于$100m^3/d$,属HCO_3 $Ca \cdot Mg(Na \cdot Ca \cdot Mg)$型水,矿化度小于$0.5g/L$。

3)地下水补给、径流、排泄

地下水埋深大,大气降水基本对地下水无补给作用。地下水主要来源于东部莫格滩地第四纪松散岩类孔隙水的侧向补给和茫拉河下江当附近地表水及地下水补给,由西北-东南向龙羊峡库区径流,最终通过龙羊峡库区周边泉水排泄。

6. 沙沟-木河沟侵蚀台地地下水系统(A01-6)

1)边界条件

系统主体为沙沟-木河沟侵蚀台地,面积$568.08km^2$。系统南边界东段为霞石铎滩地与沙沟侵蚀台地的地质分界,为侧向补给边界,中西段为沙沟侵蚀台地与木格滩地的地质分界,为隔水边界;东界为恰仟山地丘陵,为隔水边界;北界在唐乃亥—得茫一线,该区地下水埋深大,富水性差,而且地下水主要排泄于沙沟后流入区外,主体为隔水边界;西边界为龙羊峡水库,也为侧向排泄边界。

2)含水层特征

沙沟地区潜水含水层岩性为细粉砂、粉砂,含水层厚度30余米,水位埋深$15\sim30m$,水量贫乏,大部分地区单井涌水量小于$100m^3/d$;承压含水层岩性由粉细砂组成,在$70\sim200m$之间出现多层粉细砂与亚砂土、亚黏土互层,承压含水层富水性总规律是自沙沟河上游往下游减弱,单井涌水量$50\sim300m^3/d$。矿化度小于$1g/L$,属HCO_3-$Na \cdot Ca \cdot Mg$或$HCO_3 \cdot SO_4$-Na型水。

木河沟侵蚀台地含水层岩性主要为粉细砂,中间夹多层亚砂土,富水性差,单井涌水量小于$100m^3/d$。

3)地下水补给、径流、排泄

地下水主要来源沙沟河流上游入渗补给和南侧霞石铎滩地侧向补给,由上游向下游径流,沙沟下游河谷切割深度达300余米,地下水以泉水或直接泄入的方式排泄于沙沟下游河谷中,最终汇入龙羊峡水库。

(二)共和西盆地地下水系统(A02)

系统北边界为青海南山山前断裂,青海南山南麓主要出露三叠纪砂板岩、砂砾石,构造风化裂隙发育,接受大气降水的渗入补给,形成基岩裂隙水,由于坡度陡峭,基岩裂隙水多以泉的形式泄出成溪,出山后渗漏补给第四纪松散层孔隙水,共和东盆地北部河流规模都较小,出山口地下水潜流小,因此,整体可视为隔水边界,主要补给为溪流及洪流出山口入渗;系统西边界为共和西盆地与茶卡盆地的地下分水岭,大致以大水河-哇玉香卡公路为界;系统南边界为哇洪山、切吉山、河卡南山山前断裂,山区主要三叠纪砂岩、粉砂岩和印支期闪长岩,山区构造裂隙、风化裂隙发育,而且山区汇水面积远大于北部,基岩裂隙水以泉的形式排泄于河谷,结合降水形成较大地表径流,出山后补给盆地区第四纪松散层孔隙水,由于南部河流规模远大于北部,因此除河流出山口入渗补给外,大河流的地下水潜流也是盆地的一个补给来源;系统东边界为龙羊峡库区,即排泄边界,地下水主要以泉水和侧向排泄汇入龙羊峡水库。

该系统地下水主要来源于南、北部山区降水及基岩裂隙水汇集河流在出山口的入渗。另外,在较大沟口有部分地下水潜流侧向补给,由盆地南、北两侧向盆地中部沙珠玉河径流后再向东部黄河谷地径流,最终大都以泉水的形式排泄于龙羊峡水库。

1. 哇洪河冲洪积扇地下水系统(A02-1)

1)边界条件

系统主体为哇洪河冲洪积扇,面积844.24km²。系统南边界为哇洪山与盆地的地质地貌界线,主要在哇洪河、莫日河、羊清河、鹿龙河等河流出山口有河水入渗及地下潜流补给,其他地段都为相对隔水边界;系统西边界为哇洪河冲洪积扇与茶卡盆地分水岭;系统东边界为哇洪河冲洪积扇与切吉河-直亥买河冲洪积扇的扇间洼地,由细粒相物质组成,为相对隔水边界;系统北边界哇洪河冲洪积扇前缘与盆地冲湖积平原的地质分界,为侧向排泄边界。

2)含水层特征

哇洪河冲洪积扇含水层是双层结构,下部为冰碛泥质砂卵石,上部为洪积砂卵石,冲洪积扇中部及前缘,地下水埋藏较浅,小于50m或50~100m。地下水赋存于洪积砂卵石中,水量大,单井涌水量1000~5000m³/d,冲洪积扇后缘,地下水埋藏深,一般为100~200m,上部砂卵石层被疏干,地下水赋存于泥质砂卵石中,水量小,单井涌水量小于100m³/d,形成了哇洪河洪积扇轴部和山前倾斜平原前半部强富水带。冲洪积扇整体透水性良好,渗透系数15~142m/d,矿化度小于1g/L,但地下水水化学类型复杂,有HCO_3-Ca型、$HCO_3 \cdot SO_4$-Ca $\cdot$ Na型、$Cl \cdot SO_4$-Na $\cdot$ Ca型等。

3)地下水补给、径流、排泄

地下水主要来源于南部山区哇洪河、莫日河、羊清河、鹿龙河等河流出山口入渗补给。另外,在哇洪河、鹿龙河等大河流出山口有一部分地下潜流补给,由冲洪积扇顶部向前缘径流,最后通过扇缘排泄到盆地冲湖积平原半承压含水层。

2. 切吉河-直亥买河冲洪积扇地下水系统(A02-2)

1)边界条件

系统主体为切吉河-直亥买河冲洪积扇,面积193.34km²。系统南边界为切吉山与盆地的山区平原界线,主要在切吉河、叉叉沟、直亥买河等河流出山口有河水入渗,其他地段都为相对隔水边界;系统东边界、北边界为冲洪积扇与盆地中部冲湖积平原的地质地貌界线,为侧向排泄边界;系统西边界为切吉河-直亥买河冲洪积扇与哇洪河冲洪积扇的扇间洼地,由细粒相物质组成,为相对隔水边界。

2)含水层特征

切吉河-直亥买河冲洪积扇地下水系统为山前单一结构潜水含水层,岩性主要为中更新世泥质砂卵砾石,由于基底受北西向山前断层控制而断块上升,致使本地段地下水埋藏浅,一般在20m左右。在断层带处形成地下"跌水",储水条件不佳,单井涌水量为252～312m³/d,地下水矿化度小于1g/L,属 $HCO_3 \cdot Cl\text{-}Ca \cdot Na$ 型水。

3)地下水补给、径流、排泄

地下水主要来源于切吉河、直亥买河、叉叉沟等较大河流出山口入渗补给,由冲洪积扇顶部向前缘径流,通过扇缘排泄到盆地冲湖积平原半承压含水层。

3. 河卡滩地地下水系统(A02-3)

1)边界条件

系统主体为河卡滩地,面积501.49km²。系统南边界为河卡南山,北边界为乔日湖山与低山丘陵,西边界为切吉山,边界主体都为相对隔水,通过河卡南山及东侧切吉山山区河流出山口入渗补给;系统西边界为黄河河谷,为侧向排泄边界。

2)含水层特征

河卡滩地南部山前倾斜平原,含水层为早更新世冲湖积泥质卵砾石,结构紧密,泥质含量高,透水性弱,水位埋深86～100m,单井涌水量小于100m³/d,矿化度小于0.5g/L,属 $HCO_3\text{-}Na$ 型水;河卡滩地西北部,潜水含水层岩性为中更新世冰水-洪积含泥砂砾石,含水层厚度5～35m,富水性较弱,一般具有多层结构,水位埋深变化较大,一般为2～22m,单井涌水量小于100m³/d,承压含水层以泥质砂卵砾石为主,富水性好,单井涌水量大于1000m³/d;河卡滩地中东部地段由于受黄河深切影响,使承压水转为无压,含水层岩性以晚更新世冲洪积含砾中粗砂和早更新世泥质砂砾石为主,水位埋深变化很大,操什澄河上游,埋深小于5m,至东部下游水位埋深达到98.7m,单井涌水量从中部到东部也逐渐由小于100m³/d增大至1000m³/d。

3)地下水补给、径流、排泄

河卡滩地属于半封闭洼地,三面环山,一面靠黄河,地下水主要源于山区流来的地表水垂向渗入补给,基岩裂隙水的侧向补给居次,大气降水的渗入补给量极少,滩地内地下水由北西向南东的黄河方向流动,在操什澄河上游,潜水开始溢出地表形成沼泽,被排泄的地下水。一部分消耗于蒸发,另一部分汇入操什澄河。上游来的地下水,除部分在操什澄河沼泽地附近排泄外,其余部分又向下游径流,并在其径流过程中接受南部山区地表水及地下水的补给。由于受黄河深切排泄的影响,沼泽地往地下水水位埋深渐增,使承压水过渡为无压水,最终以泉或侧向排泄方式排泄于黄河。

4. 塔拉台地地下水系统(A02-4)

1)边界条件

系统主体为共和西盆地中部冲湖积平原,面积4 589.98km²。系统北边界为塔拉台地与青海南山山前冲洪积平原的地质地貌分界,为侧向补给边界;系统南边界为塔拉台地与哇洪山、切吉山等山前冲洪积平原的地质地貌界线,为侧向补给边界;系统西边界为共和西盆地与茶卡盆地的地下分水岭;系统东边界为黄河谷地龙羊峡库区,主体为侧向排泄边界。

2)含水层特征

表层全新世和晚更新世堆积物处于疏干状态,下伏的下更新统上段为河湖相黏性土与细砂互层,地下水赋存于砂层中。作为含水层顶底板的黏性土层,厚度不大,连续性不好,多呈透镜体状。各层既有一定的水力联系,又具一定承压性质,为半承压含水岩组。含水层厚度19～47m,在接近盆地沙珠玉河一带顶板埋深50～100m,远离盆地中心地带顶板埋深大于100m,地下水位埋深多大于100m,补给条件差,单井涌水量10～100m³/d。

3)地下水补给、径流、排泄

由于地下水埋深大,基本不能接受降水入渗补给,地下水主要来源于南部及北部山前冲洪积平原潜水的侧向补给,由山前向盆地中心沙珠玉河方向径流,在盆地中部地带地下水水力坡度变缓,整体由西往东向黄河谷地径流,最终在恰卜恰河谷侧向排泄和龙羊峡库区边通过泉水排泄。

5. 沙珠玉河谷平原地下水系统(A02-5)

1)边界条件

系统主体为沙珠玉河河谷平原,面积 209.55km^2。系统南北边界都为沙珠玉河河谷阶地与盆地中部冲湖积平原的边界,都为侧向补给边界。

2)含水层特征

潜水含水层:沙珠玉河中上游,含水层岩性为全新世及晚更新世冲洪积砂卵砾石、细砂,厚度 3~66m,水位埋深小于 5m,单井涌水量 10~100m^3/d。为 $HCO_3·Cl-Na·Ca$ 型水。矿化度小于 0.5g/L。沙珠玉河下游含水层岩性为全新世冲洪积含砾粗砂,厚度一般小于 10m,局部地段大于 20m,水位埋深 15~25m,单井涌水量 100~1000m^3/d。潜水化学类型为 $Cl-Na$ 型或 $Cl·SO_4-Na$ 型水,矿化度大于 1g/L。

承压含水层:岩性为早更新世冲湖积细砂、粉砂层,含水层厚度 60m 左右,夹有数层黏性土层,水位埋深一般小于 30m,下游富水性相对较好,单井涌水量 100~1000m^3/d,上游单井涌水量小于 100m^3/d。

3)地下水补给、径流、排泄

潜水主要来源于大气降水,承压水主要来源于南、北两侧半承压水的侧向补给,主要通过开采和向黄河谷地方向径流排泄。

6. 大水河冲洪积扇地下水系统(A02-6)

1)边界条件

系统主体为大水河冲洪积扇,面积 176.62km^2。系统北边界为大水河出山口,为侧向径流边界;东边界和西边界为冲洪积扇扇间的细粒相土层,可视为相对隔水边界;南边界为大水河冲洪积扇与盆地中部冲湖积平原的地质界线,为侧向排泄边界。

2)含水层特征

大水河冲洪积扇地下水系统为单一结构潜水含水层,含水层岩性为砂卵石,含泥砂卵石,夹薄层黏性土层,由山前-冲洪积扇前缘,水位埋深 15~50m,单井涌水量 1000~2500m^3/d。水化学类型为 $HCO_3-Ca·Na$ 型,矿化度大都小于 1g/L,仅在冲洪积扇前缘变高,个别水样点矿化度大于 1g/L。

3)地下水补给、径流、排泄

地下水补给、径流、排泄条件简单,主要来源于大水河的渗漏补给,从洪积扇顶部向前缘径流,从冲洪积前缘侧向径流泄出。

7. 青海南山南缘山前冲洪积平原地下水系统(A02-7)

1)边界条件

系统主体为青海南山南缘小冲洪积扇及冲洪积平原,呈长条带状分布,面积 362.15km^2。系统北边界为青海南山山前断裂,前已述及。该地段山区坡度陡峭,基岩裂隙水多以泉的形式排泄,形成规模小的河流,在出山后渗漏补给第四纪松散层孔隙水,因此除较大河流出山口以外,其他地段可视为隔水边界;系统南边界为山前冲洪积平原与共和西盆地冲湖积平原的地貌分界,为侧向排泄边界。

2)含水层特征

青海南山南缘山前冲洪积平原地下水系统为单一潜水含水层,岩性以砂砾石、卵砾石为主,水位埋深 50~100m,由于北部河流规模小,河流出山口入渗补给量小,地下水富水性差,单井涌水量 10~100m^3/d。

3)地下水补给、径流、排泄

地下水主要来源于北部山区泉集河及地表洪流的入渗补给,由山前地带向冲洪积平原前缘径流,与冲洪积平原前缘排泄进入盆地冲湖积平原半承压含水层。

8. 恰卜恰河谷地下水系统（A02-8）

1）边界条件

系统主体为恰卜恰河谷阶地，面积 63.52km²。系统西边界为恰卜恰河谷阶地与塔拉台地的边界，西侧为河谷阶地与低山丘陵的地质地貌界线，都为侧向补给边界；北边界为沟后河出山口，为侧向补给边界；南边界为龙羊峡库区，为侧向排泄边界。

2）含水层特征

潜水含水层：恰卜恰河上游地段，潜水含水层岩性为全新世及晚更新世冲洪积砂卵砾石、细砂，厚 3～20m，水位埋深 5～15m，单井涌水量 10～100m³/d。水化学类型 $HCO_3 \cdot Cl-Na \cdot Ca$ 型水，矿化度小于0.5g/L；恰卜恰河中下游地段，含水层岩性为全新世冲洪积含砾粗砂，厚度一般小于10m，局部地段大于20m，水位埋深10～20m，单井涌水量100～1000m³/d，水化学类型为 $Cl-Na$ 型或 $Cl \cdot SO_4-Na$ 型水，矿化度大于1g/L。

承压含水层：含水层为下更新统中段冲湖积中细砂、砂砾石、含砾中粗砂，以砂砾石、含砾中粗砂富水性较好，顶板埋深多为 50～100m，钻孔揭露数层含水层，单层含水层厚 5～20m，渗透系数多大于10m/d，多为自流水，承压水位高出地面 6～11m，近上游地段为负水头，矿化度大于1g/L。

3）地下水补给、径流、排泄

潜水主要来源于北部沟后河地表水的入渗补给，恰卜恰河上游地下水位埋深较浅的地段有降水入渗补给，地下水从上游向下游径流，通过开采和向龙羊峡水库排泄。

承压水主要来源于西侧塔拉台地半承压水的侧向补给。另外，东侧低山丘陵区半承压水对河谷承压水也有一定补给作用，但补给量较西侧小很多，承压水也基本由中上游向下游径流，通过开采方式和向龙羊峡水库侧向排泄。

9. 恰卜恰河谷东侧丘陵地下水系统（A02-9）

1）边界条件

系统主体为恰卜恰河谷东侧低山丘陵，面积129.29km²。系统东边界为阿乙亥沟，南段和东侧新近纪丘陵裂隙孔隙水系统接壤，为侧向补给边界，北段与尕海滩盆地相邻，为隔水边界；系统西边界为恰卜恰河谷阶地与丘陵山地的地质地貌界线，为侧向排泄边界；系统北边界为丘陵山地与大东河-依格里沟冰积台地地貌界线，为侧向补给边界；系统南边界在恰卜恰河谷上、下他买段，为侧向排泄边界。

2）含水层特征

含水层主要为早更新世冲湖积中细砂、含砾中粗砂及砂砾石，在尕家—莫合多一线以北，为半承压水，富水性差，单井涌水量 10～100m³/d，尕家—莫合多一线以南为承压水，顶板埋深大于100m，富水性相对较好，单井涌水量 100～1000m³/d。

3）地下水补给、径流、排泄

地下水主要来源于东侧新近纪丘陵裂隙孔隙地下水的侧向补给和北部大东河-依格里沟冰积台地地下水侧向补给，基本由北向南径流，排泄于恰卜恰河谷。

10. 大东河-依格里沟冰积台地地下水系统（A02-10）

1）边界条件

系统主体为大东河-依格里沟山前冰积台地，面积76.35km²。系统北边界为青海南山与盆地区的地质分界，地下水主要接受山区河流出山口入渗补给，整体可视为隔水边界；系统南边界为大东河-依格里沟冰积与尕海滩盆地的分界，为侧向排泄边界。

2) 含水层特征

系统为单一潜水含水层,含水层岩性以中更新世冰水相漂砾、卵砾石为主,水位埋深大于 80m,由于山区汇水面积小、溪流小、地下水补给条件差,单井涌水量 10~100m³/d。

3) 地下水补给、径流、排泄

地下水主要来源于西部夏拉滩地侧向径流及北部山区小河流山前入渗补给,基本沿河流方向由北向南径流,在冲洪积平原前缘以侧向径流形式排出区外。

11. 尕海滩盆地地下水系统(A02-11)

1) 边界条件

系统主体为尕海滩盆地,面积 111.90km²。系统东边界为青海南山东段山前断裂;南边界为瓦里关山山前断裂,边界主体为隔水性质,过山区河流出山口入渗补给盆地地下水;北边界为大东河-依格里沟冰积台地与尕海滩盆地的地质分界,为侧向补给边界;西边界为阿乙亥沟莫合多-东巴段,边界两侧地下水的富水性都很差,可视为隔水边界。

2) 含水层特征

地下水主要赋存在早更新世砂砾石、砂层中,为半承压水,顶板埋深大于 100m,水量贫乏,单井涌水量 10~100m³/d。

3) 地下水补给、径流、排泄

地下水主要来源于南部瓦里关山及东部山区沟谷地表水出山后入渗补给,通过晚更新世砂卵砾石和中更新世泥质砂砾石补给早更新世半承压含水层,部分潜水径流补给尕海滩湖水。地下水主要通过蒸发形式排泄。

12. 阿乙亥沟东侧丘陵裂隙孔隙地下水系统(A02-12)

1) 边界条件

系统主体为阿乙亥沟东侧新近纪丘陵区,面积 104.34km²。系统北边界为新近纪丘陵与尕海滩盆地的地质界线,为隔水边界、东边界为瓦里关山与新近纪丘陵的地质地貌分界,为隔水边界;西边界为新近纪丘陵与阿乙亥沟东侧第四纪丘陵区的地质界线,为侧向排泄边界;南边界为龙羊峡库区,承压自流水以顶托形式排泄于黄河。

2) 含水层特征

地表出露多为泥岩而不含水,该层下部含有矿化度较高的自流水,含水层为新近纪砂岩、砾岩,半胶结,单井涌水量 100~1000m³/d,矿化度在 2g/L 左右,顶板埋深大于 100m。

3) 地下水补给、径流、排泄

地下水主要接受大气降水的补给,形成裂隙孔隙水,裂隙孔隙水一部分以泉的形式泄出而汇成小溪,一部分通过深部循环转变成承压自流水。

(三) 茶卡盆地地下水系统(A03)

系统北边界为青海南山山前断裂,青海南山南麓主要由印支期、海西期侵入岩组成,岩体受构造运动和风化作用,裂隙发育,赋存基岩裂隙水,但富水性差,基岩裂隙水经过短暂的径流汇集以泉水的形式排泄于沟谷中,汇成几条小地表径流,补给盆地地下水,山区基岩裂隙水侧向只占很少一部分。总体来看,该边界为隔水边界,仅通过乌兰哈达、大水河等河流出山口入渗及洪流入渗补给;系统西北边界为乌兰盆地与茶卡盆地的分水岭,分水岭东侧几条小河流在山前入渗补给盆地;南边界为阿尔茨托山-雅尔其岗山山前断裂,山区汇水面积很小,河流基本不发育,主体为隔水边界;茶卡盆地东边界为共和西盆地与茶卡盆地的地下水分水岭,大体在大水河-哇玉香卡公路沿线,分水岭以西,地下水向茶卡盆地径流,分水岭以东,地下水向共和西盆地径流。

该系统地下水主要来源于北部和东部山区河流在出山口的入渗补给,其次为山区基岩裂隙水侧向补给,从山区周边向茶卡盐湖径流,最终通过盆地中心盐湖及沼泽地带蒸发排泄。

1. 山前冲洪积平原地下水系统(A03-1)

1)边界条件

系统主体为茶卡盐湖山前冲洪积平原,面积1 268.29km^2。系统北边界为青海南山山前断裂,为隔水边界,仅通过乌兰哈达、大水河等河流出山口入渗及洪流入渗补给;系统东边界为乌兰盆地与茶卡盆地的分水岭;系统南边界为阿尔茨托山-雅尔其岗山前断裂,山区汇水面积很小,主体为隔水边界;系统东边界北段为大水河冲洪积扇边界,南段为哇洪河冲洪积扇的边界。

2)含水层特征

山前冲洪积平原,含水层由洪积、冰水相砂卵砾石组成,含水层厚度35～60m,水位埋深一般为14～30m,单位涌水量0.3～0.75L/(s·m),矿化度0.3～0.6g/L,属$HCO_3·Cl$-$Ca·Na$型水。冲洪积平原西部较东部富水,是茶卡地区生活用水的主要开采源。

3)地下水补给、径流、排泄

地下水主要来源于北部及西部山区河流出山口入渗和部分基岩裂隙水侧向补给,向茶卡盐湖径流,山前冲洪积平原前缘与盆地湖积平原接触部位,由于微地貌与地层岩性变化,地下潜流到此受阻,形成泉群排泄。另有部分通过山前冲洪积平原前缘边界侧向排泄到冲湖积平原。

2. 盆地中部冲湖积平原地下水系统(A03-2)

1)边界条件

系统主体为茶卡盐湖积盐沼平原,面积532.56km^2。系统北边界、西边界、南边界都为山前冲洪积平原与湖积盐沼平原的地质地貌界线,接受山前冲洪积平原侧向补给,为侧向补给边界;系统东边界为茶卡盐湖与共和西盆地的分水岭边界。

2)含水层特征

盆地中部冲湖积平原主体为盐湖外围的盐沼平原,分布着潜水含水层和承压含水层。潜水含水层为近代湖积砂及砂砾石层,潜水埋深大都为1～3m,其后缘埋深达到5m左右,涌水量0.006～0.66L/s,水化学类型为$HCO_3·Cl$-$Ca·Mg$型水。承压含水层由中更新世冰水相及湖相含砾砂层、粗砂层组成,含水层顶部由砂质黏土构成隔水层,含水层一般有多层,厚度较小,中间为黏性土及亚砂土相隔,承压水头距地表小于10m,部分地区自流,单位涌水量0.1～0.2L/(s·m),属于$HCO_3·Cl·SO_4$-$Ca·Na$型水。

3)地下水补给、径流、排泄

地下水补给、径流、排泄条件简单,主要接受大气降水、山前冲洪积平原的侧向补给,向盐湖径流,通过沼泽及盐湖蒸发排泄。

第二节 地下水类型与含水层结构

共和盆地地下水的赋存条件与分布规律(图3-2-1),主要受控于盆地内的地层、构造、地形地貌、水文地质条件和气候等各种因素。地层、构造为地下水的形成提供了运移通道和储存空间,水文、气象要素决定了地下水的补给条件,地形、地貌控制了地下水的分布场所。这些因素相互制约、相互影响,决定了区内地下水的赋存条件和分布规律。根据共和盆地地质构造、地貌和地表流域的控制,考虑构造地貌

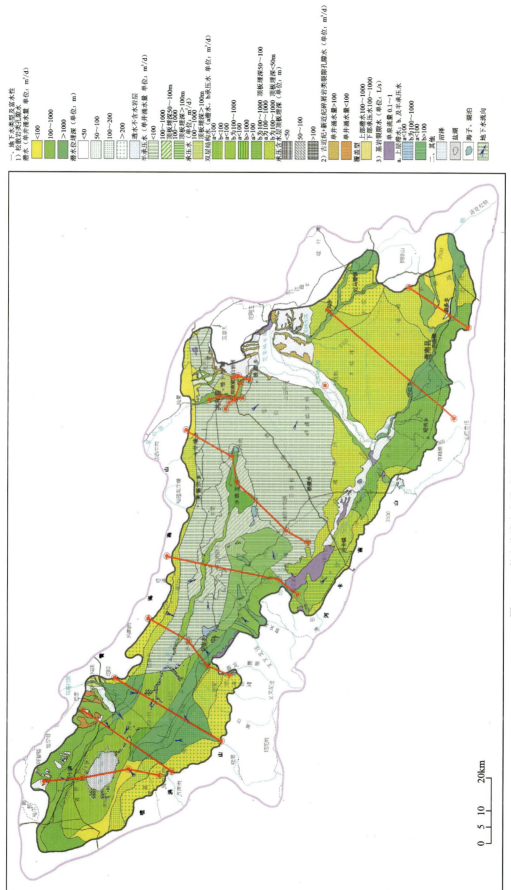

图3-2-1 共和盆地水文地质图

格局和地表流域的分布特征,在保持不同级别地下水流系统的完整性和相对独立性的基础上,将共和盆地地下水系统划分为1个地下水一级系统和3个地下水二级系统,本研究根据不同的地下水系统分区,分析各地下水系统内含水层结构。

共和盆地西北部青海南山海拔4000m以上的山区和盆地西南部鄂拉山海拔3800m以上的山区,分布着岛状多年冻土。该区大气降水较为丰富,补给充沛,冬季冰雪覆盖,夏季冰雪及冻结层上部消融,季节融化层接受降水和消融水补给后,形成冻结层上水。海拔3800～4000m的山区,以二叠纪和三叠纪的砂板岩和火成岩为主体,零星分布有侵入岩。受多次构造运动及长期物理风化作用的影响,岩石的构造裂隙和风化裂隙发育,易于接受大气降水的渗入补给,赋存有较丰富的基岩裂隙水。山区地形切割强烈,垂直于山体延伸方向有较大沟谷发育,地形相对低洼平坦,形成山间谷地,沉积了一定厚度的砂卵石层,是山区地表、地下水的汇集场所,赋存有丰富的孔隙潜水。

盆地内的阿乙亥、曲沟及然去乎以西分布有新近纪红色砂泥岩、砂岩、砾岩,除泥岩基本不含水外,砂岩、砾岩中赋存着碎屑岩类裂隙孔隙水。由于受哇里关山印支期侵入岩体的影响,新近纪碎屑岩层不仅形成了承压自流水储水构造,而且还是一个比较理想的储热构造层。

盆地中央大面积平原区、山前平原区及沟谷平原(包括茶卡盐湖、尕海滩、南戈滩、河卡滩)区,由于第四纪初期大幅度的沉降,堆积了厚逾千米的早更新世以河湖相为主的松散堆积物,为地下水的赋存提供了良好的空间。山前倾斜平原区及山间沟谷中,多以中更新世的冰碛泥质砂卵石和晚更新世冲洪积砂卵砾石堆积为主,受山区河流的补给,赋存有丰富的孔隙潜水。塘格木农场以西地区由于受农灌影响,在农灌区形成片状上层滞水。盆地中央平原区以河湖相的砂砾石、细砂、粉砂和黏性土形成多层结构,为半承压及承压水分布区,构成双层或多层结构。受断裂构造的控制,地下水富水性与埋深条件也不同,盆地中部地带地下水埋深50～100m,向东受黄河深切影响,地下水在黄河谷地大量泄出,因此又由承压水变为半承压水乃至潜水,地下水埋深大于100m。

总之,共和盆地地下水,基本符合干旱、半干旱内陆盆地地下水赋存与分布的一般规律。由山区至山前倾斜平原再至盆地中央平原;地下水类型由基岩类冻结层水至基岩裂隙水再至松散岩类孔隙潜水过渡为孔隙半承压水或承压水;含水层结构由简单至复杂;含水层的富水性由强至弱;地下水位埋深由深至浅;地下水水质由好至差。

盆地第四纪松散沉积物的分布面积约占整个盆地面积的3/4,除局部地段地下水被当地水文网切割疏干外,绝大部分地段构成潜水含水岩组或具潜水及半承压水双层结构的含水岩组。

一、共和东盆地地下水类型与含水层结构

共和东盆地东邻西倾山,西北为龙羊峡水库,南邻贵南南山。贵南南山及西倾山为海拔3900m以上的高山区,降雨较为充沛,气候严寒,有多年冻土分布。冬季冰雪覆盖,夏季冻结层上部消融,形成冻结层上含水层。该区以基岩冻结层上水为主,第四纪松散岩类冻结层上水在古冰斗、冰槽谷和沟谷坡麓碎块石中均有分布。因含水层坡度大,厚度小,不利于地下水的赋存,多以泉的形式排泄于沟谷。3900m以下的基岩山区,由二叠纪砂岩、板岩、灰岩、页岩以及三叠纪砂岩、板岩和少量凝灰岩等组成,由于经受历次的构造变动及长期的物理化学风化作用,岩石破碎,裂隙发育,接受较充沛的大气降雨入渗补给后形成基岩裂隙水。裂隙分布不均,且大部分被泥砂充填,造成富水程度有所差异。该区山势较陡,不利于地下水的赋存,多排泄于山间沟谷中。

新近系赋存碎屑岩类裂隙孔隙水。该地层在山间及山前零星出露,其岩性的变化与古沉积环境有关,在山间及山前地带一般以砾岩、砂岩和泥岩为主,其他地段主要为泥岩夹砂岩。裂隙孔隙水主要赋存于砂岩、砾岩中,泥岩一般构成相对隔水层。共和东盆地第四纪基底主要由新近系构成,并形成储水构造。

共和东盆地第四纪松散沉积物分布广泛,有冰碛-冰水相、冲积相、冲洪积相等。沉积物以粗颗粒为主,储水空间大。第四纪初期堆积了巨厚的早更新世河湖相地层,沉积物颗粒从盆地边缘往中心由粗变细,在粗细相间带为承压水的形成创造了条件。

区内松散岩类潜水含水层岩性以砂、卵石、泥质砂卵石、中细砂为主,由于黄河、茫拉河、沙沟河等河流的深切,使河谷两侧的平原区潜水含水层部分或全部切出,地下水大量排泄,水位降低,富水性减弱,局部地段潜水含水层被疏干;塔拉台地承压水同样被切除,使河谷两侧形成减压带,转为无压水(图3-2-2)。

松散岩类孔隙承压水分布于沙沟地区,地势低洼出露成泉。隔水顶板以亚黏土、亚砂土为主,厚度较薄,属于弱透水层。含水层岩性以粉细砂为主。从盆地内早更新世河湖相沉积物的结构分析,大部分地段应有承压水分布,但由于河流切割较深,原始的水文地质条件遭到不同程度的破坏,因此共和东盆地内只在沙沟地区发现承压水。

根据地下水的赋存条件,含水介质与水力特征,将本区地下水划分为松散岩类孔隙水、松散岩类孔隙承压水、碎屑岩类孔隙水、基岩裂隙水4个基本类型。在上述类型的基础上,再根据岩性、埋藏条件、富水性等特点进一步划分含水岩组。

(一)松散岩类孔隙水

1. 河谷冲洪积潜水

河谷冲洪积潜水主要分布于黄河、茫拉河、沙沟河谷地。冲积物为全新世砂卵石,含水层主要分布于河流漫滩,Ⅰ级、Ⅱ级阶地。Ⅲ级及其以上阶地因受河流深切排泄的影响,大部分地段全新世冲积层被疏干。

因龙羊峡水库的修建,黄河Ⅰ级、Ⅱ级阶地已随水库蓄水完全被淹没。据已有资料,黄河谷地含水层分布宽度一般为2~4km,含水层厚度2~6m。地下水水位埋深变化较大,河漫滩小于1.5m,Ⅰ级阶地6~15m,Ⅱ级阶地30~40m。潜水主要接受河谷东侧的平原区地下径流补给,矿化度小于1g/L,以$HCO_3 \cdot Cl-Na \cdot Ca$型、$HCO_3-Na \cdot Ca$型水为主。据试坑抽水试验资料,渗透系数5~26m/d。虽然砂卵石层透水性较好,因含水层厚度薄,将黄河谷地冲积层潜水划为水量中等地段。

茫拉河(上游称茫曲)谷地,含水层分布宽度一般为0.5~2.5km,据20号孔位于茫曲Ⅰ级阶地上,含水层岩性为砂卵石,厚62.61m,水位埋深17.39m,抽水降深0.30m,涌水量24.892L/s,计算涌水量35 884m³/d(因降深值小,计算涌水量偏大)。19号孔位于茫曲Ⅱ级阶地上,上部含水层岩性为砂卵石,厚2.45m,下部为三叠纪砂岩,水位埋深33.28m,涌水量为1.412L/s,单位涌水量0.91L/(s·m),为$HCO_3-Cl-Na \cdot Ca$型水,矿化度0.59g/L。根据上述资料,将茫拉河(包括上游的茫曲-漫滩、Ⅰ级阶地)划分为水量丰富地段,影响富水性变化的主要原因是补给条件及含水层厚度的差异。

沙沟河谷地含水层分布宽度1.5km左右。3号孔位于Ⅱ级阶地之上,含水层岩性以砂卵石层为主,厚9.41m,单井计算涌水量153m³/d,渗透系数7.3m/d,属水量中等地段。矿化度0.59g/L,为$HCO_3 \cdot SO_4 \cdot Cl-Na \cdot Ca$型水。

2. 山间沟谷冲洪积潜水

山间沟谷冲洪积潜水分布于山间较大的沟谷内。含水层岩性以含沙泥卵石为主,结构松散,其厚度、富水性、水位埋深在不同沟谷变化较大。据资料,功卡沟及塔秀沟含水层厚26.38~59.58m,水位埋深6.20~31.20m,单井计算涌水量175~1742m³/d,矿化度小于0.4g/L,属$HCO_3-Na \cdot Ca \cdot Mg$型水、$HCO_3 \cdot SO_4-Ca \cdot Mg$型水。

山间沟谷冲洪积、洪积含水层均一性极差,即使同一沟谷,其富水性变化也很大。例如,自东西功卡沟汇合处的22号孔到塔秀沟的16号孔相距3km,从所处的地貌部位分析,其单井涌水量应近似,但实

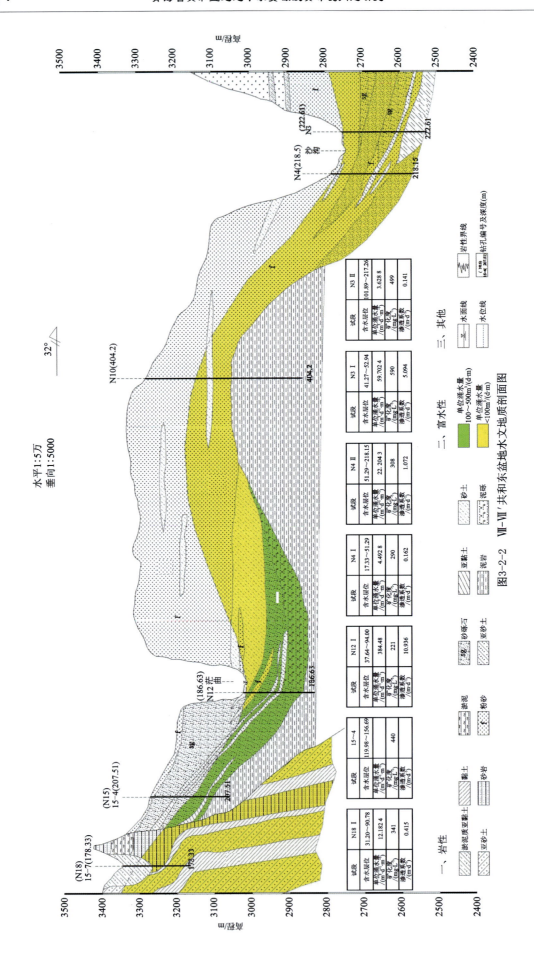

图3-2-2 Ⅶ-Ⅶ′共和东盆地水文地质剖面图

际相差近10倍,东西功卡沟地下水只能通过塔秀沟流到山前平原,所以塔秀沟的地下水量不可能小,而16号孔水量小的原因推测是与含水层富水性不均一有关,若在该孔附近适当位置布孔,也能获得与22号孔近似的水量。根据上述资料,将东西功卡沟单井计算涌水量划分为$100\sim1000m^3/d$级,属中等富水含水层;塔秀沟单井计算涌水量划为大于$1000m^3/d$级,属丰富水含水层。

3. 平原区(滩、台地)潜水

共和东盆地的茫什多滩-巴洛滩河、木格滩-沙沟及森多隆起带地区,水文地质条件各有特点,其地下水类型及含水层结构阐述如下。

1)茫什多滩-巴洛滩河地区

该区包括贵南南山以北、茫拉河以南、黄河以东地带,含水层岩性以早更新世冲湖积粗粒相堆积物为主。由于不同地段的补给条件、含水层厚度的差异,富水性变化较大。就全区而言,大部分地段水量中等,部分地段水量丰富,局部地段水量贫乏。

水量丰富:分布于中部贵南县城附近,南起塔秀沟口,北到茫什拉河谷,扇形展布,面积$128.6km^2$。含水层岩性主要为砾卵石,含泥砂卵石,厚$20\sim55m$,由山前至茫什拉河处增厚。水位埋深由山前至茫拉河变浅,据钻孔资料显示,15号孔水位埋深119.98m,12号孔19.90m,茫拉河边以泉溢出。12号、13号孔单井计算涌水量$1231\sim2707m^3/d$,其水质良好,属HCO_3-Ca·Mg型水,矿化度小于$0.5g/L$。此段地下水丰富的主要原因与补给条件良好有关,塔秀沟汇水面积大,经常性水流、洪流出山后潜入地下,使该段水量丰富。

水量中等:分布于水量丰富段的两侧。西段据11号孔资料,含水层岩性主要为泥质卵砾石,厚29.49m,水位埋深73.01m,抽水降深0.18m,涌水量0.461L/s,单井计算涌水量$1744m^3/d$;因降深值小,且为提桶抽水,计算涌水量偏大,故将该段单井计算涌水量划为$100\sim1000m^3/d$级,属水量中等地段;水质良好,矿化度小于$0.5g/L$,属HCO_3-Ca·Mg(Na·Ca·Mg)型水,水位埋深变化较大,大部分地段大于100m,局部地段(沟谷内)小于100m,东段的茫什多滩,据21号孔揭露,含水层岩性为卵砾石,透水性较好,水位埋深44m。据物探电测深资料,该段的含水层厚度$10\sim100m$,由山前到茫什拉河谷逐渐增厚;水位埋深自山前到茫拉河谷变浅,山前最大深度50m左右,茫拉河谷有泉水溢出。水质好,矿化度小于$0.5g/L$,属HCO_3-Ca·Mg型水。该段补给条件较好,南部山区溪流、洪流出山后垂直渗漏补给地下水,推测属水量中等地段。

水量贫乏:分布于该区西南部近黄河的山前地段含水层岩性为泥质砾卵石,受黄河深切排泄的影响,水位埋深大于200m,由于补给条件差,推测其水量贫乏。据ZK3钻孔资料,共和东盆地东部含水层岩性为砂砾石,厚度6.67m,其下为新近纪泥岩,水位埋深45.56m,单井计算涌水量$11m^3/d$,水量贫乏。

2)木格滩-沙沟地区

据黄河、茫拉河、沙沟河、木河沟顺河剖面及钻孔资料,该区含水层岩性以早更新世冲湖积细砂、粉砂为主,仅在木格滩东南角及盆地西北部地段以砂砾石为主。由于受河流深切排泄及新近纪隆起的影响,含水层厚度变化较大,一般为$30\sim150m$,近河部位及新近纪泥岩浅埋区厚度较薄。水位埋深除木格滩东南部分地段和深切的河谷小于100m外,其他地段大于100m。

据10号孔资料,水位埋深144.13m,含水层岩性为含钙质结核粉细砂,厚80.04m,结构松散。下部为新近纪泥岩。4号孔水位埋深17.33m,含水层岩性为粉细砂,厚33.96m,单井计算涌水量$35m^3/d$。木河沟的泉水自细粉砂、粉砂层中溢出,木河沟由十几个泉汇集而成,泉群总流量52.5L/s,泉口标高2800m,与滩地相对高差320m,沟中、下游所见的单泉流量多在0.1L/s左右,沟口总排泄量达$0.664m^3/s$。依据上述资料,将该区绝大部分地段划为水量贫乏段。水质略有变化,沙沟以北地区,属HCO_3-Ca·Mg(Na·Ca·Mg)型水,矿化度小于$0.5g/L$。

木格滩西南角及茫拉河谷的都兰以下、黄河河谷沙拉以上的三角地带,该带大部分地段存在砂砾石、粗砂含水层,结构紧密,泥钙质半胶结,透水性弱,水位埋深大于200m,推测其水量贫乏。木格滩东南角,即达布江以北地段,风积物之下的砂砾石层中有大量泉水溢出,构成一个单独的含水带。砂砾石含水层厚度大于3m,属晚更新世河流堆积物。达布江晚更新世从该带经过,到全新世初期河流改道,原达布江旧道被全新世风积砂掩盖,地表无古河道形迹。该带的单泉流量一般大于1L/s,泉群流量达69.0L/s。根据含水层岩性及泉流量的推测,属水量中等地段。矿化度小于0.5g/L,属 HCO_3-Ca·Mg(Na·Ca)型水。

3)森多隆起带

森多以北达布江以南地区,由于下部基岩隆起,第四系沉积厚度不大(图3-2-3)。17号孔含水层岩性以亚砂土为主,局部夹薄层粉细砂。17号孔旁试坑,含水层岩性为粉砂,隆起带中部的一些冲沟内有泉水出露。泉水出露于亚砂土层,单泉流量小于0.1L/s,矿化度1~3.8g/L,属 SO_4·Cl-Na·Mg 型水。该地区水位埋深小于50m,水质差,水量贫乏。

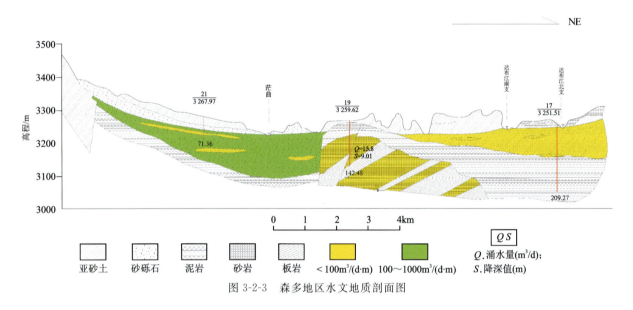

图3-2-3 森多地区水文地质剖面图

(二)松散岩类孔隙承压水

共和东盆地由于受黄河深切影响,地下水主要以潜水、潜水-微承压含水组为主,承压水分布较少,仅分布于沙沟地区。

沙沟地区承压水赋存于早更新世冲洪积松散沉积物中,由于补给条件和含水层岩性不同,在不同地貌部位,岩层富水性、水质、埋藏条件等具有较大差异。承压含水岩组之上均存在潜水含水岩组,两含水岩组之间以透水性较弱的亚砂土或亚黏土相隔,沿沙沟河两侧分布,含水层由粉细砂组成,据4号孔资料,孔深218.15m,其中75.83~167.73m之间出现5层粉、细砂层,总厚37.09m,含水层间为相对隔水的亚砂土或亚黏土,其他孔的揭露情况与本孔类同。该区承压含水层顶板为通水性较弱的亚砂土,厚24~50m,顶板埋深主要受地貌条件控制,河流Ⅱ级阶地以下一般小于100m,Ⅱ级阶地以上大于100m。水位埋深主要受地形的影响,河流Ⅱ级以上阶地为负水头;Ⅰ级阶地、漫滩有自流水出现。富水性变化的总规律是自沙沟河上游往下游减弱。单井计算涌水量32~273m³/d。矿化度小于1g/L,属 HCO_3-Na·Ca·Mg型水或 HCO_3·SO_4-Na型水。

(三) 碎屑岩类孔隙水

区内碎屑岩类孔隙承压水,赋存于新近系储水构造中。出露于地表的新近系,多为泥岩,很少见到泉水,局部地段见有砂砾岩、泥岩风化裂隙水,并以下降泉的形式出露地表,单泉流量小,表层风化裂隙潜水分布不普遍,水量又小,且多为季节性泉。

碎屑岩类孔隙水零星分布于盆地东北部,地表为泥岩、不含水,该带无泉水分布。据收集资料,泥岩下部存在矿化度较高的承压水,含水层岩性为砂岩、砾岩,胶结程度差,单井计算涌水量大于 $100m^3/d$,矿化度 $2g/L$ 左右,属 Cl-Na 型水,顶板埋深大于 $100m$。

加拉—沙那一带的新近系,地表多为泥岩,局部地段见有砂砾岩夹泥岩风化裂隙潜水,单泉流量小于 $0.1L/s$,泉群流量 $0.1\sim1L/s$,矿化度小于 $1g/L$,属 $HCO_3 \cdot SO_4$-Na·Ca 型水。下部的承压水含水层岩性以砂砾岩为主,水量贫乏,单井计算涌水量小于 $100m^3/d$。

分布于黄河谷地、功卡沟及巴曲附近的新近纪碎屑岩类裂隙孔隙承压水,其上部均存在第四纪松散岩类潜水。

(1)拉干—拉乙亥一带的黄河谷地内,据 9 号孔、738 号泉资料,存在新近纪碎屑岩类裂隙孔隙承压自流水。水头高出地面超过 $1.3m$,738 号泉自流量为 $83m^3/d$,矿化度 $2.511g/L$,水温 $34℃$,矿化度 $2.519g/L$,属 Cl-Na 型水,水温 $38℃$。说明该带存在地下热水,水量较丰富,单井计算涌水量大于 $100m^3/d$。该储水构造并非只限于黄河谷地,由于深切的黄河谷地内第四纪堆积物较薄才被发现,在黄河谷地内含水层顶板埋深一般小于 $100m$。含水层岩性为砂岩、砾岩,含水层顶板据 738 号泉观察为泥岩。

(2)功卡沟属新近纪初期形成的断陷谷,沉积了新近纪红层。据 23 号孔资料,孔深 $42.36\sim131.91m$ 为砖红色砂砾岩、砂岩夹薄层泥岩。从岩芯观察可大致分为两个含水层段:$42.36\sim74.90m$,岩石胶结程度差,采芯率低,岩芯较破碎,有断层存在,岩层透水性强,水量丰富;$74.90\sim131.91m$,岩石胶结紧密,裂隙不发育,本段透水性弱,水量贫乏。$42.36m$ 以上为第四纪松散岩类潜水含水岩组,它与下部新近纪碎屑岩类裂隙孔隙含水岩组间无明显的隔水层。水位埋深 $15.96m$,与上部潜水基本一致,但据抽水试验资料,二者富水性存在较大差异,且下部碎屑岩类裂隙孔隙水较丰富。

(四) 基岩裂隙水

区内基岩裂隙水主要赋存于二叠系、三叠系、侏罗系及侵入岩中。盆地内以层状基岩裂隙水为主,块状基岩裂隙水虽有分布,但面积甚小,且分布零星,无水样点控制,推测其富水性与周围的层状岩类差别不大,因此,统称基岩裂隙水。

三叠系分布区约占基岩区的 90%,其岩性主要为砂岩、板岩,裂隙发育。岩层内发育的裂隙多为半封闭的,裂隙率很低,裂隙以北东 $50°\sim70°$、北西 $80°$ 最为发育,裂隙宽度一般为 $1mm$ 左右,大多有泥砂碎屑充填。区内裂隙发育,由于上述原因使其富水性减弱,单泉流量绝大多数为 $0.1\sim1L/s$,最大单泉流量 $3.72L/s$。水化学类型以 HCO_3-Ca 型水、HCO_3-Ca·Mg 型水及 $HCO_3 \cdot SO_4$-Ca·Mg 型水为主,矿化度小于 $0.5g/L$。

据森多 18 号孔揭露,第四系以下的三叠系赋存承压水,含水岩组为细砂岩、板岩并存在断裂构造。断层破碎带宽 $2.1m$,破碎角砾被泥质胶结,透水性弱;断层附近的岩石裂隙较为发育。水位埋深 $25.38m$,抽水降深 $9.04m$,涌水量 $0.183L/s$,单井计算涌水量 $40m^3/d$,矿化度 $1.325g/L$,属 Cl-Na·Mg 型水。该区三叠纪承压水分布面积不大,仅存在于森多隆起带。

二、共和西盆地地下水类型与含水层结构

共和西盆地地下水的赋存与分布主要受控于地层、构造、地貌、水文和气象条件。海拔4000m以下基岩裸露的山区主要分布有基岩裂隙水;平原区则以松散岩类孔隙水为主;碎屑岩类孔隙裂隙水在局部地段形成地下水自流区。

盆地周边山区主要分布有早古生代变质岩,石炭纪变质砂岩,二叠纪的砂岩、砾岩、大理岩,三叠纪的砂板岩以及中生代侵入岩等组成高大的山体。由于经受历次结构作用以及长期的物理化学风化作用的影响,岩石裂隙比较发育,易于接受降水的渗入补给,储存了较丰富的基岩裂隙水。山区的基岩裂隙水以裸露为主,在局部伸向山前地段形成了覆盖型的基岩裂隙水,并且由于被第四系覆盖,其水动力条件可转化为承压自流水。

在海拔4000m以上的高寒山区,常年积雪,并且降雨降雪量相对较高,有多年冻土分布。这一地区分布有冻结层水。随着季节性气温变化,冰雪消融,融冻层水动态变化很大,构成山区地表水的主要补给来源。

碎屑岩类孔隙裂隙水,赋存于新近纪红色砂质泥岩中,主要分布在共和西盆地的阿乙亥—曲沟。新近纪碎屑岩类裂隙孔隙水在区内形成了覆盖型的承压自流水储水构造。由于受后期断裂构造的破坏,沿断裂带以上升泉出露。另阿乙亥地区受瓦里关山印支期侵入岩体的影响,新近纪碎屑岩类形成承压自流水储水构造,而且是一个比较理想的储热构造层。

共和西盆地山前平原、河谷平原、尕海滩地区以及盆地的大片中央平原,主要分布着第四纪松散岩类孔隙水,由于补给条件和地层岩性的不同,不同地貌单元地下水赋存条件差异较大。

共和西盆地更新世大幅度地沉降,堆积了厚约1000m的以早更新世河湖相为主的松散堆积物,为地下水的储存提供了良好的条件,盆地中部为黏砂互层结构,黏土层连续性差,赋存有半承压水,南北山前岩性以砂砾石、泥砾和中粗砂为主,透水性好,赋存潜水(图3-2-4)。由于补给条件的不同以及第四纪以来继承性断裂构造的控制作用,特别是黄河的深切,对该区地下水的赋存条件和分布规律造成了很大的影响。

恰卜恰河以东地区,主要分布下更新统承压水。含水层为下更新统中段,含水层岩性为细砂、中粗砂,在恰卜恰河谷内有全新世砂石、砂砾石层潜水分布。恰卜恰河以西的大片平原,岩性以下更新统的上段粉细砂为主,其间夹有不连续分布的亚砂土和亚黏土夹层,形成不稳定的相对隔水层,因此赋存于该地区的地下水水力特征为半承压水,由于补给条件不佳以及受黄河排泄减压的影响,具有埋藏深、水量较小的特点。沙珠玉河谷潜水呈带状分布,含水层颗粒较细,厚度不大。青海南山山前地带的潜水,主要赋存于现代河谷及冲洪积扇砂砾卵石层中。尕海滩地区,地貌上明显的自成一个盆地,有下更新统半承压水和上部潜水分布。受补给条件限制,潜水和半承压水富水性都较差。

根据地下水的赋存条件,水理性质及水动力特征,将全区地下水分为5种基本类型:松散岩类孔隙水、半承压水、承压水、碎屑岩裂隙孔隙水、基岩裂隙水,再根据地貌部位、含水层岩性和水动力特征划分为若干个含水岩组。

(一)松散岩类孔隙水

1. 河谷冲洪积层潜水

水量中等:分布于恰卜恰河谷、沙珠玉河谷、黄河河谷。

恰卜恰河谷:谷地多以全新世冲洪积砂卵砾石为主,赋存有孔隙潜水,主要接受丰水期河水及农田灌溉水渗漏补给。下部早更新世河湖相的中粗砂、粉细砂赋存有承压水,与上部潜水构成双层或多层结构含水层。

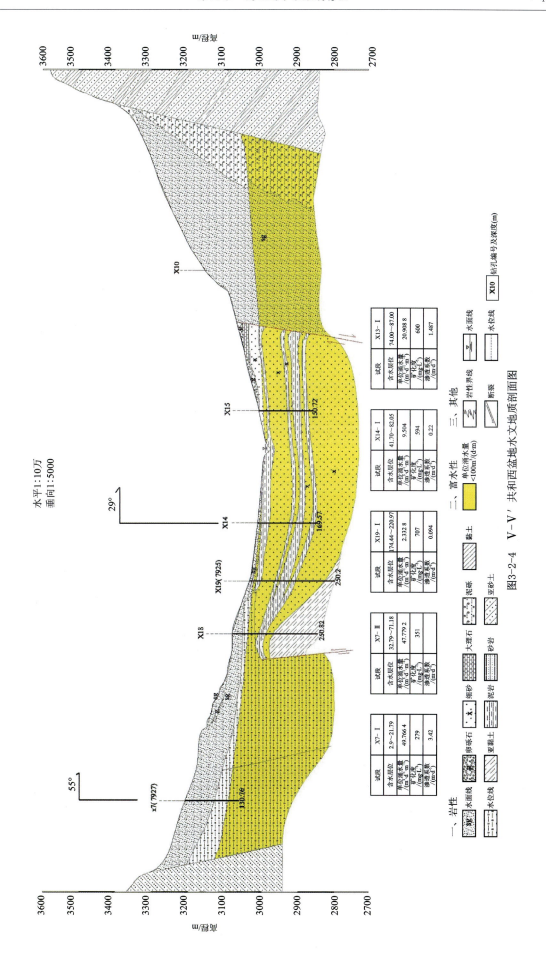

图3-2-4 V–V' 共和西盆地水文地质剖面图

恰卜恰河谷潜水含水层为全新世冲积物，揭露厚度5~32m不等。垂向上由顶部至底部，含水层颗粒逐渐变细，含水层上部为冲积砂砾卵石，下部为中粗砂—粉细砂。同时受河谷沉积环境及构造运动的影响，河谷不同地段含水层的埋藏和分布不尽相同。具体表现在河谷纵向上，受沉积环境的影响，恰卜恰河谷中上游，河谷区地势开阔平坦，河谷区全新世冲积物堆积厚度大，含水层厚度可达32m。上塔买村由于新近系基底的隆起，全新世冲积物堆积厚度要小于上游地区，含水层厚度变小。垂直于河谷方向上，由现代河床向两岸，表现出了含水层厚度逐渐变薄，潜水埋深逐渐增加的特征（图3-2-5）。含水层厚度一般小于10m，局部地段大于20m，水位埋深4~10m，单井涌水量100~1000m³/d，属中等富水区。据TK3号孔资料，含水层厚31.75m，水位埋深35.55m，降深27.55m，涌水量5.88L/s，单位涌水量0.21L/(s·m)，单井计算涌水量为141.3m³/d，介于100~1000m³/d之间，其富水性中等，水质较好，矿化度0.353g/L，属HCO_3-Na·Ca型水。

由于沉积环境的不同，含水层的透水性在垂向和水平方向上表现出一定的规律性特征，具体为垂向上由于地层颗粒及地层胶结程度的变化，含水层下部的中细砂渗透系数要远小于上部冲洪积砂砾卵石层，但是二者之间无明显的隔水层，可以作为一个统一的含水层；水平方向上则表现为上塔买村以下地区由于基底的隆起，沉积的含水层颗粒较细，地下水的渗透系数要小于上游地区，径流条件变差。

沙珠玉河谷：潜水呈带状分布，含水层为下更新统上段冲湖积粉砂、粉细砂、砂砾石，厚度及水位埋深变化较大，河谷厚度60m左右，水位埋深小于30m，单井涌水量100~1000m³/d，矿化度小于0.8g/L。

黄河河谷：因龙羊峡水库的修建，黄河Ⅰ级、Ⅱ级阶地已随水库蓄水完全被淹没。据已有资料，黄河谷地含水层分布宽度一般为2~4km，含水层厚度2~6m。地下水水位埋深变化较大，河漫滩小于1.5m，Ⅰ级阶地6~15m，Ⅱ级阶地30~40m。潜水主要接受河谷西侧的平原区地下径流补给，矿化度小于1g/L，以HCO_3·Cl-Na·Ca型水、HCO_3-Na·Ca型水为主。据试坑抽水试验资料，渗透系数5~26m/d。虽然砂卵石层透水性较好，但因含水层厚度薄，故将黄河谷地冲积层潜水划为水量中等地段。

水量贫乏：分布于恰卜恰河、沙珠玉河中上游地段，含水层岩性为全新世及晚更新世冲洪积砂卵砾石、细砂。

恰卜恰河上游地段，含水层岩性为全新世及晚更新世冲洪积砂卵砾石、细砂，厚度3~66m，水位埋深小于5m，单井涌水量10~100m³/d，水量贫乏（图3-2-6）。潜水水化学类型均属HCO_3·Cl-Na·Ca型水。矿化度小于0.5g/L。

沙珠玉河谷地带，含水层为砂砾、细砂、粉砂等，为沙珠玉河冲积层。由于含水层颗粒细，厚度薄（小于10m），水量小。钻孔计算涌水量12.55m³/d，水量贫乏，矿化度小于1g/L。潜水水化学类型属于HCO_3·Cl-Na·Ca型水。

2. 山间沟谷冲洪积潜水

山间沟谷冲洪积潜水分布于共和西盆地山区沟谷。由山前向盆地中央随着地势降低，地下水埋深呈有规律的变浅。根据补给条件和含水层岩性特征，结合钻孔、民井涌水量划分富水等级。

水量极丰富区：分布于共和西盆地南部山区哇洪河、大水河、鹿龙、叉叉沟、直亥买河和北部山区的然去乎沟等沟谷中。上述山区沟谷补给条件好，山区的地表水、地下水皆汇集于沟谷中，又加之含水层为砂卵石层透水性良好，故水量极丰富。这些沟谷宽度大于400m，砂卵石层厚度大于20m。哇洪河和巴硬格莉沟与冰蚀洼地相沟通，哇洪河地表水年平均流量1.68m³/s，为蚀洼地地下水泄出量，同样巴硬格莉沟上的冰蚀洼地地下水泄出量为0.81m³/s。可见冰蚀洼地及其相连的沟谷砂卵石潜水是极丰富的。鹿龙315井，单位涌水量大于500m³/s·m。直亥买河截流工程，截出水量达6394m³/d，说明山区沟谷砂卵石潜水水量是极丰富的。地下水埋深小于5m，属HCO_3-Ca型水，矿化度小于0.5g/L。

水量丰富区：切吉河在切吉水库以上部分因补给来源充足，含水层为砂卵石层，透水性良好，水量丰富区。地下水埋深1~3m，属HCO_3-Ca型水，矿化度小于0.5g/L。

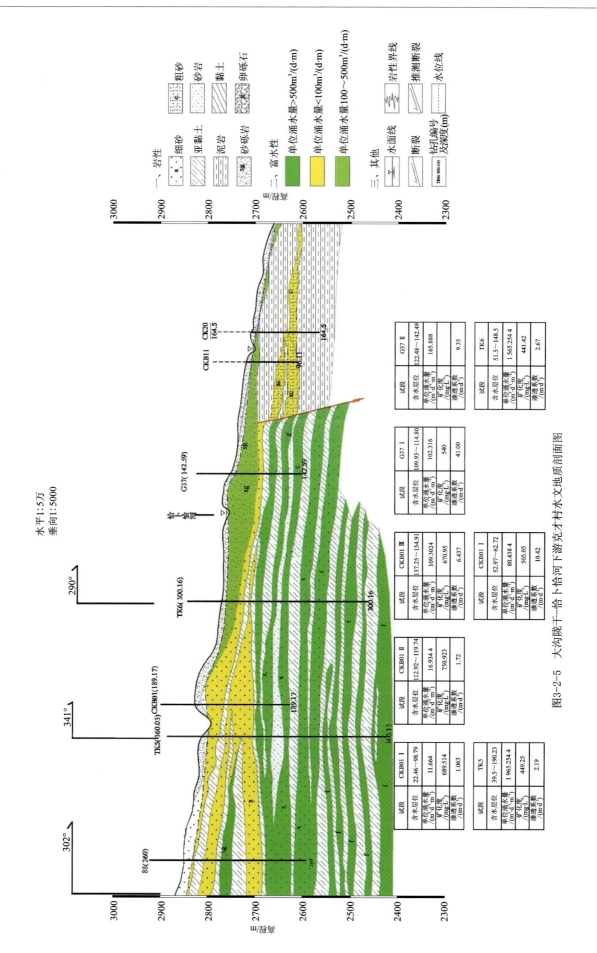

图 3-2-5 大沟陇干恰卜恰河下游克才村水文地质剖面图

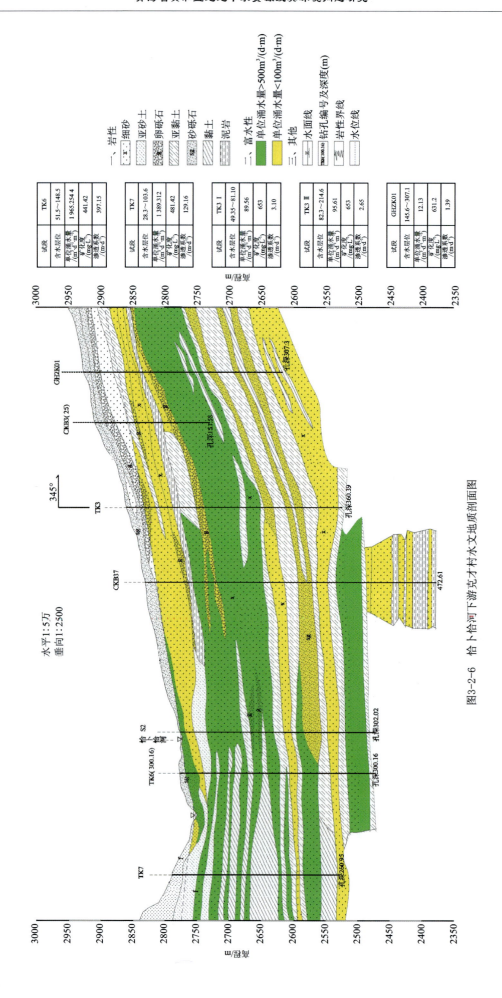

图3-2-6 恰卜恰河下游克才村水文地质剖面图

水量中等区：分布于切吉河，该河发育在山前倾斜平原上，谷宽400m。由于切吉水库储水，地表水大部分通过渠道被引走，切吉河谷砂卵石潜水得到的补给只有主、副坝透渗量。经实测水量为3802m³/d (44L/s)。在切吉水库主、副坝下分别施工30号、29号钻孔，取得水文地质资料列入表。两孔计算涌水量相差很大，主要是因为30号孔在主坝下，受坝内高水头影响，降深仅0.305m，水量偏大。以29号孔为准，其富水等级属水量中等。地下水埋深小于10m，属HCO_3-Ca·Mg型水，地下水矿化度小于0.5g/L。

水量贫乏：分布于共和西盆地周边山间地段，含水层为中更新世冰水堆积的含泥砂卵砾石及晚更新世洪积含泥砂砾石，厚度小于20m，局部大于70m，水位埋深大于25m。单井涌水量10～100m³/d，水化学类型在山麓及山间地段为HCO_3-Ca·Na型水，局部地段为Cl·SO_4-Na型水，矿化度小于1g/L。据本次工作施工的GHZK02钻孔资料，大东河-依格里沟冰积台地地下水系统的中部水位埋深115.79m，单井涌水量小于5m³/h，抽水4h，地下水埋深即由115.79m降到152.8m，水位降深大、富水性差。分析恰卜恰河源头（夏拉滩），地下潜流主要通过沟后河来补给恰卜恰河谷地下水，梅杜隆哇、依格里沟、大东河等山前冲洪积扇尽管钻孔揭露地层为中更新统上段、下段的卵砾石层，但基本没有接受来自夏拉滩的地下潜流，因此富水性差，对恰卜恰河谷地下水基本无补给作用。钻孔揭露地段弱含水层主要由中更新世冰水堆积物组成，其中115.79～133.1m为中更新统上段弱含水层；146.3～158.0m、165.6～189.0m分布着中更新统下段两层弱含水层。

3. 山前倾斜平原潜水

山前倾斜平原潜水分布于共和西盆地南、北山前倾斜平原地带。由山前向盆地中央随着地势降低，地下水埋深有规律的变浅。根据补给条件和含水层岩性特征，结合钻孔、民井涌水量划分富水等级。

1）水量丰富区

水量丰富区：分布在以大水河和哇洪河冲洪积扇轴线以东的大水河和哇洪河冲洪积扇扇顶及冲洪积扇中部。大水河年平均流量0.58m³/s，哇洪河地表水年平均流量1.21m³/s，大部分补给了地下水，巴硬格莉沟和鹿龙也参与补给，补给资源丰沛。

大水河洪积扇轴线以东地带，含水层为砂卵石。地下水埋藏深，哇玉香卡农场一大队施工民井深100m，尚未见地下水，4号孔地下水埋深177.57m。洪积扇前缘地下水埋深变浅，8号孔地下水埋深54.28m，827井地下水位29.20m。本次工作在大水桥施工的CKZK01钻孔含水层主要由晚更新世洪积砂卵石和中更新世冲洪积砂砾石及冰水堆积含泥砂砾石层组成，其中28.8～78.3m为上更新统含水层组，80.1～110.7m为中更新统含水层组，地下水类型为潜水-微承压水，水位埋深10.75m，涌水量1238.64m³/d，渗透系数18.4m/d，属水量丰富的。地下水主要来源于大水河的渗漏补给。矿化度小于1g/L，属HCO_3-Ca·Na型水。洪积扇前缘矿化度变高，局部超过1g/L，水化学类型也有所变化。

哇洪河洪积扇轴线以东及切吉乡以西的山前平原，地下水埋深，也随地势由高变低而有规律的变浅。倾斜平原前缘水量大，后缘水量小。这是由含水层的结构决定的。这一带含水层是双层结构，下部为冰碛泥质砂卵石，上部为洪积砂卵石，前缘地下水埋藏浅，赋存于洪积砂卵石中，故其水量大。而后缘，地下水埋藏深，上部砂卵石层被疏干，地下水赋存于泥质砂卵石中，因而水量小（图3-2-7）。11号钻孔含水层虽然是泥质砂卵石，但其单位涌水量达171.94m³/(d·m)，处于洪积扇轴部，补给源充足，在长期潜蚀作用下透水性增加，形成了哇洪河洪积扇轴部和山前倾斜平原前半部强富水带，井、孔单位涌水量大多数为50～500m³/(d·m)，个别大于500m³/(d·m)，属水量丰富区。地下水埋深小于100m，含水层为砂卵石和泥质砂卵石层，透水性良好，渗透系数15～142m/d，矿化度小于1g/L，地下水水化学类型复杂，有HCO_3-Ca型、HCO_3·SO_4-Ca·Na型、Cl·SO_4-Na·Ca型等。

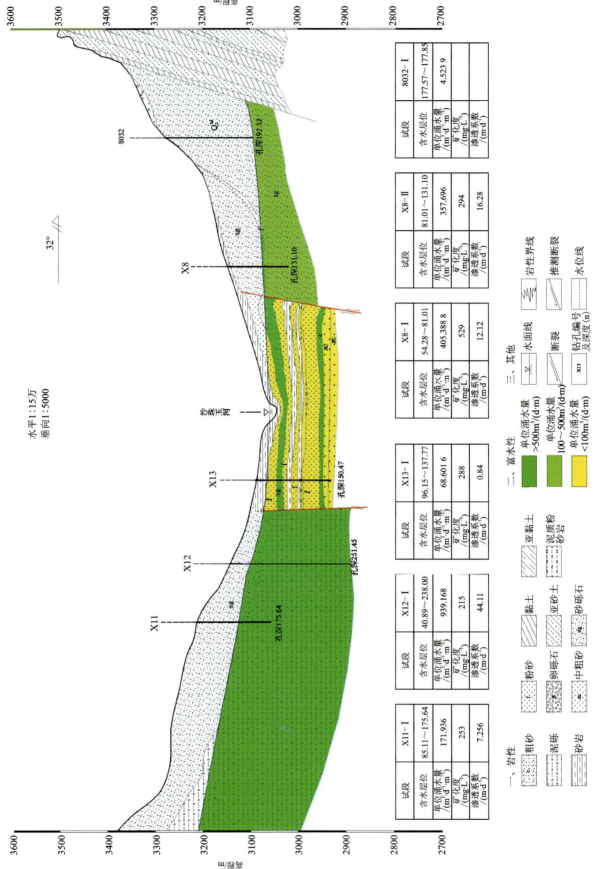

图 3-2-7 Ⅲ-Ⅲ′ 哇洪河—大水河水文地质剖面图

2）水量中等区

水量中等区：分布于切吉乡以东，切吉河以西，叉叉沟、直亥买河的洪积扇及河卡滩下游。由于基底受北西向山前断层控制而断块上升，致使本地段地下水埋藏浅，一般为20m左右。在断层带处形成地下"跌水"（图3-2-8），故其储水条件不佳，含水层以泥质砂卵石为主，水量中等，计算涌水量：252.29～312.11m^3/d。地下水矿化度小于1g/L，属$HCO_3·Cl-Ca·Na$型水。

河卡滩下游：分布范围较小，靠近黄河一带属水量中等地段。因该地段潜水含水层与河卡滩中游的承压含水层属同一层，只是由于黄河深切排泄，使该段转为无压。

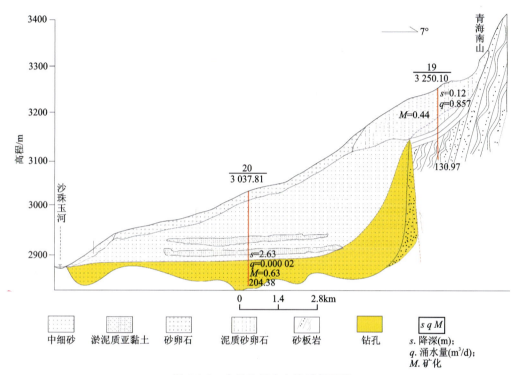

图3-2-8 中果地区水文地质剖面图

3）水量贫乏区

水量贫乏区：分布于共和西盆地周边山前及山间地段，鹿龙沟以西的山前倾斜平原中、上部。地下水埋深74.08～133.70m。含水层为中更新世冰水堆积的含泥砂砾卵石及晚更新世洪积含泥砂砾石，厚度小于20m，局部大于70m。缺少大沟谷地表水的直接补给，单井涌水量10～100m^3/d，水量贫乏。地下水矿化度小于1g/L，属$SO_4·Cl·HCO_3-Na·Ca$型水。共和西盆地北侧，然去乎、文巴地、龙古塘一带山前倾斜平原，仅有10号孔控制，孔深251.11m，水位149.81m。该区域北侧山体汇水面积小，补给量不充足，为水量贫乏带。

4. 塔拉台地区潜水

该区水文地质条件比较简单，因受东部黄河深切排泄的影响，水位埋深大于200m，属地下水深埋区。全新世风积层及晚更新世冲洪积、洪积层被疏干，潜水含水层为早更新世冲湖积层，岩性为砂卵石、砂砾石、砂砾中粗砂、粉细砂。据黄河河谷剖面，自南往北含水层岩性由粗变细。1号孔水位埋深224.09m，含水层岩性为含砾中粗砂、砂卵砾石，揭露厚度76.76m。地下水主要来自西部松散岩类孔隙水的侧向补给，多以泉的形式排泄于黄河。黄河Ⅰ级、Ⅱ级阶地单泉流量一般大于1L/s，最大泉群流量300L/s，沿黄河谷地的总排泄量215 797m^3/d。矿化度小于1g/L，以$HCO_3·Cl-Na·Ca$型水为主。若从总排泄量推测，本区应属水量中等地段，因台地上水位埋藏过深，无抽水资料控制，含水层岩性又不均一,考虑将本区划为水量贫乏地段。

(二)半承压水

半承压水分布于共和西盆地中央平原地带,具有双层结构,上部为晚更新世或全新世砂卵石、砂砾石潜水含水层;下部为早更新世黏性土与细砂互层半承压含水层。

盆地中央平原黏性土与细砂互层半承压水:分布于切吉河以东、沙珠玉河以南、塘格木以西的平原地区。晚更新世、全新世砂卵石层处于疏干状态(局部含上层滞水),地下水赋存于早更新世黏性土与细砂互层地层中,作为统一的半承压水含水岩组。半承压水不连续的顶板埋深总的规律是由西向东增大,由盆地边缘向盆地中心减少,新哲农场至塘格木农场四大队十六中队以南地带半承压水顶板埋深大于100m。沙珠玉河河谷地区,半承压水顶板埋深小于50m。其余地方,除局部高地外,半承压水顶板埋深50~100m。

水量中等区:分布于更尕海和塘格木农场以西地段,含水组由早更新世冲湖积黏性土、细砂、砂砾构成。它大致可分为两组:上部组半承压水顶板埋深小于50m,半承压水位高于或接近地表;下部组半承压水顶板埋深近100m,半承压水头亦高于地表,新哲农场三大队至塘格木农场九中队一线以北的中央平原地带。含水层为砂砾及中细砂,且由南向北地层颗粒变细。地下水来自叉叉沟、直亥买、切吉河的侧向补给,属水量中等带,控制性水样点的计算涌水量217~869m³/d,矿化度小于0.5g/L,属 HCO_3-Ca 型水。有2~3个含水层,水头高43~109m,承压水位103~158m。本次工作施工的钻孔 CKZK04 位于哇洪河冲洪积扇东部扇前缘地带,第四系厚度约150m,全新统底界埋深5.5m,缺失上更新统—中更新统,5.5~131.02m 为下更新统;含水层主要由早更新世冲湖积中细砂、中砂组成,16.2~46.7m 为下更新统潜水含水层,60.9~72.0m 为下更新统微承压含水层,83.3~100.8m、105.6~126.8m 为下更新统承压含水层组;水位埋深14.62m,涌水量919m³/d,渗透系数4.35m/d。

沙珠玉河河谷的下游,更尕海和塘格木农场以西地段。含水层为下更新统上段冲湖积粉砂、粉细砂、砂砾石,厚度及水位埋深变化较大,沙珠玉河河谷厚度60m左右,水位埋深小于30m,塘格木农场地区厚度为100m左右,水位埋深近湖地段较浅,远离湖较深,单井涌水量100~1000m³/d,矿化度小于0.8g/L(图3-2-9)。

水量贫乏区:分布于恰卜恰河以西的平原、恰卜恰河Ⅲ级、Ⅳ级阶地,沙珠玉河河谷地带及尕海滩周边山前地段,含水层为下更新统上段冲湖积细砂、粉砂,厚度19~47m,恰卜恰河两岸高台地(黄河Ⅴ级阶地)及恰卜恰河Ⅲ级、Ⅳ级阶地上分布的晚更新世和全新世冲积砂砾卵石层由于被恰卜恰河切割,透水不含水;下伏早更新世河湖相的中粗砂、粉细砂含水层具有承压性质,水位埋深多大于100m。南部下塔买村恰卜恰河谷中由于新近系基底的隆起,形成有承压自流水。沙珠玉河河谷半承压含水层,顶板埋深小于50m,补给条件差,单井涌水量10~100m³/d。矿化度小于0.6g/L,局部大于3g/L。

(三)承压水

承压水分布于切吉河以东,塘格木农场二大队一带山前倾斜平原、恰卜恰河谷平原及河卡滩一带,含水层为早更新世粉细砂层。

1.塘格木农场二大队一带山前倾斜平原承压水

承压水分布区南、北、西三面被断层所限。南部山区低,面积小,补给源不充足。根据位于塘格木农场二大队的31号钻孔,岩性为一套洪积的亚砂土夹细砂,薄层砂卵石。含水层在198.70m以下,共有3层,最厚一层仅5.32m,三层总厚8.82m。承压水位76.34m,高出含水层顶板,故为承压水。因补给条件差,含水层薄,属水量贫乏区。

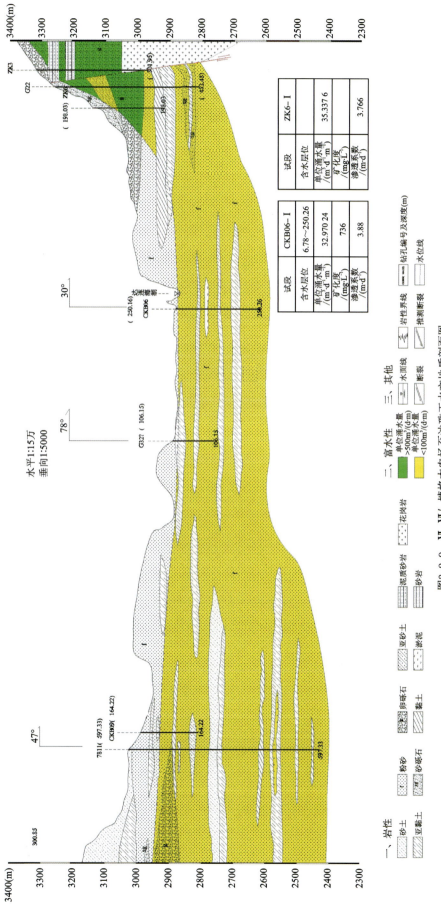

图3-2-9 Ⅵ-Ⅵ′ 塘格木农场至沙珠玉水文地质剖面图

2. 河卡滩地区

河卡滩地区承压水分布于滩地西部，2号孔含水层以泥质砂卵石层为主，孔深201.70m，揭穿隔水顶板为含砾亚砂土，因2号孔附近地形低洼，所以出现正水头，单井计算涌水量3845m³/d，属水量丰富地段（图3-2-10）。该含水层因受黄河切深排泄的影响，2号孔往黄河方向约4km开始变为负水头，负水头往下5km左右转为无压水。该含水层过渡到无压水段，颗粒变细，富水性减弱。7号孔水位埋深98.57m，含水层岩性为含砾中细砂、泥质砂砾石，揭露厚度114.51m，抽水涌水量0.031L/s，降深值4.01m，单井计算涌水量5.9m³/d。据该含水层黄河河谷排泄量分析，无压水段的水量应在100~1000m³/d之间，属水量中等地段，而7号孔水量小的原因可能与含水层富水性不均一有关。矿化度小于0.5g/L，属HCO_3-Na·Ca·Mg型水。

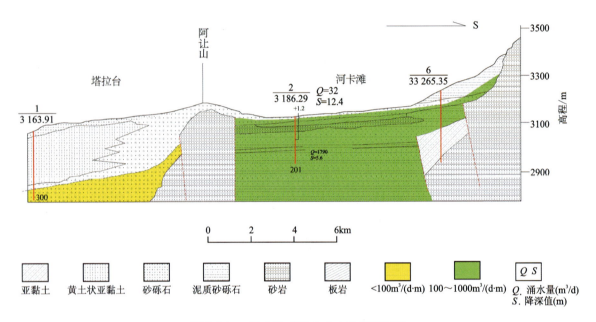

图3-2-10 河卡滩-塔拉台水文地质剖面图

河卡滩东端黄河谷地，河谷两侧滩地海拔3200m，河谷自2630~3200m为砂砾卵石层，2610~2630m为亚砂土，此层之下为中细砂。巨厚的砂砾卵石层中夹有砂层透镜体，透镜体厚度一般为0.2~3.0m，延续长度几米到数十米不等；砂砾卵石结构有明显变化，上部疏松，下部半胶结状，在克周村附近河谷两侧砂砾卵石层潜水自海拔2740m开始溢出（距黄河水面高度190m），且往下的不同高度均有泉出现，经野外调查未发现明显的隔水层，而泉水分布高度相差大的原因可能与砂砾卵石层的透水性不均一有关。

3. 恰卜恰河谷平原承压水

在恰卜恰河谷及黄河河谷平原下部沉积有较厚的早更新世冲湖积中粗砂、粉细砂地层，其中赋存有承压水。

第一承压含水层顶板海拔介于2724~2822m之间，底板高程介于2675~2710m之间，含水层为中粗砂—砂砾石，厚度27~83m不等，含水层中夹有长度不一的粉质黏土透镜体，隔水层为7~22m的粉质黏土层；第二承压含水层顶板海拔介于2667~2690m之间，底板高程介于2629~2652m之间，含水层为细粉砂—中粗砂，厚度31~56m不等，隔水层为厚度5~25m不等的粉质黏土层；第三含承压水层顶板海拔介于2612~2648m之间，底板高程介于2565~2608m之间，含水层为细粉砂—中粗砂，厚度22~

60m 不等,隔水层为 5~20m 的粉质黏土层;第四承压含水层顶板海拔介于 2564~2608m 之间,底板高程介于 2536~2584m 之间,含水层为细粉砂—中粗砂,第四含水层的厚度相对较薄,在 8~32m 之间不等,其中河谷西岸含水层分布较为稳定,且含水层厚度大于东岸,隔水层为 15~20m 的粉质黏土层;第五承压含水层顶板海拔介于 2515~2565m 之间,底板高程介于 2500~2508m 之间,含水层为细粉砂—中粗砂,厚度 32~50m 不等,隔水层为 15~40m 的粉质黏土层。

受河谷两岸沉积环境的影响,含水层在垂向和水平方向上表现出一定的规律性特征。顶部至底部由于沉积的含水层颗粒逐渐变细,粉细砂层厚度逐渐增大,含水层的渗透性逐渐变小;河谷纵向上表现为从上游到下游同一含水层的顶底板以 10‰~20‰ 的坡度向黄河方向倾斜的特征(图 3-2-11、图 3-2-12);垂直于河谷方向上则表现为河谷西岸含水层的厚度要大于河谷东岸,并且河谷东岸的透镜体夹层较多,而河谷西岸的沉积则较为稳定。

(1)顶板埋深小于 100m,水量中等区:分布于恰卜恰河谷中游及阿乙亥河谷中游地段。上部潜水水量贫乏;下部承压含水层为早更新世冲湖积中细砂、砂砾石、含砾中粗砂,单井计算涌水量 100~1000m^3/d。渗透系数大于 10m/d,多为自流水,水头高出地面 6~11m。在上游地段为负水头,含水层顶板埋深 50~100m,矿化度大于 1g/L。

(2)含水层顶板埋深小于 100m,水量丰富区:分布于恰卜恰河漫滩、Ⅰ级阶地、Ⅱ级阶地、上塔买北部Ⅳ级阶地及大沟陇干、尕巴达连沟等地势低洼的沟谷中。主要含水层为下更新统上段粉细砂和中段中粗砂,含水层顶板埋深 28.3~95.65m,厚度 100~207m,隔水层为亚黏土,厚度一般为 18~25m。据抽水试验资料,水位降深 2.91~26.45m,涌水量 5.556~29.579L/s,单位涌水量 0.694~5.86L/(s·m),计算涌水量 960.1~7603.5m^3/d,几乎全部大于 1000m^3/d,属水量丰富地段。水质较好,矿化度 0.326~0.654g/L,属 Cl·HCO_3·SO_4-Na 型或属 HCO_3-Na·Ca 型水。

(3)顶板埋深大于 100m,水量中等区:恰卜恰河谷上、下塔买以北的冲洪积平原地段,主要受山前河水的渗漏补给和基岩裂隙水的侧向补给。上部潜水层基本疏干,下部承压水位埋深大于 100m,单井涌水量 100~1000m^3/d,矿化度小于 0.7g/L。本次工作在恰卜恰河谷中游实施 GHZK01 孔,钻孔深度 307.3m,钻孔揭露全新统厚度 12.0m,缺失上更新统,中更新统底界 103.1m,其下为下更新统。水位埋深 127.6m,含水层主要由早更新世粉砂、粉细砂组成,124.48~143.6m 为上更新统潜水-微承压含水层,其下为四层承压含水层。

(4)含水层顶板埋深大于 100m,水量丰富的:主要分布于恰卜恰河Ⅲ级阶地、Ⅳ级阶地及两岸高台地(黄河Ⅴ级阶地)。含水层主要为下更新统上段粉细砂,顶板埋深 125.60~159.30m,厚度 110.50~166.4m,隔水层为亚黏土,厚度一般为 18~25m(图 3-2-13)。据抽水试验资料,水位埋深 97.1~150.54m,降深介于 9.86~21.3m,涌水量 13.148~18.58L/s,单位涌水量 0.706~1.884L/(s·m),计算涌水量 915.6~2376.4m^3/d,大于 1000m^3/d,属于水量丰富地段。水质较好,矿化度 0.276~0.491g/L,属于 HCO_3-Mg·Ca 型或 HCO_3·Cl-Na·Ca 型水。

(5)承压自流水:分布于下塔买村附近的恰卜恰河谷中。据前人钻孔资料,含水层顶板埋深 52.97~109.93m,含水层厚 4.87~9.75m,水头高出地面 8.82~10.61m,抽水试验降深 7.485~10.60m,涌水量 9.869~14.109L/s,计算涌水量 1944.0~3935.8m^3/d,属水量丰富地段。水质较好,矿化度 0.54g/L,属 HCO_3·Cl·SO_4-Na 型水。

(四)碎屑岩裂隙孔隙水

(1)根据其上覆松散岩类孔隙含水层的有无,分为裸露性和覆盖型。

裸露性:分布于龙羊峡、曲沟及阿乙亥地段,地表出露多为泥岩而不含水。据前人资料,该层下部含有矿化度较高的自流水,含水层为更新世砂岩、砾岩,半胶结,单井涌水量 100~1000m^3/d,矿化度 2g/L 左右,顶板埋深大于 100m。

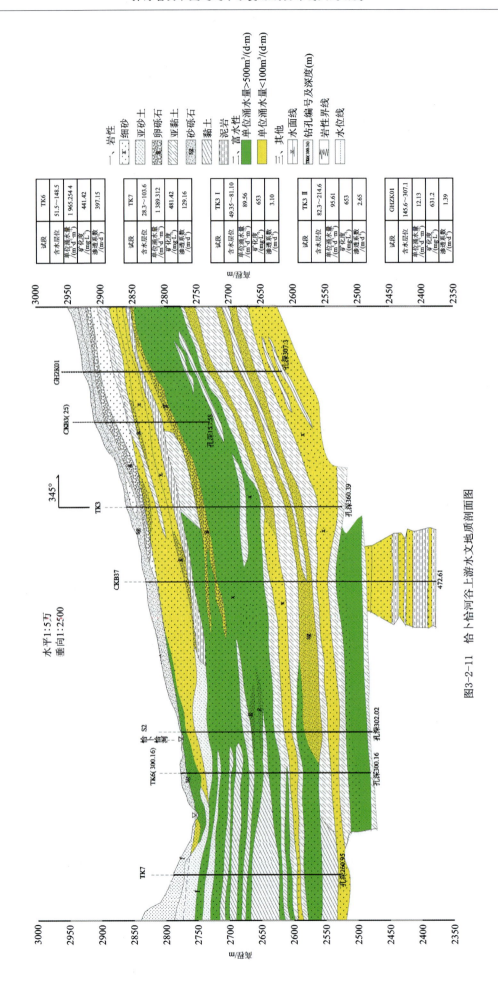

图3-2-11 恰卜恰河谷上游水文地质剖面图

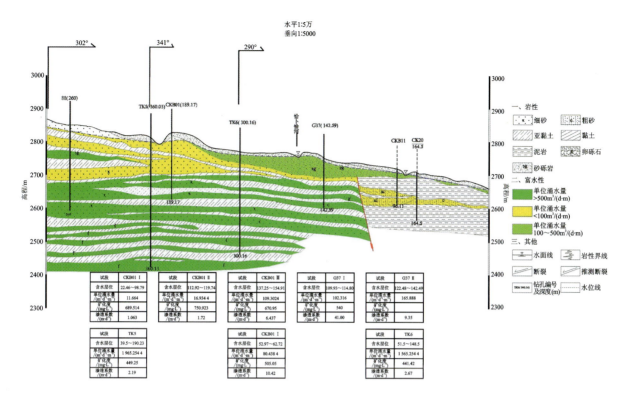

图 3-2-12　恰卜恰河谷中下游水文地质剖面图

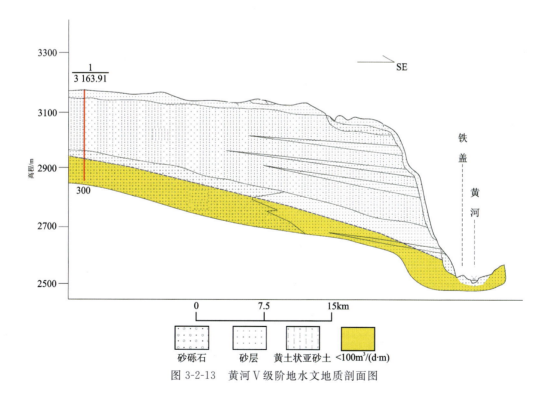

图 3-2-13　黄河Ⅴ级阶地水文地质剖面图

(2)覆盖型：分布于共和盆地的恰卜恰河谷、黄河河谷。上覆全新世及晚更新世孔隙含水岩组孔隙潜水。下部含水岩组为中上新近纪砂岩、砾岩，胶结程度差，一般有2～3个含水层，厚度5～20m。区内新近纪裂隙孔隙承压含水岩组与第四系孔隙承压含水层之间，均由弱透水或不透水的泥岩和亚黏土隔开，使含水层之间不发生水力联系。黄河河谷、恰卜恰河谷均为自流水区，水头高出地面6～17m，顶板埋深50~100m，单井涌水量100~1000m³/d，矿化度2g/L左右。

(五) 基岩裂隙水

基岩裂隙水分布于共和西盆地青海南山、哇洪山、河卡南山的中山、低山地区。区内基岩除新近系只经受轻度的构造变动外，其余均经受了多次强烈的构造变动，即褶皱、断裂。节理裂隙发育，为山地基岩裂隙水的形成提供了空间条件。本区属内陆干旱气候，多年平均降水量300mm左右，大气降水有随地形的增高而增大的规律，大气降水成了山地基岩裂隙水的最主要的补给源。

水量中等区：分布于恰卜恰河上游的山区，由印支期花岗岩、花岗闪长岩，构成低高山地形，这里地势相对较高，降水量充沛，风化作用剧烈，为地下水的赋存创造了良好的条件。单泉流量1~3L/s。水质较好，属HCO_3-Ca型水，矿化度小于0.4g/L。

水量贫乏区：分布于青海南山及达坂山的广大山区，由变质岩及侵入岩构成中高山、低高山地形，片理、裂隙开裂程度不好，富水性较差，单泉流量0.1~1L/s，属水量贫乏地段。水质为HCO_3-Ca型水，矿化度小于0.5g/L。

水量极贫乏区：分布于知可尔山、哈图山的南部，龙宝欠山地带。该区山体单薄，地形坡度较陡，沟谷纵横深切，降水量极少量下渗，沿陡坡迅速汇流于沟谷，形成地标洪流沿沟流出，泉点极少，单泉流量多小于0.1L/s，水质为HCO_3-Ca型水，矿化度小于0.3g/L。

三、茶卡盆地地下水类型与含水层结构

基岩山区是茶卡盆地地表水的发源地，也是盆(谷)地地下水的补给区。基岩裂隙水通常受地貌、构造部位和岩性特征的控制，并因补给条件的不同，地下水的分布亦有明显的差异，下古生界、二叠系多由变砂岩、砂岩、灰岩及不纯灰岩组成，虽节理裂隙发育，具备富水条件，但多分布于毗邻盆地的荒漠山区(低山丘陵)，因而富水性较弱。中三叠世灰岩在区内分布广泛，且通常分布于山体的主脊附近，岩溶裂隙发育，地下水往往赋存于岩溶裂隙之中，其富水性一般较强。

受高程和气候变化的影响，海拔3800m以上的青海南山主脊地带，有岛状多年冻土的发育。降水比较充沛，季节性冰雪消融水较为丰富，补给条件较好，基岩裂隙发育，在季节消融层中的冻结层上水也有较广的分布。

山区沟谷发育，地下水的径流交替条件强烈，在岩层间经过短暂的径流，在地貌、地质(包括构造)条件的制约下，多以侵蚀泉或构造泉排泄于深切的沟谷中，形成地表溪流(如大水河)或以地下潜水(河谷潜流)的形式，排泄于谷(盆)地中，地表溪流一般出山口后3~5km入渗补给盆地地下水。

茶卡盆地地下水主要接受青海南山季节性洪流的入渗补给、基岩裂隙水的侧向补给和大气降水渗透补给。盆地属典型的内陆闭流盆地，地下水的补给、径流、排泄条件和水质水量的分配，严格受着地质构造、地貌岩相带和补给(气候)条件制约，由北部山区到盆地中心具有较明显的水文地质规律，呈现出水平分带性。

茶卡盆地属新生代断陷盆地，区内沉积了千余米的第四纪松散堆积物，岩性为中上更新世冰碛冰水相、冲洪积相松散堆积物泥质砂砾石、含泥砂砾卵石层，地层颗粒粗大，结构较松散，孔隙发育，透水性强，其间赋存有丰富的松散岩类孔隙水。工作区在不同地段或在同一地段不同地貌单元，地层结构不尽相同。从山前冲洪积平原顶部至前缘，含水层颗粒由粗变细，结构由单层变为双(多)层。据莫河山前冲洪积平原中部TK10孔地层资料：41m以上由晚更新世冲洪积相的含漂石砂砾卵石组成，结构松散，磨圆度中等，分选性一般；41m以下由中更新世冰水相的泥质砂砾卵石组成，结构中密，含泥量20%~25%，局部夹灰黄色亚砂土，厚度为4.10m，该孔地下水属单一的松散岩类孔隙潜水，地下水水位埋深27.67m，含水层厚度75.33m。位于TK10南侧4km的莫河冲洪积平原前缘的TK6孔地层资料：含水

层具有多层结构,岩性主要为早更新世冲湖积相的粉砂,青灰色,岩芯呈柱状,单层最大厚度达9.10m,含水层顶板埋深为14.80m,其岩性为亚黏土,呈青灰色,岩芯呈柱状,单层最大厚度达25.70m,该孔地下水属承压-自流水,地下水静水头高度为2.60m,含水层厚度22.40m,颗粒较细,透水性较差。从山前冲洪积平原轴部至两翼,含水层颗粒由粗变细,厚度由厚变薄。据位于茶卡山前冲洪积平原轴部的ZK5孔地层资料:63m以上由晚更新世冲洪积相的含漂石砂砾卵石组成,结构松散,磨圆度中等,分选性一般,最大粒径可达180mm;63m以下由中更新世冰水相的含泥砂砾卵石组成,结构中密,最大粒径达100mm,含泥量约10%,该孔地下水属单一的松散岩类孔隙潜水,地下水水位埋深55.86m,含水层厚度75.33m。茶卡山前冲洪积平原翼部的ZK6孔地层资料:55.90m以上由晚更新世冲洪积相的砂砾卵石组成,结构松散,磨圆度中等,分选性一般,粒径5~80mm不等;55.90m以下由中更新世冰水相的含泥砂砾卵石组成,结构中密,磨圆度中等,含泥量10%~15%,局部含土黄色亚砂土夹层,该孔地下水属单一的松散岩类孔隙潜水,地下水水位埋深36.28m,含水层厚度30.02m(图3-2-14)。

茶卡-莫河冲湖积平原区地层颗粒粗细相间,形成双层或多层含水层结构。上部为潜水,含水层岩性为砂砾石,厚度10~20m,透水性较好。下部为承压水,局部自流,含水层岩性为早更新世冲湖积相粉砂、细砂及含泥粗砂,厚度22.40~75.10m,其顶板埋深13.30~83.60m不等,岩性为青灰色亚黏土。

盆地内的盐池是地表水和地下水的汇集排泄区,蒸发排泄。显然地下水在整个盆地内经历了一个从补给、径流到排泄的完整的地下水循环过程。

综上所述,茶卡盆地地下水的分布规律和赋存条件,严格受到气候、构造、岩性及其地貌位置的控制。基岩山区层状岩类裂隙水、岩浆岩风化裂隙水发育,中三叠世碳酸盐岩夹碎屑岩岩溶裂隙水发育。3800m以上的岛状冻结区,有冻结层上水上发育。盆地属构造上的沉降区,沉积了巨厚的第四纪松散堆积物,有丰富的孔隙潜水和承压水(自流水),为重要的富水地段。

按地下水的赋存条件、水力性质和水动力特性,测区的地下水类型可划分为第四纪松散岩类孔隙水、承压水、碎屑岩裂隙孔隙水、基岩裂隙水。

(一)松散岩类孔隙水

1. 山区河谷冲洪积砂卵砾石层潜水

山区河谷冲洪积砂卵砾石层潜水分布于茶卡盆地北部的东沙柳河、大水河及乌兰哈达和等小型河谷中,含水层为冲洪积、冲积砂砾石、卵砾石层,河床一般狭窄,故冲洪积层不甚发育。但这些山区河谷的补给条件尚较充沛,河谷潜水受地表径流渗透和基岩裂隙水的侧向补给,富水性中等。上游泉水密集,单泉流量多数为1~3L/s,最大泉群流量可达13.3L/s,矿化度一般为0.25~1.0g/L,多属HCO_3·Cl-Ca·Na型水,水质较好。另据ZK2号孔东沙柳河下游揭露,含水层厚45.48m,水位埋深3.86m,降深16.24m,单位涌水量0.632L/(s·m),计算涌水量(降深5m)543.8m^3/d,矿化度0.35g/L,属HCO_3·Cl-Ca型水。本次工作施工的钻孔CKZK03位于乌兰哈达河出山口,第四系厚度约130m,全新统底界为15.4m,上更新统底界为29.4m,中更新统未揭穿;含水层主要由晚更新世洪积砂卵石和中更新世冲洪积砂砾石组成,为单一结构潜水含水层,其中15.4~29.4m为上更新统含水层组,45.3~94.09m为中、更新统含水层组。水位埋深19.47m,涌水量38.72m^3/d,推断钻孔揭露岩层不在乌兰哈达古河道上,导致涌水量较小。

2. 山前倾斜平原潜水

茶卡盆地北部山前倾斜平原,其含水层皆由巨厚的洪积、冰水相砂卵砾石层组成,是该区主要的含水地段;茶卡盆地南部山前倾斜平原含水层岩性主要以泥砾为主,富水性差。

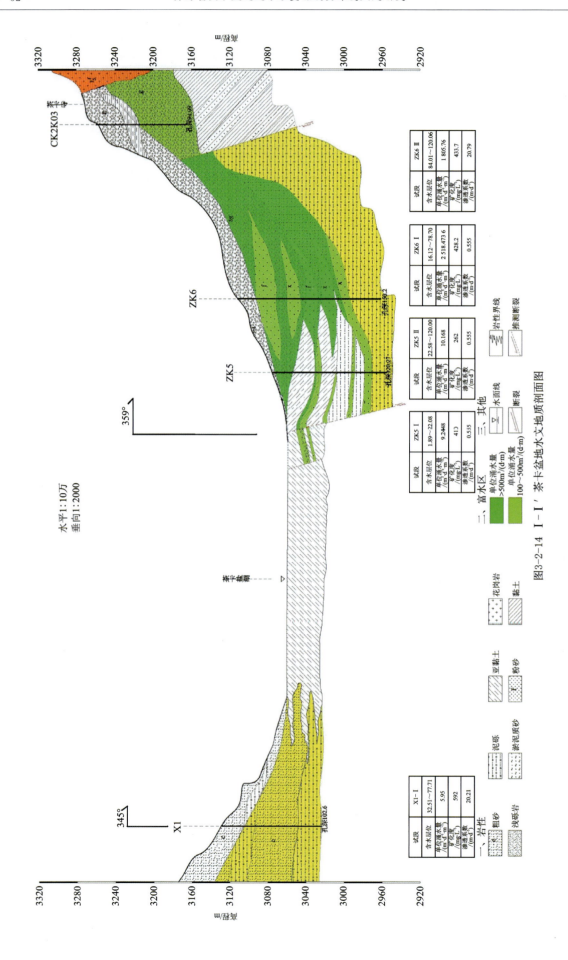

图3-2-14 Ⅰ-Ⅰ' 茶卡盆地水文地质剖面图

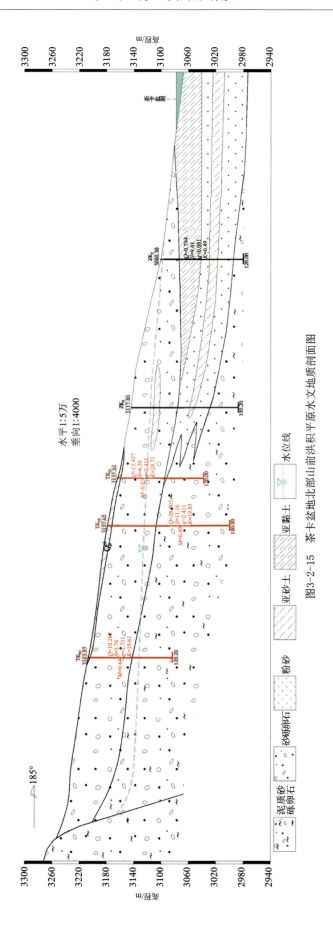

图3-2-15 茶卡盆地北部山前洪积平原水文地质剖面图

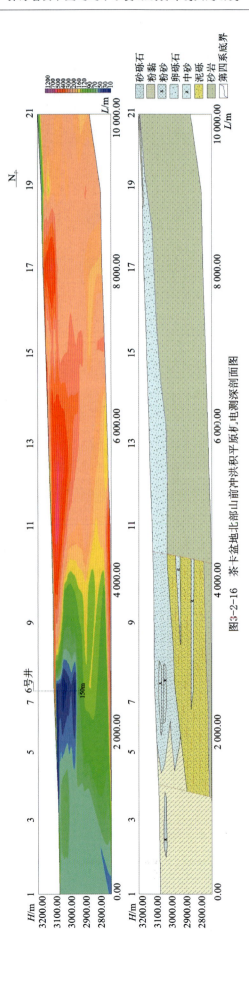

图3-2-16 茶卡盆地北部山前冲洪积平原村,电测深剖面图

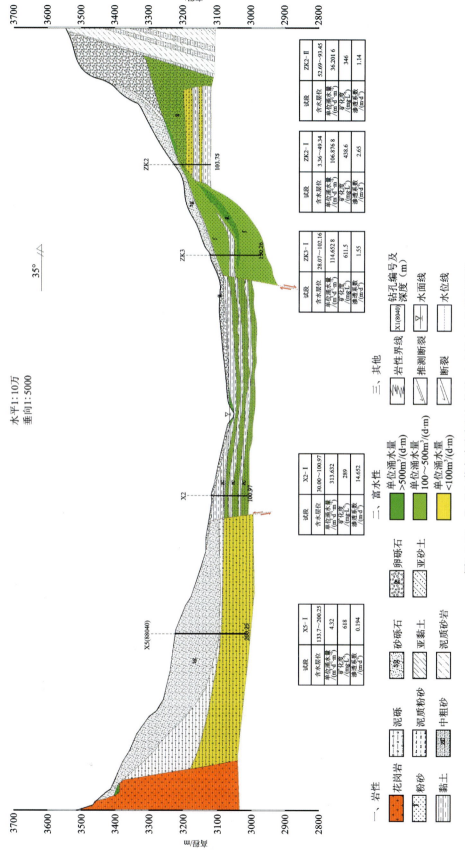

图3-2-17 Ⅱ-Ⅱ′茶卡盆地东部加什科-小水桥水文地质剖面图

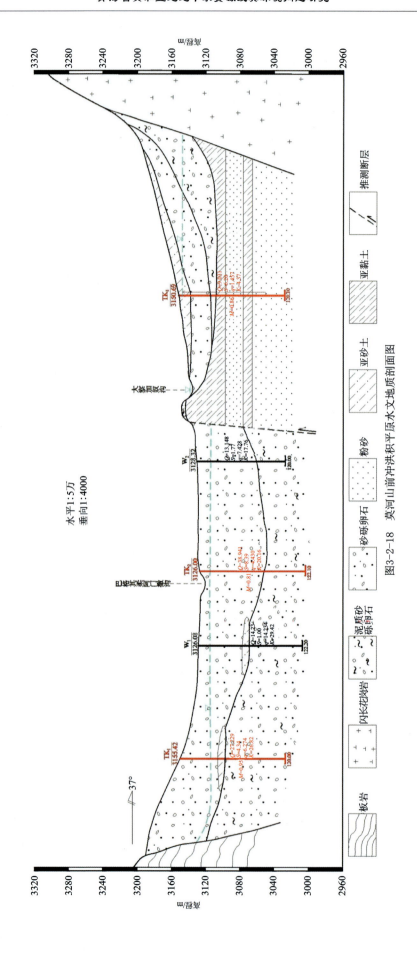

图3-2-18 莫河山前冲洪积平原水文地质剖面图

水量丰富区：分布于莫河农场西南、茶卡村以东、大水河和哇洪河轴线以西地带。含水层岩性为中晚更新世泥质砂砾卵石及砂砾卵石层，岩性较单一，局部有亚砂土夹层，地层颗粒较粗，结构较松散，孔隙发育，透水性好，富水性强（图3-2-15、图3-2-16）。据钻孔资料：静水位埋深7.94～77.03m，含水层厚度30.02～120.68m，抽水试验降深1.00～11.16m，涌水量887.07～3 651.96m³/d，西部茶卡镇一带ZK6号孔抽水，降深1.76m时，单位涌水量可达20.90L/(s·m)，计算涌水量可达8 976.96m³/d，矿化度0.43g/L，属HCO₃·Cl-Ca·Na型水，属富水地区。

水量中等区：广泛分布于莫河农场西侧的乌啦刹滩、大察加奴沟、茶卡镇东部的巴勒和坦以及大水河冲洪积扇西部地带，位于富水地区两侧，地貌上属山前冲洪积平原翼部。含水层岩性为上中更新世洪积、冰水堆积的砂卵砾石及泥质砂砾卵石，地层颗粒较粗，透水性较好，但因补给条件较差，富水性中等（图3-2-17、图3-2-18）。据本次钻孔资料：含水层厚度16.36～73.88m，静水位埋深7.75～67.64m，抽水试验降深0.29～8.80m，涌水量855.71～1 064.10m³/d，属中等富水地区。

由此看来，西部平原前缘系地表水的汇集洼地，地下水较东部富水性好，为水量丰富或中等，是目前茶卡地区生活用水的主要开采源。

据ZK5、ZK4、ZK3号孔在平原前缘揭露，含水层厚35.62～62.58m，水位埋深14.38～28.07m，降深5.86～11.17m时，单位涌水量0.36～0.74L/(s·m)，计算涌水量345.5～396.06m³/d，矿化度0.3～0.61g/L，属HCO₃·Cl-Ca·Na型水。

山前倾斜平原前缘与盐沼平原接触部位，由于微地貌与地层岩性的变化，地下潜流到此受阻，溢出成泉，形成环湖24km的溢出带，其水质较好，适合人畜饮用，单泉流量多小于1L/s，最大单泉流量亦可达5L/s，矿化度均在0.3～0.56g/L之间，多属HCO₃·Cl-Na·Ca型水，个别矿化度也大于1g/L，为SO₄-Na型水。

水量贫乏区：分布于茶卡盐湖南部山前倾斜平原，岩性主要为山前冲洪积砂砾石、泥砾为主。由于山区汇水面积较小，地下水补给量较小，该地区地下水资源贫乏。

3. 盐沼平原湖积潜水

盐沼平原湖积潜水分布于整个盐湖外围盐沼平原地带，含水层均为近代湖积砂及砂砾石层。潜水埋深大都在1～3m之间，其后缘地带埋深达5m左右，据民井、试坑进行简易抽水，降深0.2～0.7m时，涌水量仅在0.006～0.66L/s之间，后缘两个民井矿化度小于0.5g/L，属HCO₃·Cl-Ca·Na·Mg型水。

综前所述，山前倾斜平原洪积砂砾卵石层潜水及盐沼平原湖积砂层潜水主要接受地表径流出山后的渗透补给，其次为降水和基岩裂隙水的补给，且受气候影响，据长观孔资料，最低水位发生在4月初，为5.19m，最高水位出现于8～9月，为4.7m，年变幅0.49m。

（二）承压水

在山前冲洪积平原中部——前缘地带，因沉积岩相的变化，由单一的冲洪积砂砾石层过渡到冲湖积砂层间夹亚砂土及亚黏土层，亚砂土及亚黏土构成比较稳定的隔水层，改变了地下水的赋存条件，上部为潜水，下部为承压水，呈环状分布于茶卡盐湖外围的冲湖积平原地带。

1. 含水层顶板埋深大于50m，水量丰富地区

在莫河农场场部、莫河二水库、茶卡镇北侧及茶卡盐湖东部地区，与上部潜水构成双层结构。上部地层为晚更新世砂砾石，下伏地层为早更新世冲湖积相的亚砂土、亚黏土、粉砂及细砂。据TK3钻孔资料：孔深120.10m，0～52.20m为潜水，含水层岩性为砂砾石及粉砂，厚度24.30m，静水位埋深2.97m，

抽水试验降深16.78m,涌水量1 328.14m³/d,单井换算涌水量533.59m³/d;52.20～120.10m为承压水,由亚黏土构成含水层顶板,顶板埋深52.20m,含水层岩性为粉砂,厚度57.30m,承压水水头2.05m,抽水试验降深6.20m,涌水量780.28m³/d,单井换算涌水量1 838.70m³/d,属水量丰富地区。

2. 含水层顶板埋深小于50m,水量中等地区

在莫河农场南侧5km及茶卡盐场附近,地貌上属冲湖积平原。与上部潜水构成双层结构,具有承压自流性质。上部地层为晚更新世砂砾石及含泥砂砾石,表层覆盖2～3m的亚砂土,下伏地层为晚更新世冲湖积相的亚黏土、粉砂及含泥砂砾石。据前人ZK5钻孔资料:孔深120.27m,0～22.08m为潜水,含水层岩性为砂砾石、含泥砂砾石,厚度20.19m,静水位埋深1.89m,抽水试验降深9.61m,涌水量68.60m³/d,单井换算涌水量38.60m³/d;22.08～120.27m为承压水,由亚黏土构成含水层顶板,顶板埋深22.08m,含水层岩性为粉砂及砂砾石,厚度25.79m,承压水水头20.50m,抽水试验降深19.50m,涌水量204.68m³/d,单井换算涌水量169.50m³/d,属水量中等地区。

(三)碎屑岩裂隙孔隙水

茶卡盆地东沙柳河附近至茶卡寺西一线和青海湖哈达湾至吉尔门一带,零星分布在古近纪+新近纪碎屑岩层,一般构成向盆地缓倾斜的单斜构造,而在东沙柳河的古近纪+新近纪则为背向斜构造,其中赋存着层间裂隙孔隙水。该套地层为泥岩、砂质泥岩与砂岩、砂砾岩互层,故构成承压水结构特征。据东沙柳河谷中ZK2号孔揭露,含水层岩性为砂岩,厚10.87m,顶板埋深59.80m,承压水头为3.02m而自流,降深2.51m,涌水量0.374L/s,单位涌水量0.149L/(s·m),矿化度0.44g/L,属$HCO_3·SO_4$-$Ca·Na$型水。

(四)基岩裂隙水

基岩裂隙水的赋存与分布,主要取决于构造裂隙和风化裂隙的发育程度以及补给条件的好坏。茶卡盆地受多次构造运动和基岩风化作用的影响,故裂隙潜水的分布较普遍。

1. 基岩裂隙潜水

层状岩类裂隙潜水,含水层岩性主要为三叠纪砂岩、砾岩,早二叠世灰岩、不纯灰岩、砂岩,早古生代由砂岩、板岩、石英砂岩组成。其中以下古生界与二叠系富水性相对较强,且分布也比较广泛,单泉流量一般为0.5～1L/s,二叠系内最大单泉流量为12.48L/s,最大泉群流量达20L/s,矿化度多小于0.5g/L,多属HCO_3-$Ca·Mg$型水。下古生界内,单泉流量亦多小于1L/s,最大单泉流量达19.11L/s,矿化度多小于1g/L,多属$Cl·HCO_3·SO_4$-$Ca·Mg$型水或HCO_3-$Ca·Mg$型水。三叠纪地层内,泉点分布较少,但流量较大,其单泉流量多大于3L/s,最大单泉流量6.98L/s,最大泉群流量可达69L/s,矿化度1.22g/L,属$Cl·SO_4$-$Na·Ca·Mg$型水。

火成岩类网状风化裂隙潜水,主要赋存于各期侵入岩的风化裂隙中,含水层岩性主要为斑状花岗岩、黑云花岗岩、角闪闪长岩,以及花岗岩、二长花岗岩、花岗闪长岩等,富水性较强,单泉流量一般为0.5～1L/s,多属HCO_3-Ca型水或HCO_3-$Ca·Na·Mg$型水。据ZK10号钻孔揭露,风化层厚度33.57m,其含水层厚32.25m,水位18.46m,当降深30.63m时,涌水量1.05L/s,单位涌水量0.03L/(s·m),矿化度0.69g/L,属$HCO_3·Cl$-$Na·Mg$型水。

2. 构造破碎带脉状水

茶卡盆地在多次构造运动的影响下,断裂较为发育且规模较大,一般在压性断裂的上盘,张性、扭性断裂破碎带及其复合部位，节理裂隙甚为发育，岩层被破坏，在补给源充沛的情况下，往往为富水地段。

区内构造以北西西—南东东向断裂为主，其次为北北西—南南东向断裂，破碎带宽度一般为数十米，也有的断裂谷发育宽度达数百米，呈条带状展布，地下水通常以泉的形式沿断裂出露。盆地内构造带脉状水主要靠大气降水和深层地下水的循环补给，泉水分布较广，其单泉流量多为0.5L/s，最大单泉流量为7.5L/s，最大泉群流量可达40L/s，水质一般均好，矿化度均小于0.5g/L，多属于HCO_3-Ca型水。

第三节 水文地质参数系列

共和盆地水文地质研究程度较低，已有水文地质工作积累的水文地质参数较少，本次工作在该盆地不同地段开展了14组抽水试验，在充分收集已有钻孔水文地质参数的基础上，叙述该盆地渗透系数、给水度、释水系数的分布特征。

一、渗透系数

1. 渗透系数的确定方法

渗透系数在充分收集以往相关水文地质钻孔渗透系数的基础上，结合地下水系统、含水层沉积环境、含水层岩性，来选取共和盆地渗透系数值。

2. 渗透系数取值

共和盆地渗透系数取值见表3-3-1。共和盆地莫格滩地潜水、沙沟-木河沟侵蚀台地渗透系数小于1m/d，其他地区渗透系数4~11m/d。共和盆地青海南山冲洪积平原潜水渗透系数最大，达18.4m/d，其他地区渗透系数以0.04~8.75m/d为主。茶卡盆地渗透系数为0.52~2.26m/d。

表3-3-1 共和盆地渗透系数取值　　　　　　　　　　　　　单位：m/d

地区	巴洛滩地潜水	典型钻孔编号	抽水试段/m	K值
共和东盆地	塔秀河冲洪积扇潜水	GN11	70~103	5.18
	茫什多滩地潜水	GN12	47~77	10.9
	莫格滩地潜水	GN18	45.49~118.85	0.02
	木格滩地潜水	取值参考巴洛滩地		
	沙沟-木河沟侵蚀台地	GN04-1		0.16
	哇洪河冲洪积扇潜水	GNB05	30~80	4.31
共和西盆地	切吉河-直亥买河冲洪积扇潜水	XZ11	85.11~175.64	8.75
	河卡滩地潜水-半承压水	XZ25	208~288	6.6
	塔拉台地半承压水	7812		0.57
	沙珠玉河谷平原半承压水	WKA121	26.48~80,100~120	2.64
	大水河冲洪积扇潜水	GH32	29.45~32.00	1.32
	青海南山冲洪积平原潜水	DSQZK	43~66,78~110	18.4

续表 3-3-1

地区	巴洛滩地潜水	典型钻孔编号号	抽水试段/m	K 值
共和西盆地	恰卜恰河谷地潜水	ZK6		3.77
	恰卜恰河谷地承压水	勘探 CK9	53～75,87～92	4.4
	恰卜恰河谷东部丘陵半承压水	GH43	52.62～246.65	5.5
	山前冲洪积平原潜水	GH15	100.00～133.14	0.04
茶卡盆地	冲湖积平原潜水	TJ02-1	3.86～49.34	2.26
	冲湖积平原承压水	TJ05-1	1.89～22.08	0.52
	巴洛滩地潜水	TJ04-2	54.00～103.75	0.56

二、给水度

1. 给水度的确定方法

给水度在充分收集以往相关水文地质钻孔给水度的基础上，结合地下水系统、含水层沉积环境、水位变动带岩性，来选取共和盆地给水度值。

2. 给水度取值

茶卡盆地给水度取值参考《青海省乌兰县茶卡工业园区供水水文地质勘察报告》(2013)，取值0.022。共和东盆地、共和西盆地给水度取值结合水位变动带岩性与水文地质手册，取值见表3-3-2。

表 3-3-2　共和盆地给水度取值

水位变动带岩性	给水度值
砂卵砾石	0.26
粗砂	0.24
中砂	0.21
细砂	0.18

三、释水系数

释水系数值参考《青海省共和县恰卜恰城镇及工业园供水水文地质勘查报告》(2014)，取值0.001。

第四节　地下水动态特征

本次工作在工作区布置23个动态观测点，其中机民井10个、浅井13个。因条件所限，长期观测点多集中在地下水重点开发地区，观测频率每3～5天1次，观测时间2012年11月15日至2014年5月25日。

一、共和东盆地地下水动态

共和东盆地地下水开发利用少，主要集中在贵南县城和过马营镇。本次工作在贵南县城布设1个地下水动态观测点，含水层岩性主要为山前冲洪积扇砂砾石层，据GN001水位监测资料(图3-4-1)，年内水位变化不大，8月之前水位基本稳定，受降雨入渗影响，8月底地下水位明显抬升，水位抬升滞后降雨3个月左右。分析主要原因是该区域地下水位埋深大，地下水主要接受山前降雨入渗侧向补给。

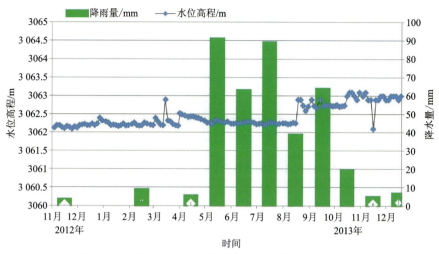

图 3-4-1　贵南县 GN001 号钻孔水位与降水量动态曲线

二、共和西盆地地下水动态

在自然和人为影响下,地下水的水位、水量、水化学成分、水温等要素会随时间的变化而变化。受补给来源的影响,不同含水层类型地下水的动态变化特征不同。按照潜水及承压水分别论述如下。

1. 潜水

共和西盆地目前潜水开采主要集中分布在恰卜恰河谷、沙珠玉河谷、哇玉香卡切吉等地,下面主要围绕以上 3 个地区分别阐述地区潜水动态。

前已述及,恰卜恰河谷区潜水主要接受上游潜水的径流补给,此外部分地段还接受灌溉水的入渗补给,河谷区地下水位直接受气候和河水出山口流量的制约而变化。纵观所有潜水民井、钻孔及泉水的长期观测资料(表 3-4-1),年内最低水位出现时间比较一致,在 6～7 月,最高水位出现时间则略有不同,泄出带以上的径流区,一般出现于 9～12 月,而地下水泄出带的最高水位则出现于次年的 3 月。潜水地下水的水位变幅为 0.33～2.86m,且上游地下水位的年内变幅要大于下游排泄区,地下水动态变化基本属于径流型。

表 3-4-1　河谷潜水地下水位动态变化一览表

动态类型	区域位置	地貌单元	观测点编号	最高值		最低值		水位变幅/m
				观测日期	水位标高/m	观测日期	水位标高/m	
水文型	共和县北部(中上游)	中上游东岸Ⅱ级阶地	16	2011.12	2911.95	2012.6	2909.09	2.86
	共和县中部(中上游)	中上游东岸Ⅰ级阶地	69	2011.9	2830.07	2012.6	2828.84	1.23
	共和县南部(泄出带)	西岸泄出带	42	2012.03	2798.82	2012.7	2798.49	0.33

恰卜恰河谷潜水的动态变化并非紧随气象要素而变化,如河流上游Ⅱ级阶地西香卡 16 号、东河沿 69 号民井地下水位的上升大约滞后于大气降水约 2 个月(图 3-4-2、图 3-4-3)。大气降水于 4 月开始有

显著的增加,而地下水位则于6月达到最枯水位9.2m后,开始增加。大气降水于7月达到峰值,地下水位则于9月左右达到峰值。

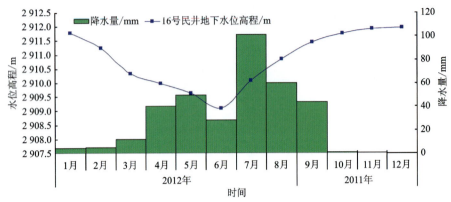

图 3-4-2　16号民井地下水位与降水量动态变化曲线

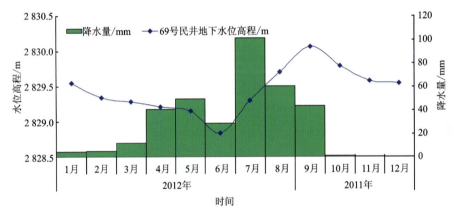

图 3-4-3　69号民井地下水位与降水量动态变化曲线

共和县北部的恰卜恰河一般处于干涸状态,南部由于泉水排泄形成常年性地表水。地下水的水位变化情况与河流流量变化特征一致,而共和县北部地下水的动态和河水的流量变化略有差别(图3-4-4～图3-4-6)。总体上随着6～7月河水流量的不断增大,地下水位也逐渐回升,至9～10月上游水位上升幅度达到最高值。丰水期水位基本上维持在9月中旬至10月中旬的时间内。绝大部分地下水位至10月中旬以后开始回落,并逐渐进入一个持续下降的过程,至4～5月地下水进入枯水期,并出现最低峰值。其中平水期水位持续时间相对较长,出现在10月至翌年4月;枯水期出现在4～7月。通过动态长观数据分析,河谷区上下游水位标高在枯水期和平水期非常接近,仅在丰水期才出现较大的水位差。

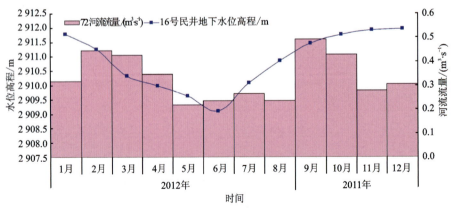

图 3-4-4　16号民井地下水位与河流流量动态变化曲线

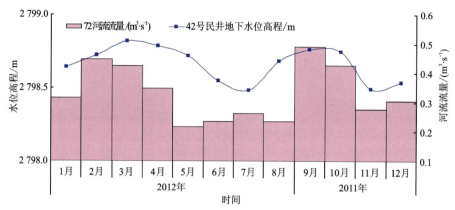

图 3-4-5　42 号民井地下水位与河流流量动态变化曲线

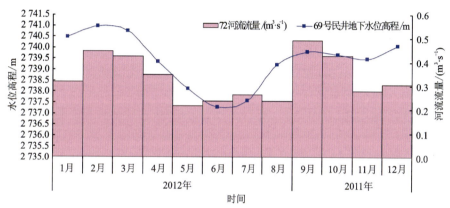

图 3-4-6　69 号民井地下水位与河流流量动态变化曲线

沙珠玉潜水水位受大气降水入渗和农业灌溉影响,沙珠玉乡达连海民井地下水位的上升滞后于大气降水在 1 个月左右,大气降水于 4 月开始有显著的增加,而地下水位则于 6 月达到最枯水位,而后开始增加(图 3-4-7)。大气降水于 7 月达到峰值,地下水位则于 6 月底达到峰值。水位变化情况与降水量的变化趋势相对提前,考虑农业抽水灌溉,对 7 月降水形成的地下水位抬升峰值具有一定的削峰作用。

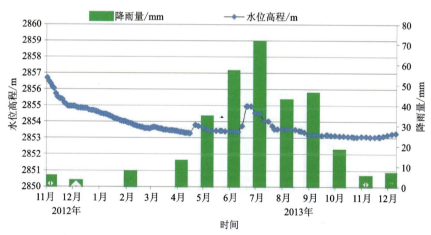

图 3-4-7　沙珠玉乡达连海民井地下水位与降水量动态变化曲线

切吉乡新村农业灌溉相对较少,潜水水位与降水量有明显的相关性,年内最低水位出现在 3 月中旬,年内最高水位出现在 4～8 月,水位相对稳定(图 3-4-8)。根据调查显示,该区域内包气带岩性主要为山前洪积卵砾石层,透水性较好,潜水受降雨入渗影响明显,随降水量的增加,潜水水位不断升高。

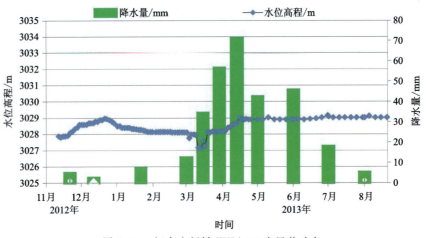

图 3-4-8　切吉乡新村 WKA004 点民井动态

2. 承压水

根据共和西盆地水文地质资料,西盆地承压水主要分布在恰卜恰河谷与沙珠玉河,承压水开发利用主要分布在这一地区,下面介绍典型区承压水动态特征。

据长观点资料显示(表 3-4-2,图 3-4-9～图 3-4-12),本区承压自流水的水量有一定的变化,孔口温度基本保持稳定。据恰卜恰河上游 GHZK01 水位资料,年内最高水位出现在 1 月,年内最低水位出现在 11 月,恰卜恰河东岸高台地上施工的 TK8 号钻孔资料,年内最低水位出现在 4～6 月,最高水位出现在 10 月左右;阿乙亥 GHA028 水位相对稳定,地下水水位主要受抽水灌溉影响,短时间内呈现下降趋势,而后水位逐渐恢复。钻孔水位变化情况与降水量的变化趋势无明显的相关性,表明承压水的动态变化不受工作区内气象因素变化影响,分析其原因是本区承压水主要接受上游地下水的径流补给,地下水位埋深大,加之本区的构造程度较差,故而承压水的水文交替性较差。

沙珠玉河 WKA117 孔水位资料(图 3-4-13),年内最高水位出现在 2～3 月,最低水位出现在 11 月,钻孔水位变化情况与降水量的变化趋势无明显的相关性,表明承压水的动态变化不受工作区内气象因素变化影响,分析其原因是本区承压水主要接受上游地下水的径流补给。2～3 月受山区冰雪融水补给地下水影响,地下水位抬升明显;4 月受农业灌溉影响,地下水位明显下降。

表 3-4-2　工作区承压自流水动态资料一览表

月份		1	2	3	4	5	6	7	8	9	10	11	12
61-1 号孔	温度	23	23	23	23	22	23	23	22	23	23	23	23
	出水量 /(L·s^{-1})	1.58	1.58	1.58	1.62	1.58	1.61	1.58	1.62	1.61	1.58	1.64	1.64
68 号孔	温度	25	25	25	25	24	25	25	25	25	25	25	25
	出水量 /(L·s^{-1})	31.39	34.21	26.41	29.15	24.85	25.86	32.06	31.38	28.73	33.98	25.93	27.54
TK8		—	47.18	47.73	48.28	47.47	48.43	48.10	47.63	47.26	46.77	—	—

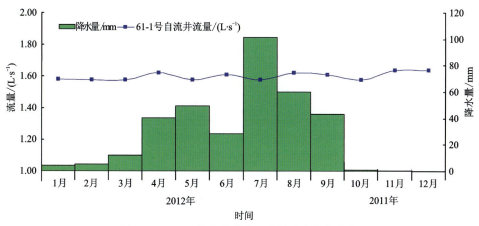

图 3-4-9 61-1 号自流井井口流量动态变化曲线

图 3-4-10 共和县加拉新村钻孔 GHZK01 水位与降水量动态

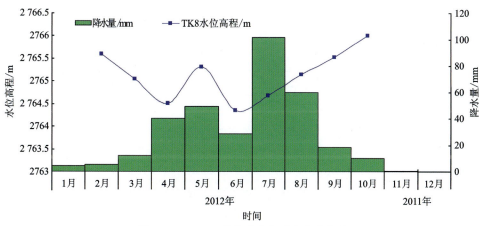

图 3-4-11 TK8 号钻孔水位动态变化曲线

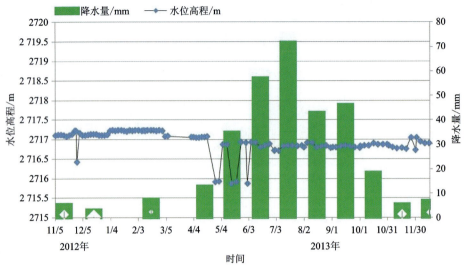

图 3-4-12　共和县阿乙亥一队 GHA028 水位与降水量动态

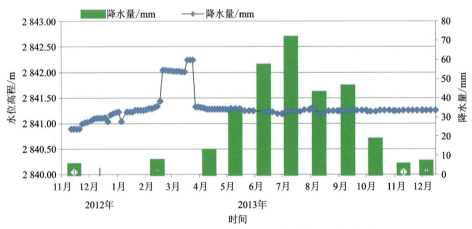

图 3-4-13　沙珠玉 WKA117 孔机民井水位与降水量动态

三、茶卡盆地地下水动态

本次工作在茶卡盆地布设 4 个动态观测点,因钻孔集中分布在山前冲洪积平原中前缘地带,观测孔主要布设在该地带,观测频率每 5 天 1 次,观测时间 2013 年 5 月 10 日—2013 年 11 月 15 日。

1. 地下水水位动态变化特征

工作区浅井、机民井多位于山前冲洪积平原前缘的地下水泄出带,其地下水动态类型属于径流泄出型,水位变幅受河水影响小,滞后周期长,年变幅较小(图 3-4-14)。据前人资料,潜水位埋深在 1~7m 之间,水位年变幅在 0.25~0.61m 之间,高水位出现在 7~10 月,低水位出现在 12 月至次年 2 月。

茶卡盆地地下水开发利用少,主要集中在莫合农场、茶卡镇、巴音村和大水桥。巴音村 CKB35 孔动态观测点含水层岩性主要为山前冲洪积扇砂砾石和中粗砂(图 3-4-15)。据水位监测资料,年内水位变化不大,最大水位出现在 5 月。考虑山前冰雪融化补给地下水,导致地下水位抬升,5 月以后水位呈微弱下降趋势,11 月水位下降明显,可能由于山区及山前降雨或降雪,多以固相赋存于山区或岩层中,地下水补给量减少。总体表明地下水位的动态变化不受工作区内气象因素变化的影响,分析其原因是本区地下水主要接受山前冰雪融化或降雨入渗径流补给。

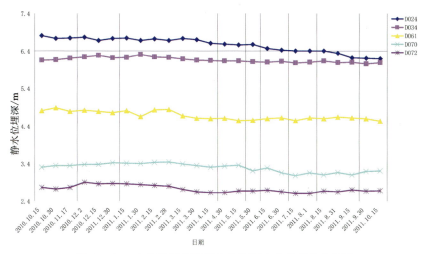

图 3-4-14　山前冲洪积平原前缘地下水水位变化曲线图

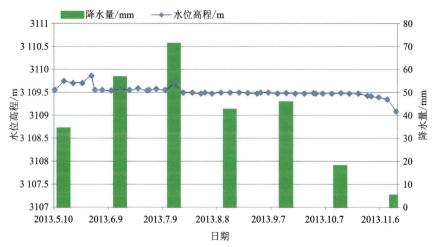

图 3-4-15　茶卡镇巴音村 CKB35 点水位与降水量曲线图

2. 地下水泄出量动态变化特征

茶卡盆地区内,尤其是莫河山前冲洪积平原前缘一带发育有多条泉集河,因这些泉集河成因相同,均系地下水在径流过程中岩石颗粒变细,水位升高而溢出。因此,本次工作通过选取两条泉集河进行动态研究,概略掌握整个山前冲洪积平原前缘地下水泄出量的变化规律。

从泉集河流量动态曲线图,由图 3-4-16 和图 3-4-17 可以看出:一个水文年中泉水最大流量出现在 8 月,8 月的高流量与区内降水量基本一致,即滞后一个月,应与山区大气降水补给有关。泉水流量最小出现在 12 月,3 月以后由于气候转暖,表层冻土融化,其中饱含的固体水分融化就地补给地下水,使泉水流量增大,泉集河流量亦有所增大。

3. 山区河流动态变化特征

为提高区内天然资源量计算的可靠性、准确性,本次工作于茶卡河出山口处布置茶卡河流量长期观测点,从图 3-4-18 可见:一个水文年中河水最大流量出现在 7 月,7 月的高流量与区内降水量基本一致,说明其与山区大气降水补给密切相关。泉水流量最小出现在 12 月,3 月以后的冰雪消融对河水流量的增加有所贡献。

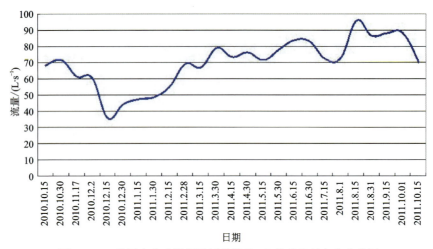

图 3-4-16　莫河山前冲洪积平原前缘 D017 号泉流量变化曲线图

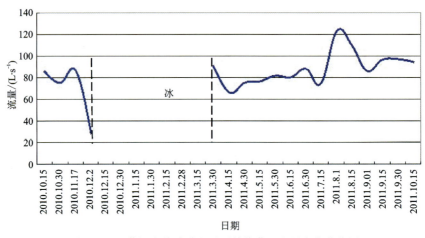

图 3-4-17　莫河山前冲洪积平原前缘莫河流量变化曲线图

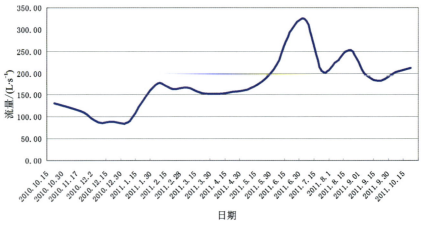

图 3-4-18　茶卡河出山口流量变化曲线图

第五节 地下水同位素特征

共和盆地基本没有开展过地下水同位素研究工作,以往主要通过水文地质条件来分析研究地下水补给、径流、排泄条件。盆地尽管面积较小,但水文地质条件复杂,开展同位素测年等定量分析,对深入认识盆地地下水来源、水循环特征等具有重要意义。

本次工作在盆地采集了 44 组地下水、地表水、泉水氢氧稳定同位素样品,测试分析了 D、^{18}O、T;对承压水及泉水采集了 23 组碳同位素样品,测试分析了 ^{14}C、^{13}C。

一、D-^{18}O 稳定同位素特征

共和盆地临近柴达木盆地格尔木地区,柴达木盆地地下水及环境问题调查评价项目在格尔木地区系统开展过降水的同位素分析工作,本次当地雨水线引用柴达木盆地诺木洪地区 δD-$\delta^{18}O$ 曲线。本次同位素样品测试工作由自然资源部地下水矿泉水及环境监测中心承担,δD、$\delta^{18}O$ 均采用的国际标准为 SMOW。

盆地里采集了 6 组河水样,其中 WKB020、WKB051 位于共和西盆地南部山区哇洪河出山口、直亥买河出山口,CKB02 位于共和西盆地北部山区大水河出山口,GN019 位于共和东盆地茫拉河上游,WKA116 位于盆地中心沙珠玉河下游,QBQCL 位于恰卜恰河下游。盆地河水的 δD 值为 $-65‰\sim-50‰$,$\delta^{18}O$ 值为 $-10‰\sim-8.5‰$。从图 3-5-1 可以看出,盆地南、北部出山口河流的 δD-$\delta^{18}O$ 都分布在当地雨水线附近,反映出河水主要来自大气降水,其中大水河出山口 CKB02、直亥买河出山口 WKB051 稍微落在当地雨水线的左下侧,重同位素稍富集,反映出较弱的蒸发特征,这是由于这两条河流的汇水面积大,降水除直接转化为河水外,一部分通过山区的岩体裂隙入渗形成基岩裂隙水,由于山体陡峭,裂隙水径流路径较短,从低洼处排泄出汇入河流,河水一是直接来自大气降水;二是降水转化为基岩裂隙水再转化为河水。由于裂隙水转化为河水径流路径和时间都较短,因此出山口河流 δD-$\delta^{18}O$

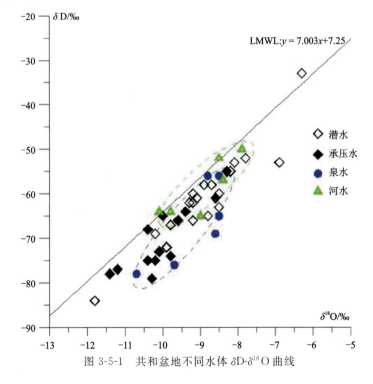

图 3-5-1 共和盆地不同水体 δD-$\delta^{18}O$ 曲线

组成反映较弱的蒸发特征。盆地中心沙珠玉河、恰卜恰河的样品则完全远离当地雨水线,落在雨水线左下侧,反映出河水并非大气降水补给,这两条河流补给来源均为盆地塔拉台半承压水。

盆地采集了6组泉水样,δD值为-60‰~ -80‰,$\delta^{18}O$值为-11‰~ -8.8‰。从图3-5-1可以看出,6组泉水δD-$\delta^{18}O$组成全部落在当地雨水线的左下方,其中龙羊峡库区边界的LYB07、LYC01取样点和恰卜恰河谷下游GHC017的δD-$\delta^{18}O$显著远离当地雨水线,反映出蒸发和经过长路径径流的特征,说明龙羊峡库区以泉水主,恰卜恰河谷泉水要来自盆地中半承压水补给,而且径流路径长,经过长时间的蒸发及水岩物理化学过程,重同位素富集。其他3个泉水取样点,尽管落在雨水线左下侧,但离当地雨水线相对较近,反映其出露前径流路径较短,为地下水补给,但补给源较近。

盆地采集了18组浅层水样、14组承压水样,从图中可以看出,无论潜水采样点还是承压水采样点δD-$\delta^{18}O$组全都落在当地雨水线左下方,区别是盆地中心、恰卜恰河谷、龙羊峡库区周边地下水的δD-$\delta^{18}O$远离当地雨水线,反映出径流路径长,经过长时间的蒸发及水岩物理化学过程,重同位素富集,盆地山前采样点离当地雨水线较近,反映补给来源近,但统一落在当地雨水线左下侧,反映出并非降水补给,与山前河水的同位素分布相近。结合水文地质条件分析,盆地地下水主要来源于河流出山口入渗补给。

二、T同位素特征

采集了44组地下水、地表水、泉水T(氚)同位素样品,测试结果见表3-5-1。共和盆地大气降水无长期观测数据,降水输入氚参考邻区。据柴达木盆地地下水资源及其环境问题调查评价,盆地不同年份降水氚值与新疆乌鲁木齐柴窝堡降水氚含量相近,本次分析时,降水输入氚参考柴窝堡降水氚含量。

表3-5-1 共和盆地邻区降水氚值表(TU)

年份	我国乌鲁木齐柴窝堡湖地区	俄罗斯伊克尔库茨克地区
1952年前	5～10	5～10
1961年	300	
1963年	5500	
1968年	400	
1969年	264.1	454.8
1970年	269.6	464.2
1971年	300	376.6
1972年	150	247.2
1973年	105.2	173.3
1974年	131.4	216.6
1975年	115.8	190.9
1976年	90.1	148.9
1986年	90	
1987—2003年	40.13	

注:引自《柴达木盆地地下水资源及环境问题调查评价报告》和近20年我国大气降水氚浓度及其变化。

1. 共和东盆地氚值特征

贵南山前冲洪积平原:山前出山口GN019采样点,其氚值为(32.9 ± 1.5)TU,氚含量和近期大气降水接近,反映出山口河水主要来源于近期的大气降水;山前冲洪积平原中下部GN005(潜水)采样点,氚值为(71.2 ± 2.3)TU,也反映出为近期大气降水补给。综上分析,在整个贵南山前冲洪积平原,地下水主要补给来源为出山口河流山前入渗。另外,由于包气带主要为砂砾石等粗粒相物质,加之靠近山区,降水较多,降水入渗也是一个重要来源。

沙沟沟谷:沙沟上游GNB05(承压水)采样点氚值为(44.6 ± 1.7)TU,反映为近期大气降水输入的特征,其地下水主要来源于沙沟上游河流的入渗,而河流主要来源于源区大气降水,因沙沟河道较短,上游离补给区很近,上游承压水氚含量基本接近大气降水;沙沟中下游GNB07(承压自流水)采样点氚值为(1.4 ± 0.9)TU,中下游承压水补给可能主要来源于1952年以前的降水,反映出沙沟承压含水层的补给区到排泄区的径流非常缓慢,沙沟下游接近龙羊峡库区的LYC01(泉)采样点氚值为(1.9 ± 0.8)TU。

2. 共和西盆地氚值特征

共和西盆地南北部山前地带:盆地南部哇洪河出山口河水采样点WKB020氚值为(30.1 ± 1.4)TU,氚值浓度略小于近期大气降水,分析河水来自于大气降水和山区基岩裂隙水的混合,哇洪河冲洪积扇中下部潜水(单一潜水含水层)WKB005氚值为(46.9 ± 1.8)TU,WKA012氚值为(34.8 ± 1.5)TU,与山区河流的氚值浓度接近,反映冲洪积地下水主要来源于河水的补给。盆地北部山前大水河出山口河水采样点CKB02氚值为(36.4 ± 1.9)TU,潜水采样点DSQZK氚值为(24.7 ± 1.2)TU,低于大气降水,但与河水接近,反映山前冲洪积平原地下水主要来源于河水的补给。

恰卜恰河谷地带:上游潜水采样点GH001氚值为(36.3 ± 1.8)TU,略小于近期大气降水,其主要来源于沟后河河水在山前的入渗补给,由于径流路径较短,因此潜水氚含水量较高,恰卜恰河谷中游潜水采样点CHC044氚值为(15.6 ± 1.1)TU,氚值小于上游,分析其主要原因仍来源于沟后水库河水补给,由于离补给源远,径流路径长,潜水中氚含量减小;恰卜恰河谷下游潜水GH200采样点氚值为(1.7 ± 0.8)TU,GHB048采样点氚值小于1.0TU,分析下游尤其是上下他买村以下地段,多有承压自流井,这一地段潜水氚值很低,主要是受到承压自流水的入渗补给,而且是其主要补给来源。恰卜恰河谷承压水采样点GHA065、GHB062、GHC046、GHA050、GH01,氚值分别为<0.1TU、<0.1TU、<0.1TU、<0.1TU、(3.8 ± 0.9)TU。整体来说,氚含量很低,为1952年之前降水,反映河谷平原承压水与上层潜水基本无水力联系,其补给来源远,分析主要为西盆地周边河流在山前入渗后从山前向盆地中部径流后又缓慢向恰卜恰河谷径流。

沙珠玉河河谷平原地带:沙珠玉河下游WKA116(河水)的氚值为(27.9 ± 1.5)TU,明显低于近期大气降水的氚值,其河水应该主要来源于沙珠玉河周边承压水、半承压水的排泄,混合了部分近期降水。盆地中间沙珠玉河谷平原中下游采样点GHB151(潜水)氚值为(66.1 ± 2.2)TU,接近大气降水,反映出沙珠玉河谷平原浅层地下水主要来源于近期大气降水补给,河谷平原中下游采样点WKA119(承压水)氚值为(6.3 ± 1.0)TU,应该为1952年核爆前与1952年核爆后混合水,可能主要为1976年左右的地下水与少量核爆前地下水混合,年龄距取样期大概37年,说明沙珠玉河谷平原承压水主要来自四周半承压的侧向补给,补给距离长,径流缓慢,而与河谷中接受大气降水的浅层水基本无水力联系。

龙羊峡库区:共和西盆地龙羊峡库区泉水采样点LYB07氚值(1.6 ± 1.2)TU,基本也来源于1952年之前降水,该点位于共和盆地承压水的集中排泄区,氚值反映出从周边山区河流补给到龙羊峡泉群排泄经历了长时间的径流,反映盆地中部半承压水-承压水径流非常缓慢。

3. 茶卡盆地氚值特征

盆地出山口:泉集河采样点CKB09氚值为(27.1 ± 1.5)TU,稍低于当地大气降水,反映河水主要是基岩裂隙水渗出形成泉水后汇集补给,基岩裂隙水径流路径较短,发生过蒸发及水岩物理化学等作用。

山前冲洪积扇:冲洪积扇中部地下水采样点CKB21氚值为(30.2 ± 1.6)TU,比出山口泉集河的氚值高,可能是地下水除接受泉集河在山前入渗补给外,由于此处包气带为砂砾石层,水位埋深10~30m,还接受了降水补给混合;冲洪积扇下部地下水采样点CKB47氚值为(20.9 ± 1.4)TU,低于出山口泉集河氚值,反映此处地下水主要来源于冲洪积扇中山部侧向径流,降水基本不能补给地下水,这与冲洪积扇前缘接近湖积平原、包气带以黏性土层为主有直接关系。

盆地中心冲湖积平原：冲湖积平原中部地下水采样点 CKB31、CKB66 氚值分别为 (2.6±0.9)TU、(2.1±1.0)TU，分析其主要为 1952 年之前的降水和 1952 年核爆后混合水，可能主要为 1987 年左右的地下水与少量核爆前地下水混合，年龄距取样期大概 27 年；冲湖积平原西部地下水采样点 CKA67 氚值 (1.4±1.1)TU，为 1952 年之前降水补给，与盆地西部山区汇水面积很小、几乎无地表径流有关，地下水主要来自基岩裂隙水侧向补给，详见图 3-5-2。

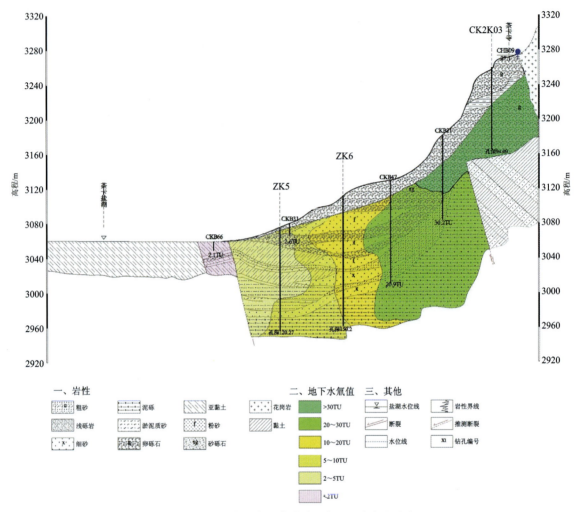

图 3-5-2　茶卡盐湖北缘冲洪积扇地下水年龄分布

三、地下水 ^{14}C 年龄特征

地下水中只有溶解无机碳和溶解有机碳（DIC 或 DOC）可以用 ^{14}C 测年，通常使用总溶解无机碳（TDIC）。地下水溶解无机碳（DIC）^{14}C 测年的基本原理是应用地下水中的溶解无机碳（DIC）作为示踪剂，以 ^{14}C 测定地下水中溶解无机碳的年龄。一般认为地下水的无机碳与土壤 CO_2 隔绝后便停止了与外界 ^{14}C 的交换，所以地下水 ^{14}C 年龄一般指地下水和土壤 CO_2 隔绝至今的年代。由于受混合的影响，地下水 ^{14}C 测年不可能得到高分辨率的年龄。

地下水的 ^{14}C 年龄计算公式：

$$t = -8267\ln(A/A_0) \tag{3-1}$$

式中：t 为距今（1950 年）的年（a）；A 为测试样品的总溶解无机碳的 ^{14}C 含量；A_0 为补给时初始的总溶解无机碳的 ^{14}C 含量。

在地下水补给过程中,地下水经常受到^{14}C含量小于100pMC(核爆碳峰值)的碳来源影响,特别是碳酸盐矿物的溶解产生的"死碳",导致^{14}C的稀释,使初始输入浓度A_0不等于100pMC,且在地下水的循环过程中会与周边环境发生一系列的水文地球化学作用,使得地下水的DIC和^{14}C浓度发生改变,在这种情况下,^{14}C年龄便不能代表补给以来的时间,因此,对于了解地下水的绝对年龄,需要进行地下水^{14}C年龄校正。^{14}C的年龄校正有多种模型,如Vogel经验方法、Tamers模型、Pearson模型、Confiantinie模型和Fontes模型等。本次研究采用最常用的化学混合模型——Tamers模型进行校正。

1. 共和东盆地地下水^{14}C年龄

共和东盆地仅在沙沟地区存在承压水,而且大部分自流。本次工作沿着沙沟上游、下游分别采集承压水及泉水^{14}C样品。沙沟上游承压水采样点GNB05的^{14}C表观年龄为(2.06 ± 0.17)ka,经校正后,为现代水,主要可能是在上游承压水含水层大多缺乏稳定隔水层,采集的样品为半承压水和潜水混合水;在沙沟下游承压水采样点GNB07的^{14}C表观年龄为(19.94 ± 1.23)ka,校正后的^{14}C年龄为13.09ka,反映沙沟地区承压含水层补给非常缓慢,主要应该来自山前深部基岩裂隙水的侧向补给,更新性非常差。

共和西盆地集中排泄区龙羊峡库区东侧泉水采样点LYC05的^{14}C表观年龄为(13.30 ± 0.51)ka,校正后的^{14}C年龄为7.46ka,反映地下水从东部山前补给经过木格滩地埋深很大(150~200m)的潜水缓慢向龙羊峡库区反向运移,地下水径流路径长。整体来说,盆地中部木格滩地的地下水年龄要年轻于沙沟地区承压水,主要是两者补给来源于水力性质差异导致的。木格滩地潜水主要是东侧山区沟口地表径流入渗,沙沟承压水主要为山前深部基岩裂隙水,由于潜水和承压水水力性质差异,木格滩地地下水径流要稍快于沙沟承压水。

2. 共和西盆地地下水^{14}C年龄

南北山前冲洪积平原:北部山前冲洪积平原前缘采样点QJ201308,为半承压水,其^{14}C表观年龄为(3.18 ± 0.29)ka,校正年后为现代水;南部山前平原前缘承压水采样点QFDZK,其^{14}C表观年龄为(2.89 ± 0.26)ka,校正后为现代水。可以看出,南部山前平原主要由冲洪积扇群组成,地下水循环快,山区河流出山口补给形成潜水,很快向扇前缘径流,冲洪积平原前缘的承压水或半承压水补给速率快,地下水更新性强。

盆地中心沙珠玉河中上游河谷平原区:沙珠玉河上游承压自流水采样点ZSKZL,^{14}C表观年龄为(21.99 ± 0.58)ka,校正年龄为14.84ka,地下水年龄很老,但该地段盆地南、北仅相距41.8km,说明沙珠玉河中上游冲湖积平原地区地下水径流非常缓慢,几乎处于滞留状态。

盆地中东部塔拉台地及沙珠玉河下游平原区:塔拉台地半承压水采样点GK02,^{14}C表观年龄为(13.10 ± 1.00)ka,校正年龄为5.61ka;沙珠玉河下游平原承压水采样点SZ01,^{14}C表观年龄为(9.56 ± 0.27)ka,校正年龄为2.82ka,分析该井可能为承压水浅层水的混采井,导致地下水^{14}C年龄偏小。整体来说,盆地中东部塔拉台地及沙珠玉河下游平原区地下水的年龄应该为5.0~6.0ka,小于上游河谷平原区承压水的年龄。该地段承压水主要来自南北部山前地下水补给,盆地中部沙珠玉河上游河谷平原地下水未补给到此,这也进一步说明上游河谷平原地下水基本处于滞留状态。

恰卜恰河谷及龙羊峡库区:恰卜恰河谷中下游地区承压水采集了GHB087、GHB097、GHA045等水样,其^{14}C校正年龄分别为15.67ka、11.23ka、17.88ka,地下水年龄普遍很老,中部塔拉台地5.0~6.0ka,恰卜恰河谷10.0~18.0ka。从水文地质条件分析,恰卜恰河谷承压水主要应来自塔拉台地半承压-承压水的侧向补给,地下水径流路径长,径流速度缓慢;龙羊峡库区周边承压水取样点GHB098,^{14}C表观年龄为(23.96 ± 0.62)ka,校正年龄为19.38ka,共和西盆地集中排泄区龙羊峡库区下更新统出露的泉水采样点LYB07,^{14}C表观年龄为(19.02 ± 0.63)ka,校正年龄为11.58ka(图3-5-3、图3-5-4)可以看出,排泄于地下水年龄普遍很老,反映出地下水径流路径长,径流速度缓慢,更新能力很差。

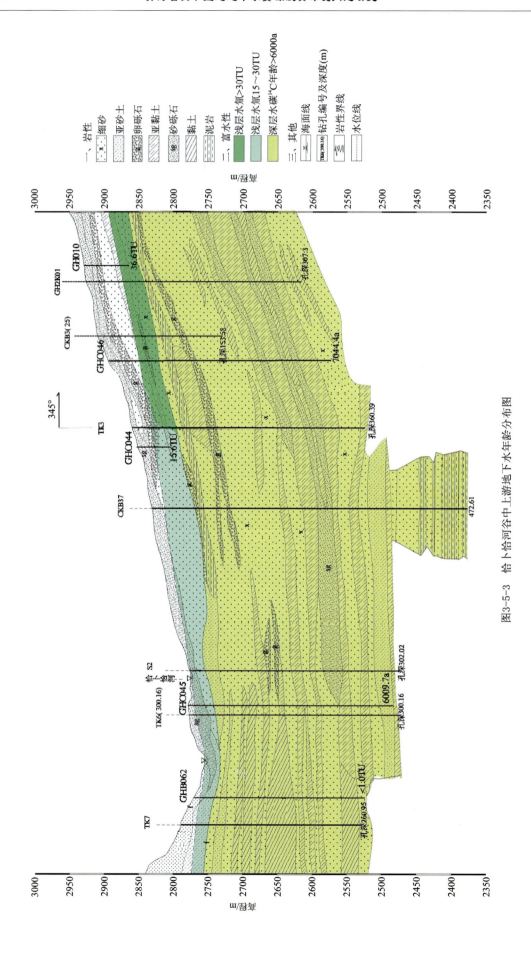

图3-5-3 恰卜恰河谷中上游地下水年龄分布图

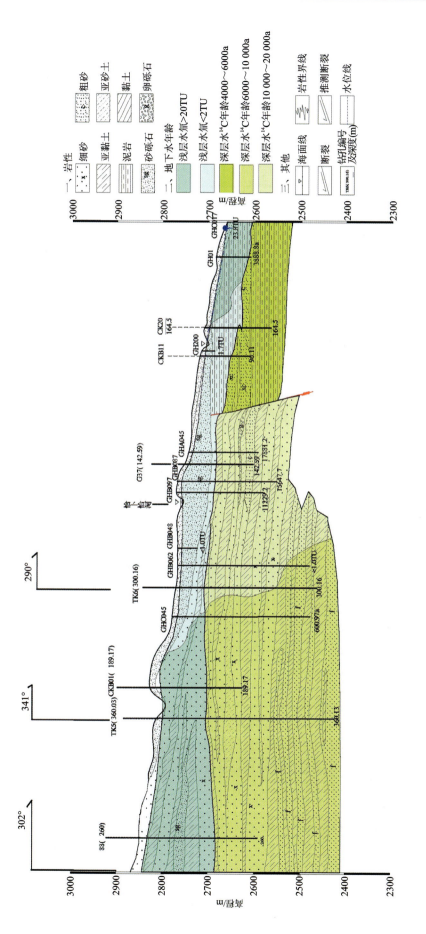

图3-5-4 恰卜恰河谷中下游地下水年龄分布图

综合 ^{14}C 测年结果，共和西盆地地下水主要来源于南北山区河流在山前入渗补给，从南北山前向盆地中心地带径流，小部分地下水在沙珠玉河中上游河谷平原区形成滞留，大部分地下水径流至盆地中部后，由南西或北西向龙羊峡库区方向径流，最终排泄于恰卜恰河谷承压含水层或通过龙羊峡库区周边第四纪地层出露的泉水排泄。

3. 茶卡盆地地下水 ^{14}C 年龄

在茶卡盆地冲洪积平原西部采集了一组 ^{14}C 承压水样，编号 CKA67，其 ^{14}C 表观年龄为 (10.20 ± 0.26)ka，校正年龄为 0.44ka，同期采集的氚值为 (1.4 ± 1.1)TU，反映茶卡盆地冲洪积平原地下水径流非常缓慢，由于盆地面积仅为 1800km，山前冲洪积扇到中部冲湖积平原距离较近，地下水年龄较老，整体反映茶卡盆地中部冲湖积平原深层承压水可能基本处于滞留状态，这与盆地中部地形平缓、除蒸发外基本没有排泄途径的水文地质条件吻合。

第六节 地下水补给、径流、排泄特征

共和盆地地下水的补给、径流、排泄特征主要受地形地貌、地表岩性以及引水灌溉和地下水开采等因素的共同作用。

一、共和东盆地

1. 巴洛滩地

地下水主要来源于南部山区曲不藏沟、西格日沟等较大河流地表水和洪流山前入渗，由山前向滩地前缘茫拉河方向径流，除小部分径流进入塔秀河冲洪积扇外，其他主要排泄于茫拉河河谷。

2. 塔秀河冲洪积扇

塔秀河山区流域面积 229.0km^2，沟谷地表洪流量较大。地下水主要来源于冲洪积扇南部山区塔秀河地下水及洪流在出山口入渗，山前洪流一部分通过扇间草场灌溉入渗补给地下水，其余部分在扇顶入渗补给地下山水层。地下水由山前向茫拉河径流，最终通过冲洪积扇前缘泉水及侧向排泄汇于茫拉河谷中。

3. 茫什多滩地

地下水主要来源于南部山区较大河流地表水及洪流的出山口入渗，由山前向茫拉河方向径流，最终侧向流出排泄于塔秀河冲洪积扇。

4. 莫格滩地

滩地地下水主要来源于贵南南山山区发育的小河流及茫曲、达布江曲等河流出山口入渗，基本由南东-北西向滩地前缘径流。在贵南县附近，生活用水和灌溉用水会开采部分地下水，地下水最终以基流形式排泄到黄河。

5. 木格滩地

地下水埋深大，大气降水基本对地下水无补给作用。地下水主要来源于东部莫格滩地第四纪松散岩类孔隙水的侧向补给和茫拉河下江当附近地表水及地下水补给，由东南-西北向龙羊峡库区径流，最

终通过龙羊峡库区周边泉水排泄。

6. 沙沟-木河沟侵蚀台地

地下水主要来源于沙沟河流上游入渗补给和南侧霞石铎滩地的侧向补给，由上游向下游径流，沙沟下游河谷切割深度达300余米，地下水以泉或直接泄入的方式排泄于沙沟下游河谷中，最终汇于龙羊峡水库。

二、共和西盆地

1. 哇洪河冲洪积扇

哇洪河冲洪积扇为共和西盆地南部山区的哇洪河、羊清漠日沟、鹿龙沟等冲积洪积形成，其中哇洪河山区流域面积为495.5km^2（山前已修建水库，用于发电，长期向下游排水）、羊清漠日沟流域面积264.9km^2、鹿龙沟流域面积126.2km^2。由于山区流域面积较大，山前沟谷洪流入渗为该区域带来丰富的地下水补给，为该区域最主要的地下水补给来源。

此外，这些沟谷宽度大于400m，砂卵石层厚度大于20m，山前侧向补给量较大，为该区域第二大地下水补给来源。

地下水由扇前洪流入渗，山前侧向补给，扇缘地下水埋深较浅，接受大气降水补给，最终向沙珠玉河上游河谷排泄。

2. 切吉河-直亥买河冲洪积平原

切吉河-直亥买河冲洪积平原为切吉河和直亥买河冲洪积形成，其中切吉河由南部扇前流经河卡滩北部，向北切割山体出山，形成冲洪积平原，山前已修建切吉水库，用于下游切吉乃亥买灌区、塘格木灌区灌溉；直亥买河由南向北径流，山区流域面积为191.0km^2。山前河流入渗补给为该区域主要地下水补给来源。山前侧向补给为切吉河-直亥买河冲洪积平原第二补给来源，地下水通过扇前缘向沙珠玉河排泄。

3. 河卡滩地地下水系统

河卡滩地为共和西盆地南侧一个独立的滩地，具有单独的补给、径流、排泄条件。地下水接受西南侧侧向补给，滩地南部山前倾斜平原，含水层为下更新统冲湖积泥质卵砾石，结构紧密，泥质含量高，分选性差，透水性弱。滩地北部西段，含水层岩性以上更新统冲洪积含砾中粗砂为主，2号孔含水层厚25.90m，单井计算涌水量24m^3/d。西南侧和北部山前侧向补给进入盆地后变为承压水，在操什澄河下游，由于地下水埋深增大，承压水转为无压水，最终向黄河排泄。

另外，操什澄河中下游两侧及操什澄河周围存在上层滞水，呈带状分布，东西长约8km，南北宽约1km。

4. 塔拉台地

塔拉台地由共和盆地南北两侧山前冲洪积扇补给，其中南部主要有哇洪河冲洪积扇、切吉河-直亥买河冲洪积扇松散孔隙水侧向补给，阿让山的补给量微小。由于哇洪河冲洪积扇、切吉河-直亥买河冲洪积扇已经论述，此处不再赘述。北侧有大水桥冲洪积扇、青海南山山前冲洪积平原松散孔隙水侧向补给。地下水通过沙珠玉河谷、龙羊峡西侧泉群排泄。

台地西侧为沙珠玉源头地下水溢出带沼泽分布区，该区接受大水桥冲洪积扇、哇玉香卡松散孔隙水补给,水量丰富,地下水位埋深较浅,在 1~5m 间,沼泽蒸发、地下水蒸发、沙珠玉河谷排泄为主要排泄项。

中部为中央平原带,中央平原带上更新统、全新统砂卵石层处于疏干状态(仅沙珠玉河谷冲洪积平原地下水系统分布潜水含水层),地下水赋存于下更新统黏性土与细砂互层地层中,为统一的半承压水含水岩组。富水性受补给条件和原始沉积环境制约,南部边缘地层颗粒粗,补给条件好,属水量中等带,其余地方为水量贫乏带。半承压水不连续的顶板埋深总的规律是由西向东增大,由盆地边缘向盆地中心减少,新哲农场至塘格木农场四大队十六中队以南地带半承压水顶板埋深大于 100m。其余地方,除局部高地外,半承压水顶板埋深 50~100m。

塔拉台地东侧,地下水水位埋深大于 200m,大气降水渗入量可忽略。地下水自西向东以 8‰ 的坡度径流,到黄河 I、II 级阶地以泉的形式溢出,部分地下水侧向补给恰卜恰河谷承压含水层。

5. 沙珠玉河谷冲洪积平原

沙珠玉河谷冲洪积平原地下水系统分为赋存于上更新统、全新统浅层含水层,以及赋存于下更新统黏性土与细砂互层地层中的承压含水层。

浅层含水层为砂砾、细砂、粉砂等,为沙珠玉河冲积层。由于含水层颗粒细,厚度薄(小于 10m),故水量小。河谷南侧半承压水溢出成泉排泄中央平原半承压含水层,汇集补给沙珠玉河谷浅层含水层。在沙珠玉冲洪积扇中下游,修建娘塘水库,用于灌溉。灌溉入渗和降水入渗为浅层含水层主要地下水补给来源,主要通过开采和蒸发排泄。

承压含水层赋存于下更新统黏性土与细砂互层地层中,由中央平原半承压水补给,向东通过龙羊峡东侧阶地泉群排泄。

6. 大水河冲洪积扇

地下水补给、径流、排泄条件简单,主要来源于大水河的渗漏补给,从洪积扇顶部向前缘径流,从冲洪积前缘侧向径流泄出。

7. 青海南山南缘山前冲洪积平原地下水系统

地下水主要来源于北部山区泉集河及地表洪流的入渗补给,由山前地带向冲洪积平原前缘径流,与冲洪积平原前缘排泄进入盆地冲湖积平原半承压含水层。

8. 恰卜恰河谷

北部沟后河出山口修建沟后水库,水库蓄水主要用于加拉灌区灌溉和共和县北部生活用水,由于加拉灌区地下水埋深 5~10m,灌溉用水可以入渗补给浅层含水层。此外,恰卜恰河上游水位埋深较小地段有降水入渗补给,从上游向下游径流,通过开采和向龙羊峡水库排泄。

承压水主要来源于西侧塔拉台地半承压水的侧向补给。另外,东侧低山丘陵区半承压水对河谷承压水也有一定补给作用,但补给量较西侧要少很多,承压水也基本由中上游向下游径流,通过开采和向龙羊峡水库侧向排泄。

9. 恰卜恰河谷东侧丘陵

恰卜恰河谷东侧丘陵主要接受东侧新近系丘陵裂隙孔隙地下水的侧向补给和北部大东河-依格里沟冰积台地地下水侧向补给,基本由北向南径流,排泄于恰卜恰河谷上、下他买之间的承压含水层。

10. 大东河-依格里沟冰积台地

地下水主要来源于西部夏拉滩地侧向径流及北部山区小河流山前入渗补给,基本沿河流方向由北向南径流,在冲洪积平原前缘以侧向径流形式排出区外。

11. 尕海滩盆地

地下水主要来源于南部瓦里关山及东部山区沟谷地表水出山后入渗补给,通过上更新统砂卵砾石和中更新统泥质砂砾石补给下更新统半承压含水层,部分潜水径流补给尕海滩湖水。地下水主要通过蒸发形式排泄。

12. 阿乙亥沟东侧丘陵裂隙孔隙地下水系统

该地下水系统主要接受大气降水的补给,形成裂隙孔隙水。裂隙孔隙水一部分以泉的形式排泄形成小溪;一部分通过深部循环转变成承压自流水,通过泉和向阿乙亥沟以西承压水侧向径流形式排泄。

三、茶卡盆地

1. 山前冲洪积平原

山前冲洪积平原主要接受北部及西部山区河流出山口入渗和部分基岩裂隙水侧向补给,向茶卡盐湖径流。山前冲洪积平原前缘与盆地湖积平原接触部位,由于微地貌与地层岩性变化,地下潜流到此受阻,形成泉群排泄。另有部分通过山前冲洪积平原前缘边界侧向排泄到冲湖积平原。

2. 盆地中部冲湖积平原

冲湖积平原分为浅层含水层和承压含水层。浅层主要接受大气降水、山前冲洪积平原的侧向补给、向盐湖径流,通过沼泽及盐湖蒸发排泄。承压含水层接受部分山前补给,补给量极少,通过开采排泄。

第七节 地下水化学场

共和盆地自然地理条件复杂,地形起伏较大,地貌受河流切割作用强烈,地下水的运移及储存空间多变,地下水的循环条件、补径排特征随区域性差异较大,致使地下水的水文地球化学特征也极为复杂。

一、样品采集

共和盆地共计采集水样 247 组,其中地下水开采井水样 181 组,泉 36 组,河渠及湖泊等地表水样品 30 组。现场测试采用美国 Waterland 公司生产的便携式多参数水质分析仪现场测试水温、pH 值、电导率(EC)、溶解氧(DO)、氧化还原电位(ORP)、溶解性总固体(TDS),采用上海昕瑞公司生产的 WGZ-200B 便携式浊度计(仪)测试浊度。本项目样品测试工作由中国地质科学院水文地质环境地质研究所完成,包括全分析测试 76 组,简分析测试 1 组。测试环境温度 23℃,湿度 50%,水样检验方法、测试精度及误差范围均依据《地下水质检验方法》(DZ/T 0064—1993)。

二、共和盆地地下水化学特征

(一)主要水化学类型

受地貌、构造、岩性、气候等因素的影响,共和盆地地下水化学成分极为复杂,水化学类型多样。根据舒卡列夫分类法,按照阴阳离子毫克含量百分数超过25%的组分划分,共和盆地浅层地下水(含泉)主要的水化学类型可细分为53种。

采集的水样中,水化学类型比例最高的为Cl·HCO$_3$-Na·Ca型水、Cl·HCO$_3$-Na·Ca型水,以及局部集中分布的Cl·HCO$_3$-Na型水、Cl-Na型水,四者合计占共和盆地地下水开采井采样数量将近50%。共和盆地为典型的中国北方内陆盆地,这3种水化学类型占据主要地位表明了共和盆地处在"强烈蒸发浓缩、地下水阳离子交换积极"的水文地球化学环境中。地理位置上,这4种水型主要分布于广义上的共和盆地中部的地下水排泄带。其中,Cl-Na型水主要集中于茶卡冲湖积平原中部——茶卡盐湖及周边、恰卜恰河下游河谷平原排泄带。Cl·HCO$_3$-Na·Ca型水及Cl·HCO$_3$-Na·Ca型水分布于茶卡冲湖积平原中部、大水河冲洪积扇扇缘、哇洪河冲洪积扇扇缘、沙珠玉河下游末端河谷平原排泄带、切吉河-直亥买河冲洪积扇前缘、塔秀河冲洪积扇扇前洼地。此4种水型在共和盆地地下水中属于水质相对较差,矿化度较高,局部地区为高矿化卤水,除了恰卜恰河谷平原承压水水头埋藏较大之外,其他地区水位埋深较浅,盆地中部大部分地下水不适宜人畜饮用。

其次,受到采样条件的限制,HCO$_3$-Ca型水、HCO$_3$-Ca·Mg型水、HCO$_3$·SO$_4$-Ca·Mg型水、SO$_4$·HCO$_3$-Ca·Mg型水仅占采样总数的10%左右,但这几种水化学类型在共和盆地范围内分布极为广泛。地理位置上,此水型主要分布于盆地周边冲积扇上,此类水型水质较好,矿化度均在500mg/L以内,所在含水层富水性较高,是盆地内部大多数居民的饮用水源。

共和盆地地下水水化学类型数量排名较为靠前,HCO$_3$·SO$_4$-Na·Ca型水、SO$_4$·HCO$_3$-Na·Ca型水、HCO$_3$·SO$_4$-Na型水及SO$_4$·HCO$_3$-Na型水有相似的特点和空间部分规律。此型水以泉水居多,阳离子以Na$^+$为主,阴离子以HCO$_3^-$及SO$_4^{2-}$为主,占总采样数量的15%左右。地理位置上,此水型主要分布于共和盆地冲洪积扇平原冲湖积平原交互带,共和西盆地塔拉台地的中部以及共和东盆地的北部,此区域地下水流动滞缓、富水性略差于盆地周边冲洪积扇,地下水水质矿化度略高。

(二)水化学类型空间分布规律

受地质构造、古地理、水文及人类活动等因素的影响,地下水中的各组分经过水文地球化学作用在不同区域富集,特别是在中更新世,共和盆地结束了长期的相对下沉状态,转入以强烈上升为主的构造运动时期,也就是著名的"共和运动",对中更新世以来的盆地貌、水环境发育与演化具有重要的意义。这次运动造成了共和古湖的外泄、黄河改道。原本统一平整的共和盆地最终解体为沟谷深切、河谷、阶地成层分布,风蚀和风积地貌到处叠置,使得该地区的水化学类型特征在空间上呈现复杂性并具有一定的分带性。

共和盆地地下水及地表水piper三线图上可以看出(图3-7-1):在三线图的菱形图中,共和盆地地下水及地表水样品点主要分布于菱形的中部,左下角三角形图内分布于下方,表明共和盆地内地下水中阳离子以Na$^+$为主、Ca^{2+}含量次之,阴离子以HCO$_3^-$及Cl$^-$为主,其中泉的水化学类型主要以HCO$_3$-Na·Ca型、Cl·HCO$_3$-Na型为主,在三线图上的菱形图中,主要分布于零星的左侧;地表水中阳离子以Ca^{2+}为主,阴离子以HCO$_3^-$为主,局部地区Cl$^-$含量增高,可能与局部的卤水混合有关。

共和盆地作为中国北方典型内陆半封闭盆地,盆地周边是地下水的形成区域,以大气降水补给为主,盆地边缘山前平原和盆地中央是地下水的径流区,茶卡盐湖、沙珠玉河末端以及黄河谷地是盆地的排泄带,以上特点造就了盆地地下水水文地球化学特征的明显分带性,但伴随着新构造运动的不断发展,共和古湖外泄、黄河改道并切穿龙羊峡库区,盆地深切地下水系统遭到破坏,从而又增加共和盆地地下水水文地球化学特征的复杂性。

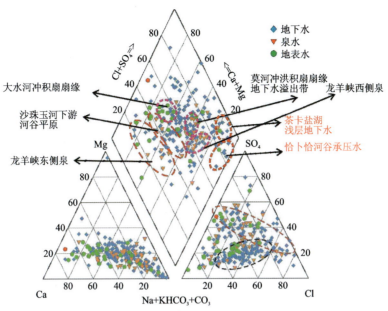

图 3-7-1 共和盆地地下水及地表水 piper 三线图

区域上，共和盆地内的地下水由盆地周边的山前冲积扇以溶滤作用为主、矿化度小于 300mg/L、水岩作用不强烈的 HCO_3-Ca 型水、HCO_3-Ca·Mg 型水、HCO_3·SO_4-Ca·Mg 型水、SO_4·HCO_3-Ca 型水，沿地下水流向，向盆地内部地下水矿化度逐渐增加，随着流程中不同的地层、构造以及其他能控制水化学成分变化的水文地质条件变化，共和盆地的 3 个二级地下水系统表现出各自相对独立特点的水化学场。

1. 共和东盆地地下水系统水化学特征

盆地内广泛分布的冲洪积相及河湖相的砂、砂卵砾石中的地下水，地形坡度较大，受区内主要河流——茫拉河及沙沟等的强烈切割，造成地下水排泄通畅，地下水更新速率较快，水力梯度较大，地下水补给主要接受周围山区的侧向径流及较为充沛的降雨。地下水水质整体较为优越，地下水水化学类型较为单一，主要以 HCO_3-Ca 型水、HCO_3-Ca·Mg 型水、HCO_3-Ca·Na·Mg 型水为主（图 3-7-2），地下水矿化度大部分地区小于 500mg/L，而在盆地两侧的茫拉河以及沙沟河附近，矿化度为 500~1000mg/L（图 3-7-3）。由于盆地内主要的河流茫拉河及沙沟河等河流的深切，使得河谷两侧的平原的潜水含水层部分或全部被切出，地下水被大量排泄，水位降低，富水性减弱，局部地段甚至被疏干，受到河流深切以及构造的影响，共和东盆地里的不同地下水子系统又表现出各自的特点。

茫什多滩地地下水系统、巴洛滩地地下水系统以及塔秀河冲积扇地下水系统位于贵南山以北、茫拉河以南、黄河以东的地区，含水层以下更新统的冲湖积粗粒相堆积物为主，矿化度在 500~1000mg/L 范围内，由于含水层厚度的差异及山前补给强度差别，3 个相邻的地下水系统中，塔秀和河冲积扇地下水系统的矿化度相对较低，水质较其他二者更优质，地下水化学类型主要以 HCO_3-Ca 型水，巴洛滩地地下水系统水质为三者中最差，水化学类型主要为 HCO_3-Ca·Na·Mg 型水或 HCO_3-Ca·Mg·Na 型水。在塔秀河冲洪积扇前缘的茫拉河河谷漫滩，由于受人为灌溉的影响，造成地下水水位上升，加之南部冲洪积扇丰富的地下水元素的物质来源，Cl^- 在此处积累，含量逐渐上升，形成矿化度相对较高的 $Cl·SO_4$-Ca·Mg 型水。

盆地中部的木格滩地地下水系统地下水水化学类型比较单一，整体上主要为 HCO_3-Ca 型水及 HCO_3-Ca·Mg 型水，滩地西部的黄河龙羊峡水库是滩地地下水的主要排泄地带，由于受到黄河深切的影响，地下水含水层部分或全部被切出，形成多个泉，富水性减弱，局部出露的泉水化学类型表现为 HCO_3·Cl-Ca·Mg 型。

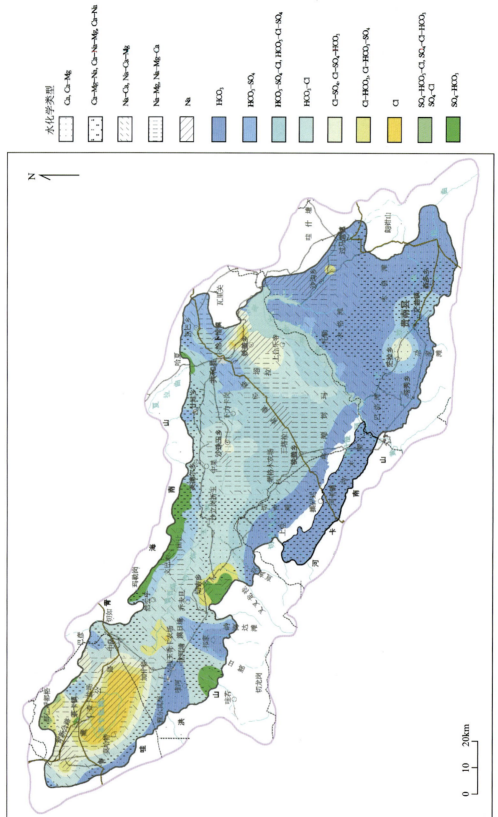

图3-7-2 共和盆地地下水水化学类型图

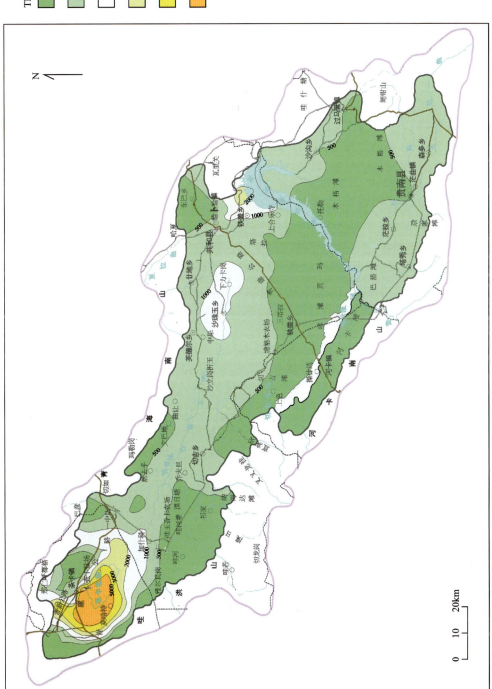

图3-7-3 共和盆地地下水TDS分区图

盆地北部的沙沟-木河沟侵蚀台地地下水系统主要位于共和东盆地北部,主要包括沙沟、木河沟河谷平原以及分布于河谷两侧强烈切割地段的侵蚀台地,第四系厚度在100m之内,含水层富水性稍差,矿化度为500~1000mg/L。此区域地下水主要为HCO_3-Na·Ca型水、HCO_3-Na·Mg·Ca型水,其中,沙沟沟谷平原是主要人口聚集地及农田分布的区域,河漫滩Ⅰ、Ⅱ级阶地局部地区表现为矿化度较高的Cl·HCO_3-Na·Ca型水。

2. 共和西盆地地下水系统水化学特征

共和西盆地是共和盆地内范围最大的地下水二级系统,地貌组成上主要由山前洪积倾斜平原及河谷平原冲洪积平原两大单元组成。本区自然地理条件复杂,地下水储存和运移空间多变,受到构造、河流改道、深切含水层的影响,地下水赋存环境及循环条件在不同地貌单元上差异较大,致使地下水水文地球化学特征比较复杂。地下水水化学类型多达37种。

从区域上来说,地下水从盆地周边的山区的补给至盆地中部的排泄区,水化学类型由单一变复杂。区域上,由盆地边缘山前洪积扇倾斜平原上矿化度小于500mg/L的HCO_3-Ca型水、HCO_3-Ca·Mg型水及HCO_3·SO_4-Ca·Mg型水,沿地下水流向进入盆地中部的冲洪积平原后,在阳离子交换作用下,地下水中Na含量逐渐升高,Cl元素逐渐累积,山前洪积扇倾斜平原与河谷冲洪积平原交互带形成HCO_3-Na·Ca型水,进入河谷冲洪积平原内部,逐渐变为矿化度较高的HCO_3·Cl-Na·Mg·Ca型水及Cl·HCO_3-Na型水,在盆地主要的地下水排泄带——沙珠玉河末端河谷平原及恰卜恰河下游河谷平原,地下水以强烈的蒸发浓缩作用为主,地下水矿化度为共和西盆地内最高,接近2000mg/L,恰卜恰河谷下游靠近黄河龙羊峡的河谷漫滩上,矿化度超过了3000mg/L。由于地下水中Na含量的增高,局部地区发生了强烈的反向阳离子交换,造成含水层沉积物颗粒上的Ca^{2+}重新被置换到地下水中,局部形成Cl·HCO_3-Na·Ca型地下水。在地下水系统分区上,共和西盆地的11个三级地下水子系统具有不同的特点。

共和西盆地周边的山前洪积扇倾斜地下水水质较为优越,阳离子以Ca^{2+}、Mg^{2+}为主,阴离子以HCO_3^-或SO_4^{2-}为主,局部地段受到古近系和新近系断层的影响,出露的泉及个别井表现为高矿化度的Cl-Na型水。但是由于构造的差异、地层岩性的差异以及冲洪积扇发育程度的不同,水化学组分也出现细微的差异。其中,以盆地西部的哇洪河冲洪积扇地下水系统及大水河冲积扇地下水系统地下水富水性相对最好,冲积扇较为发育,地下水更新速率快,表现为从扇顶、沟口的HCO_3-Ca·Mg型水或HCO_3-Ca·Mg·Na型水,演化为至扇缘的HCO_3·Cl-Ca·Mg·Na型水、HCO_3·Cl-Ca·Na·Mg型水。

共和西盆地东北角的共和县恰卜恰镇地区受构造及河流切割的影响,水文地质条件极为复杂。其中恰卜恰河谷地下水系统含水层分为上部全新世的潜水以及下更新统的承压水。①潜水:从恰卜恰河上游到与黄河交会处的曲沟地区,形成明显的地下水水化学分带,恰卜恰河上游的青海南山山前冲洪积平原受到青海南山山区地下水的补给,水化学类型表现为低矿化度的HCO_3-Ca·Mg型水、SO_4·HCO_3-Ca·Mg型水;随地下水流进入恰卜恰河谷中段,含水层岩性颗粒变细,地下水径流不畅,交替减缓,水化学类型演化为HCO_3·SO_4·Cl-Na·Ca型水或HCO_3·Cl·SO_4-Na·Ca型水,矿化度升到1000mg/L以上;进入恰卜恰河末端的曲沟地区,潜水埋藏较浅,蒸发浓缩作用强烈,局部地区受到古近系和新近系高矿化水的混合作用影响,地下水表现为潜水、黄河水、古近系和新近系高矿化水的混合特征,水化学类型为Cl·HCO_3-Na型水。②承压水的补给主要来自于恰卜恰河西侧的塔拉台地地下水系统,地下水水化学类型表现为低矿化度的Na·Ca-HCO_3·SO_4型水,沿承压水流向,在曲沟-恰卜恰河与黄河的交会处,同时局部地区受到深部热水的影响,水化学类型为Cl-Na型水,矿化度接近3000mg/L。恰卜恰河谷东侧丘陵地下水系统,其下更新统中段含水层水化学类型为HCO_3·SO_4-Na型水及HCO_3·SO_4-Na·Mg型水。

盆地中部的塔拉台地地下水系统面积最大,虽然接收周边多条河流的补给,但地层颗粒较细,地下水径流不畅,交替缓慢,矿化度升高,矿化度在500~1000mg/L的范围内,地下水在阳离子交换作用的影响下,水化学类型以HCO_3·Cl-Na·Ca型水和HCO_3·SO_4·Cl-Na·Mg型水为主。塔拉台地的地下水排泄带主要为沙珠玉河谷以及台地东缘的黄河河谷,盆地中央的沙珠玉河接受南、北两侧的切吉河、直亥买河、叉叉龙洼、哇洪河、然去乎沟、乌水河等的补给,地下水化学元素来源丰富,河水除部分入渗地下水外,其余以蒸发形式排泄,因此沙珠玉河末端的河谷平原形成了高矿化度的 $Cl \cdot SO_4-Na \cdot Mg$ 型水及 $Cl-Na \cdot Mg$ 型水。塔拉台地东缘受到东部黄河深切排泄的影响,潜水及半承压水被黄河切出,使得河谷成为减压带,使得局部的半承压水转为无压水,水化学类型以 $HCO_3 \cdot SO_4 \cdot Cl-Na \cdot Ca$ 型水为主。

尕海滩地地下水系统,在地貌单元上自成一个盆地,其内的下更新世半承压水及上部的潜水之间没有稳定隔水层,受到补给条件限制,第四系厚度较薄,地下水富水性较差,地下水排泄以蒸发为唯一途径,水化学类型表现为 $HCO_3 \cdot SO_4 \cdot Cl-Ca \cdot Mg$ 型水,矿化度在 500～1000mg/L 范围内。滩地中央地带,地下水径流滞缓,加之强烈的蒸发浓缩,水化学类型表现为 $Cl \cdot SO_4-Na$ 型水,地下水为咸水,矿化度超过 3000mg/L。

各三级地下水系统水化学类型及 TDS 范围见表 3-7-4。

表 3-7-4　共和西盆地三级地下水系水化学类型表

地下水三级系统分类	地理位置	水化学类型特征	TDS
哇洪河冲洪积扇地下水系统	哇洪山北、沙珠玉河南,哇玉香卡以南区域	由扇顶 $HCO_3-Ca \cdot Mg$ 型水及 $HCO_3 \cdot SO_4-Ca \cdot Mg$ 型水,逐渐演化为扇缘的 $HCO_3 \cdot Cl-Na \cdot Mg \cdot Ca$ 型水、$Cl \cdot HCO_3-Na$ 型水	<500mg/L
大水河冲洪积扇地下水系统	青海南山以南,沙珠玉河以北,石乃海乡及其以北区域	由扇顶 $SO_4 \cdot HCO_3-Ca \cdot Mg$ 型水及 $HCO_3 \cdot SO_4-Ca \cdot Mg$ 型水逐渐演化为扇缘的 $HCO_3 \cdot Cl-Na \cdot Mg \cdot Ca$ 型、$Cl \cdot HCO_3-Na$ 型水	<500mg/L
青海南山山前冲洪积平原地下水系统	青海南山南麓,恰卜恰镇以西,茶卡县以东	$HCO_3-Ca \cdot Mg$ 型水、$SO_4 \cdot HCO_3-Ca \cdot Mg$ 型水	500～1000mg/L
梅杜陇哇-大东河山前冲积平原地下水系统	青海南山南麓,恰卜恰镇北部	$HCO_3 \cdot SO_4-Ca \cdot Mg$ 型水	<500mg/L
尕海滩盆地地下水系统	共和西盆地东北角,恰卜恰镇东北东巴乡	由盆地边缘的 $HCO_3 \cdot SO_4 \cdot Cl-Ca \cdot Mg$ 型水向盆地内部演化为 $Cl \cdot SO_4-Na$ 型水	500～1000mg/L
阿乙亥沟东部山地第三系裂隙孔隙水系统	恰卜恰镇东	$HCO_3 \cdot CO_3-Na$ 型水	1000～2000mg/L
切吉河-直亥买河冲洪积扇地下水系统	新哲农场、塘格木南,河卡南山以北	$HCO_3-Ca \cdot Mg$ 型水、$HCO_3-Ca \cdot Mg \cdot Na$ 型水	<500mg/L
恰卜恰河谷东侧丘陵地下水系统	恰卜恰河谷以东的丘陵地区	$HCO_3 \cdot SO_4-Ca \cdot Mg$ 型水	500～1000mg/L
河卡滩地地下水系统	塔拉台地南,河卡南山以北的谷地	$HCO_3-Ca \cdot Mg$ 型水、HCO_3-Ca 型水	<500mg/L
恰卜恰河谷地下水系统	共和县恰卜恰镇,恰卜恰河谷漫滩及阶地	①潜水:由上游河谷平原 $HCO_3-Ca \cdot Mg$ 型水、$SO_4 \cdot HCO_3-Ca \cdot Mg$ 型水,至下游演化为 $HCO_3 \cdot SO_4 \cdot Cl-Na \cdot Ca$ 型或 $HCO_3 \cdot Cl \cdot SO_4-Na \cdot Ca$ 型水;②承压水:由上游 $HCO_3 \cdot SO_4-Na \cdot Ca$ 型水,在近黄河交汇处演化成 $Cl-Na$ 型水	1000～3000mg/L
塔拉台地地下水系统	共和西盆地中部	$HCO_3 \cdot Cl-Na \cdot Ca$ 型、$HCO_3 \cdot SO_4 \cdot Cl-Na \cdot Mg$ 型水	500～2000mg/L

3. 茶卡盆地地下水系统水化学特征

茶卡盆地地下水系统是一个典型的内陆闭流盆地,地下水的补给、径流、排泄条件和水化学条件都受到地质构造、地貌以及含水层岩性的制约。区内地下水由潜水及半承压水组成,由盆地边缘山前冲积倾斜平原到盆地中心的冲湖积平原表现出明显的水文地球化学分带性。

茶卡盆地山前冲洪积平原地下水系统分布于盆地边缘,由北部的东沙柳河、乌水河、茶卡河,西部的莫河、南部部分河流的冲洪积扇组成,由于受到构造及地形的影响,河床狭窄,冲积扇发育较小,在冲洪积扇顶,含水层一般由粗颗粒相的砂卵砾石组成,透水性好,地下水处于强烈交替状态,属典型的溶滤型水,水化学类型为 $HCO_3 \cdot SO_4\text{-}Ca \cdot Mg$ 型水,矿化度小于 1000mg/L。在扇间,由于地下水局部形成滞留,水化学类型为矿化度大于 1000mg/L 的 $Cl \cdot SO_4\text{-}Na \cdot Ca$ 型水和 $Cl \cdot SO_4 \cdot HCO_3\text{-}Na \cdot Ca$ 型水。

茶卡盆地冲湖积平原地下水系统位于盆地中央,主要接受周边冲洪积扇的地下水侧向补给,其中央的茶卡盐湖是地下水的排泄带,蒸发浓缩作用是此区域内影响地下水水化学成分的主要因素。该区潜水埋深一般小于 3m,含水层岩性为粉细砂、中细砂、亚砂土,透水性弱,径流不畅,在强烈蒸发蒸腾作用下,从边缘到汇水中心,潜水逐渐浓缩,边缘带矿化度一般为 1000~3000mg/L,到汇水中心迅速递增到 5000mg/L 以上,采集样品中矿化度最高达到 17 598g/L。水化学成分也随之变化,由边缘的 $Cl \cdot SO_4\text{-}Na \cdot Mg$ 型水、$Cl \cdot HCO_3\text{-}Na \cdot Ca$ 型水渐变为 $Cl\text{-}Na$ 型水。

三、共和盆地重点区地下水化学特征

(一)恰卜恰河谷平原

1. 恰卜恰河谷平原冲洪积层潜水

恰卜恰河谷平原冲洪积层潜水的补给来源主要为北部青海南山山前冲积扇的侧向补给,因此沿着地下水流向,从河谷上游到下游恰卜恰河与黄河交汇的曲沟,地下水化学类型呈现明显的分带性。

位于河床砂砾石层中潜水的水化学类型在中上游为 $HCO_3\text{-}Ca \cdot Mg$ 型水,恰卜恰河谷床内的矿化度低于 1000mg/L,pH 值为 7.8~8.2。随地下水流向进入恰卜恰河谷中段,含水层岩性颗粒变细,地下水径流不畅,交替减缓,水化学类型演化为 $HCO_3 \cdot SO_4 \cdot Cl\text{-}Na \cdot Ca$ 型水或 $HCO_3 \cdot Cl \cdot SO_4\text{-}Na \cdot Ca$ 型水,矿化度升到 1000mg/L 以上。进入恰卜恰河末端的曲沟地区,潜水埋藏较浅,蒸发浓缩作用强烈,局部地区受到古近系和新近系高矿化水的混合作用影响,地下水表现为潜水、黄河水、古近系和新近系高矿化水的混合作用,水化学类型为 $Cl \cdot HCO_3\text{-}Na$ 型水。

2. 恰卜恰河谷平原承压水水化学特征

含水层为下更新统中段冲湖积中细砂、砂砾石、含砾中粗砂,以砂砾石、含砾中粗砂为主,富水性较高。地下水补给来源除了北部青海南山山前冲洪积扇的潜水侧向补给外,恰卜恰河西侧的塔拉台地地下水部分也排泄至此。因此恰卜恰河上游及中游河谷平原的地下水水质较为优质,矿化度低于 1000mg/L,地下水水化学类型表现为低矿化度的 $HCO_3 \cdot SO_4\text{-}Na \cdot Ca$ 型水。沿承压水流向,在恰卜恰河与黄河的交汇处,受到深部热水的影响,水化学类型为 $Cl\text{-}Na$ 型水,矿化度接近 3000mg/L。恰卜恰河谷东侧丘陵地下水系统,其下更新统中段含水层水化学类型为 $HCO_3 \cdot SO_4\text{-}Na$ 型水及 $HCO_3 \cdot SO_4\text{-}Na \cdot Mg$ 型水(图 3-7-4)。

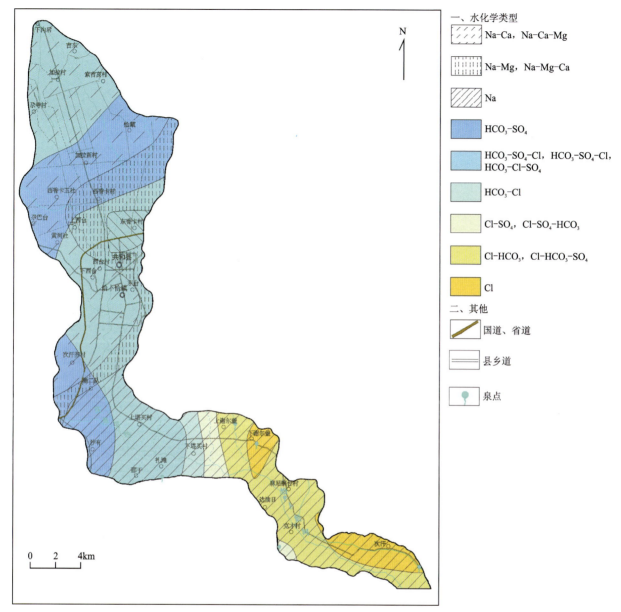

图 3-7-4　恰卜恰河谷平原重点区承压水水化学类型分区图

(二)哇洪河冲洪积扇

哇洪河冲洪积扇重点区位于共和西盆地西南角,地下水水质较好,阳离子以 Ca^{2+}、Mg^{2+} 为主,阴离子以 HCO_3^- 或 SO_4^{2-} 为主,地下水富水性相对最好,冲积扇较为发育,地下水更新速率快,表现为从扇顶、沟口的 HCO_3-Ca·Mg 型水或 HCO_3-Ca·Mg·Na 型水,至扇缘演化为 HCO_3·Cl-Ca·Mg·Na 型水和 HCO_3·Cl-Ca·Na·Mg 型水(图 3-7-5)。

(三)茶卡盆地北山山前冲洪积平原

茶卡盆地北山山前冲洪积平原重点区,以茶卡县为中心,北至茶卡盆地北缘,南至茶卡盐湖边缘(图 3-7-6)。地貌单元上,该平原由盆地北部山前的东沙柳河、乌水河、茶卡河冲洪积扇以及扇前的茶

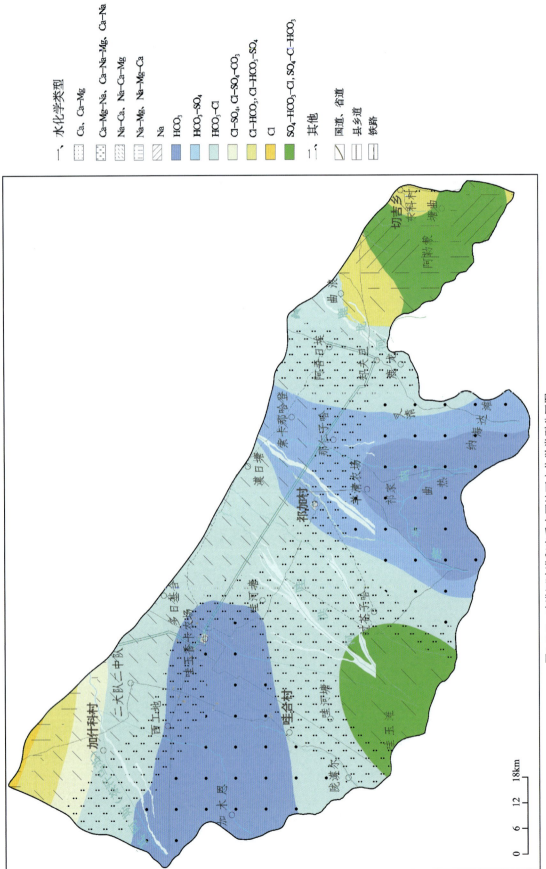

图3-7-5 哇洪河冲洪积扇重点区地下水化学类型分区图

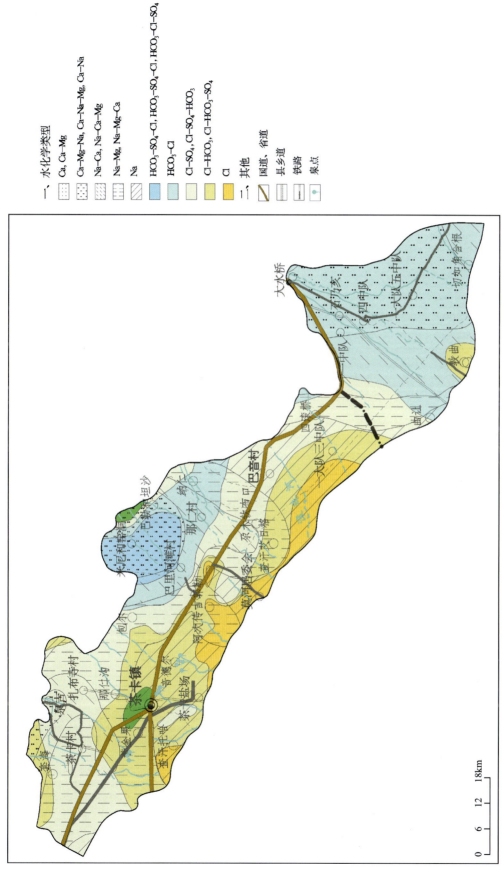

图3-7-6　茶卡盆地北山山前冲洪积平原重点区地下水化学类型分区图

卡冲湖积平原北缘组成。区内地下水由潜水及半承压水组成，由盆地边缘山前冲积倾斜平原到盆地中心的冲湖积平原表现出明显的水文地球化学分带性。

由于受构造及地形的影响，茶卡盆地北缘流出河流的河床狭窄，冲积扇发育较小，TDS 在 500～1500mg/L 间，在冲洪积扇顶，含水层一般由粗颗粒相的砂卵砾石组成，透水性好，地下水处于强烈交替状态，属典型的溶滤型水，水化学类型为 $HCO_3·SO_4$-$Ca·Mg$ 型水，矿化度小于 1000mg/L。在扇间，由于地下水局部形成滞留，水化学类型表现为矿化度大于 1000mg/L 的 $Cl·SO_4$-$Na·Ca$ 型水和 $Cl·SO_4·HCO_3$-$Na·Ca$ 型水。

第八节　区域水循环变化

共和盆地南部发育塔秀河、茫曲、达布江曲、哇洪河、莫日河、羊清河、鹿龙河、直亥实河、叉叉沟、切吉河等河流，北部发育沟后河、依格里沟、大东河，其中盆地南部河流规模大，河流在出山口的入渗是盆地地下水的主要补给来源。

共和盆地是典型的内陆盆地，河流的径流量与降水有直接关系，从表 3-8-1 和图 3-8-1 中可以看出大水河年径流量和降水量近乎线性关系，反映出河水主要来自于大气降水。

表 3-8-1　大水河年均径流量与降水量统计表

年份	1967 年	1968 年	1969 年	1970 年	1971 年	1972 年	1973 年	1974 年	1975 年	1976 年	1977 年	1978 年	1979 年
年均径流量 /($m^3·s^{-1}$)	1.75	1.42	1.07	1.03	0.92	0.86	0.88	0.94	0.92	0.95	0.89	0.82	0.73
年降水量 /mm	412.9	228.9	220.3	173.9	212.6	154.1	148.5	221.3	192	287.1	139.6	164.6	184.5

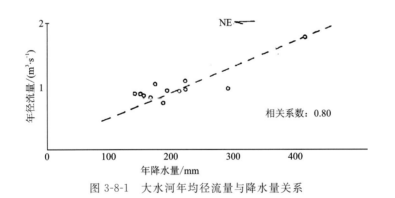

图 3-8-1　大水河年均径流量与降水量关系

图 3-8-2～图 3-8-5 可以看出，20 世纪 70 年代以来，共和东盆地贵南县降水量有较明显增加，从 300mm 增加到 500mm 左右，共和西盆地共和县降水量变化不大，在 350mm 左右，兴海县降水量有所增加，从 300mm 增加到 400mm 左右，茶卡盆地降水量较大，变化大不，基本在 200mm 左右。

河流径流量受降水影响，共和东盆地的茫曲河拉曲水文站自 20 世纪 70 年代以来，径流量有所增加；海南州兴海县大河坝河上村水文站径流量增加，曲什安河大米滩站径流量也略有增加趋势，共和县黑马河的径流量变化不大，详见图 3-8-6。

从地下水的主要补给项来说，由于 20 世纪 70 年代以来，共和东盆地、西盆地降水量有所增加，河流径流量也相应略有增大，茶卡盆地降水量基本变化不大，河流径流量也基本稳定，尽管 20 世纪 80 年代以来，修建了大水水库、切吉水库、沟后水库，河流在局部地段的入渗量有所减小，但这些水主要用于山前农业灌溉,大部分仍入渗补给地下水,因此,近几十年来共和盆地地下水补给量基本没有明显变化。

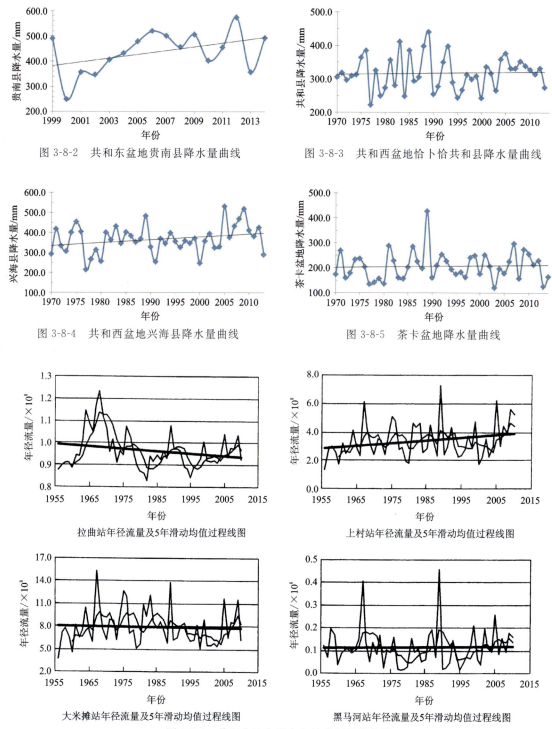

图 3-8-2 共和东盆地贵南县降水量曲线

图 3-8-3 共和西盆地恰卜恰共和县降水量曲线

图 3-8-4 共和西盆地兴海县降水量曲线

图 3-8-5 茶卡盆地降水量曲线

拉曲站年径流量及5年滑动均值过程线图

上村站年径流量及5年滑动均值过程线图

大米滩站年径流量及5年滑动均值过程线图

黑马河站年径流量及5年滑动均值过程线图

图 3-8-6 共和盆地主要水文站多年径流曲线

共和盆地地下水的排泄主要为龙羊峡库区泉群排泄和地下水开采。龙羊峡库区两侧台地及丘陵承压含水层受地形深切影响,形成一系列泉群排泄,结合以往资料,排泄量相对稳定。共和盆地地下水开采量很小,主要集中在共和县城、贵南县城及茶卡镇等地,其他地方地下水基本没有开发利用。

2010 年共和东盆地贵南县有机井 14 眼,其中贵南县城 4 眼、森多乡 4 眼、过马营镇 4 眼、沙沟乡 2 眼,地下水开采总量仅为 $349.31 \times 10^4 m^3$。共和西盆地机井主要集中在恰卜恰镇,共有机井 15 眼,2010

年开采量为 $594.45\times10^4\mathrm{m}^3$,其中承压水开采量较大,为 $529.71\times10^4\mathrm{m}^3$,潜水基本没有开采。茶卡镇地下水开采量仅为 $67.53\times10^4\mathrm{m}^3$。图 3-8-7～图 3-8-10 为共和盆地恰卜恰河谷、哇洪河冲洪积扇和茶卡盐湖北缘冲洪积扇的等水位线图,从图中可以看出恰卜恰河谷承压水开采量相对较大,在县城东香卡村、下西台村产生两个面积很小的局部地下水降落漏斗;哇洪河冲洪积扇和茶卡盐湖北缘冲洪积扇等水位线基本反映不出地下水开采的情况。总的来说,共和盆地地下水开采量很小,除恰卜恰河谷承压水以外,大部分地区未受人类开采影响,基本处于天然状态。

总的来说,20 世纪 70 年代以来,由于各地降水量有所增加,盆地周边河流受降水影响,河流径流量也相应略有增大,20 世纪 80 年代以来修建的水库仅在山前局部地段减小了入渗量,水库引水灌溉后大部分仍入渗补给地下水。整体来看,共和盆地地下水补给量基本没有明显变化。由于盆地地下水开采量很小,除恰卜恰河谷几部地段以外,盆地大部分地区地下水基本仍处于天然状态,区域地下水循环没有明显变化。

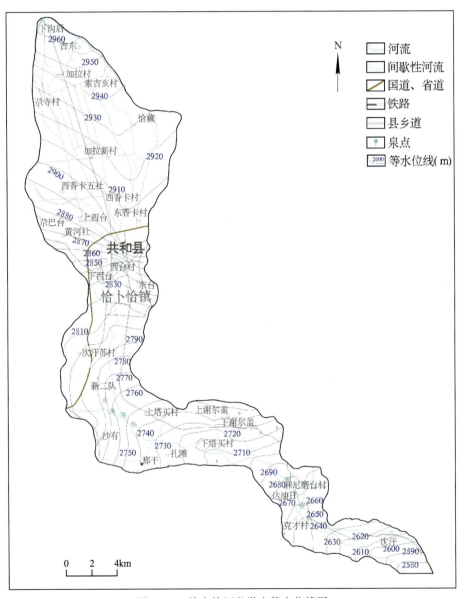

图 3-8-7　恰卜恰河谷潜水等水位线图

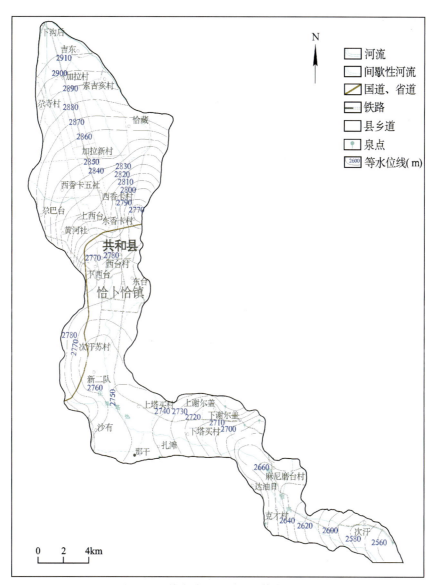

图 3-8-8 恰卜恰河谷承压水等水位线图

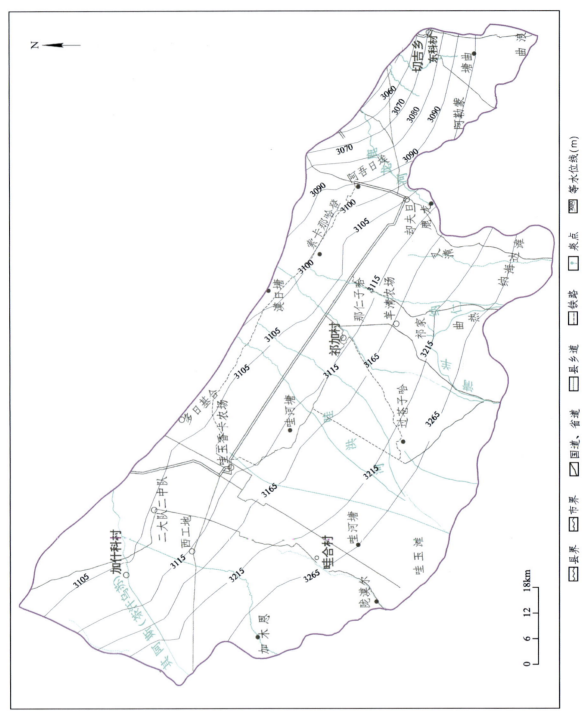

图3-8-9 哇洪河冲洪积扇等水位线图

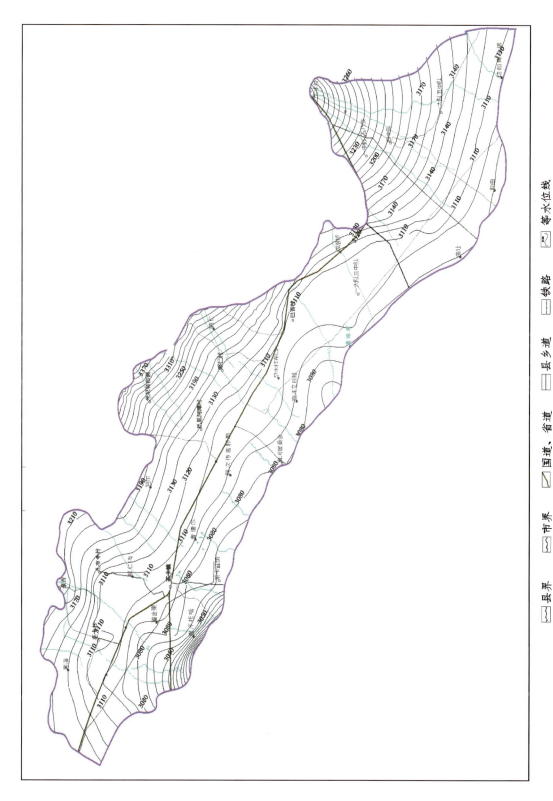

图3-8-10 茶卡平盆地北缘冲洪积扇等水位线图

第四章　地下水开发利用状况

第一节　水资源开发利用历史

20世纪50年代前共和盆地仅在恰卜恰河谷、沙珠玉贵南县地区有一些小型引水工程,灌溉面积 17.67 km²。20世纪50年代至1980年,修建各类水利工程207处,控制农田灌溉面积 146.07 km²,控制草原灌溉面积 258.67 km²,不仅解决了牧区1.343万人、城镇1.6832万人的供水问题,而且解决了牧区48.11万头(只)牲畜的饮水问题,但盆地内地下水几乎没有开采。由于耕地面积萎缩和草灌项目没有实施,许多水利灌溉工程报废。近年来水利投资力度加大,使得共和盆地水利工程得到维修、改善,并新建了一些保障民生的水利工程,形成以蓄水、引提水工程为主的农灌供水系统;引水管道、蓄水池、机井、人力井相结合的农牧区人畜供水系统;以地表水为主、地下水为辅的城镇自来水供水系统初步形成,恰卜恰河谷、沙珠玉河和茶卡地区地下水开采量较大。

第二节　地下水资源开发利用状况

一、共和东盆地地下水开发利用现状

2010年共和东盆地国民经济各部门用水 $3051.07\times10^4 m^3$,其中城市居民生活用水 $56.42\times10^4 m^3$,农村居民生活用水 $83.57\times10^4 m^3$,城乡居民生活用水占总用水量的 4.58%;农林灌溉 $2537.8\times10^4 m^3$,占总用水量的 83.2%;牲畜 $298.9\times10^4 m^3$,占总用水量的 9.8%;工业用水 $7.1\times10^4 m^3$,占总用水量的 0.23%。地下水开采总量为 $349.31\times10^4 m^3$,其中居民生活用水 $168.31\times10^4 m^3$,农业灌溉用水 $174.00\times10^4 m^3$,工业用水 $7.60\times10^4 m^3$。

二、共和西盆地地下水资源开发利用现状

共和西盆地地下水资源在时空上分布极不均匀,大多数河流、沟谷水量小而分散,地表水资源多集中在盆地西南部的鄂拉山区及山前地带,沙珠玉河谷地区。黄河从西盆地东端通过,由于切割深度达600 m,使丰富的过境水资源利用程度很低,而且导致西盆地地下水大量向黄河排泄,成外泄盆地,造成西盆地东部滩台地地下水埋深大,开采难度大,形成大面积的旱台地。

目前拥有各类水利工程230多项(河道外取水工程),供水量见表4-2-1。其中农管渠道工程40多处,设计灌溉面积62 047亩(1亩≈666.67 m²),实灌62 534亩;提灌站(电灌)22处,设计灌溉面积30 227亩,实灌28 217亩;小型水库11座,总库容 $1620.5\times10^4 m^3$,有效库容 $1376\times10^4 m^3$,设计灌溉面积11 500亩,实际灌溉面积10 700亩;涝池21座,总池容 $36.7\times10^4 m^3$,设计灌溉面积14 324亩,实际灌溉面积7545亩;机井工程50多处,主要用于工业和人畜生活用水,实际灌溉面积2621亩;人畜饮水

工程50多处，控制草山面积384万亩，解决2.7多万人、55万头（只）牲畜的饮水问题；草原土井6眼，灌溉面积50亩，共解决520多人、2.2万头（只）牲畜的饮水；人畜饮水机井2眼，解决1300人、35万头（只）牲畜的饮水问题；草原灌渠10处，解决900人、1.5万头（只）牲畜的饮水问题，灌溉草场54亩，灌溉饲草料地1.8万亩。

综上所述，共和西盆地的水资源利用中农业（含林业、牧业）用水所占比例最大，其他依次为农村生活用水、城镇生活用水和工业用水。以上说明在盆地国民经济发展中，农业、林业、牧业占有主导地位，在水资源组成中，地表水资源利用 $8189.3 \times 10^4 m^3$，地下水利用 $1626.69 \times 10^4 m^3$，地下水利用集中分布在恰卜恰河谷和沙珠玉河地区，目前，共和西盆地尚缺水 $2529.6 \times 10^4 m^3$。

（一）城镇用水

共和县恰卜恰镇城镇居民生活及生产用水为本区地下水资源主要的开采利用方式。目前，恰卜恰镇城镇供水采取恰让水库管道供水、深井开采承压水、居民分散采取潜水相结合的方式综合供水。

（1）恰让水库管道供水。恰让水库是一项以城镇供水为主兼顾农业灌溉和防洪为一体的综合性水利工程。水库位于甘地乡境内茫拉河上游约8km处，设计总库容 $311.64 \times 10^4 m^3$，死库容为 $18 \times 10^4 m^3$，相应的死水位为3265.4m。目前，恰让水库向恰卜恰镇供水约 $4000 m^3/d$。

（2）深井开采承压水。自来水公司于20世纪90年代在工作区内建有5口供水井，井深300.0～321.9m，水位埋深8.40～95.61m，主要取水部位为2705～2780m，属于第一承压含水层系统中的承压水。供水井仅在水库供水压力不够时作为补充水源开采地下水，不同月份的开采量不同。据正源自来水公司2011年度生产统计资料，在3～6月地下水开采量大约为 $4000 m^3/d$，7～8月地下水开采量可达 $6000 m^3/d$，其他时间地下水开采量基本在 $3000 m^3/d$ 左右。除自来水公司采用深井采取地下水外，恰卜恰城镇内的一些大型企业和村镇，如金园水泥厂、二毛厂、青海湖药业、银河纺织、州医院、雪峰乳业及西台村等均修建有自备机井采取一定量的承压水，其开采量见统计表4-2-1。本次调查显示，恰卜恰河谷地下水开采量为 $594.45 \times 10^4 m^3$。

表4-2-1 地下水开采情况一览表

企业	开采井深度/m	开采层位/m	开采量/($m^3 \cdot d^{-1}$)		
			3～6月	7～8月	其他时间
自来水公司	300～321.9	2720～2740	4000	6000	3000
金园水泥厂	260	2760～2780	131.51		
二毛厂	200	2714～2734	295.07		
青海湖药业	200	2711～2731	157.81		
银河纺织	200	2730～2750	57.81		
州医院	200	2724～2744	94.25		
雪峰乳业	200	2705～2725	162.19		
西台村	322～324	2750～2770	410.96		
开采量合计/($m^3 \cdot d^{-1}$)			5309.06	7309.60	4309.60

注：表中数值为共和县水利局及自来水公司2011年统计结果。

（3）居民分散采取潜水。在恰卜恰河谷的地下水浅埋区，沿岸的部分居民自行开挖有土石井，以水泵或提桶采取上部潜水作为家庭生活用水，因其用水量较小，故本次未做统计。

(二)灌溉用水

中华人民共和国成立前,恰卜恰河谷和沙珠玉乡地区有一些小型引水工程,灌溉面积 17.67 km^2。1980 年已拥有各类水利工程 207 处,控制农田灌溉面积 146.07 km^2,控制草原灌溉面积 258.67 km^2,共和西盆地净增水浇地 128.4 km^2。如今,共和西盆地灌溉需水量 2 751.09×10^4 m^3,其中恰卜恰河谷灌溉需水量 1 717.57×10^4 m^3,引用地表水灌溉量 551.20×10^4 m^3,开采地下水灌溉量 183.38×10^4 m^3,水资源短缺;沙珠玉乡灌溉需水量 1 033.52×10^4 m^3,引用地表水灌溉量 2 069.90×10^4 m^3,地表水资源满足灌溉需求。现有水利工程情况见表 4-2-2 和表 4-2-3。

表 4-2-2 共和县主要灌区情况统计表

灌区名称	位置(乡镇)	引水量/(×10^4 m^3·a^{-1})
加拉灌区	恰卜恰镇	551.2
恰让灌区	甘地乡	206.4
切吉(叉叉沟)灌区	切吉乡	953
哇玉灌区	切吉乡	2 042.7
大水灌区	切吉乡	1224
乔夫旦中试灌区	切吉乡	404
祁加灌区	切吉乡	233.1
乃海买灌区	切吉乡	177
沙珠玉灌区	沙珠玉乡	2 069.9
哈干灌区	英德尔	181.3
切吉(塘格木)灌区	塘格木	1 958.5
塔秀(直亥边)灌区	塔秀乡	1592
沿黄灌区	龙羊峡镇、铁盖乡	1021

表 4-2-3 主要水库情况统计表

水库	所在河流	实际供水量/(×10^4 m^3·a^{-1})	灌溉用水量/(×10^4 m^3·a^{-1})
东巴水库	东巴沟	43.0	40.40
索尔加水库	索尔加沟	188.98	185.74
下梅水库	梅多陇哇沟	35.2	33.32
沟后水库	沟后	1 119.59	1 106.04
夏拉水库	夏拉沟	1 119.59	1 106.04
塔什秋水库	羊清河	345.67	341.12
切吉水库	切吉河	1415.4	1 404.80
大水水库	大水河	1 978.8	1 959.09
塘曲水库	塘曲沟	20.68	20.68
塔勒水库	塔勒沟	22.36	22.36
曲让水库	曲让沟	23.1	23.10

续表4-2-3

水库	所在河流	实际供水量/($\times 10^4 m^3 \cdot a^{-1}$)	灌溉用水量/($\times 10^4 m^3 \cdot a^{-1}$)
沟台水库	沟台沟	53.1	53.10
中试水库	鹿龙沟	48.0	48.00
娘堂水库	沙珠玉河	1 339.57	1 339.57

三、茶卡盆地

目前盆地内无集中供水水源地，地下水开采仅限于茶卡镇供水井3眼，茶卡村供水井1眼，莫河农场供水井1眼，主要供水方向为居民生活用水。工作区内地下水年总开采量为$84.84\times10^4 m^3$。

第三节 水资源开发利用中存在的主要问题

共和盆地属于干旱—半干旱地区，盆地内年降水量310.5mm，盆地两侧山区降水量可达350mm，山区是形成地表径流补给盆地地下水的主要补给源。共和盆地地下水资源开发利用量较小，但地下水开发利用相对集中，主要分布在恰卜恰河谷、沙珠玉乡、贵南县、茶卡镇等人口聚集区和农业区，其他地区地下水极少。由于降雨的时空分布不均，受地形、地貌影响，盆地各地区地表及地下水分布不均衡，制约和影响了盆地的经济发展。各地对水资源的不合理开发利用、农业种植结构不合理、水资源浪费严重等问题的出现，加剧了生态环境退化，因此共和盆地地下水开发利用存在以下主要问题。

(1)水资源分布不均，供需矛盾突出。由于降水和地表径流时空分布上的不均匀，导致地表、地下水资源的分布也不均匀，同时盆地内人口分布，部分沟谷地下水资源开发利用率较大，剩余可利用量较少或已超过允许开采值。恰卜恰河谷及沙珠玉河等地区地下水存在超采问题，且开发利用较高，造成地下水供需矛盾冲突。

(2)地表水资源开发利用难度大。共和盆地内主要地表水多分布于深切沟谷中，盆地内各县黄河台地与黄河落差较大，取水困难，不利于水资源的开发利用，现在黄河干流供水量仅占总供水量的一部分，大部分供水量主要是盆地内小支沟供给，未能充分利用黄河过境水量。

(3)共和盆地地下水资源开发利用条件差。共和盆地塔拉台地地下水水量小，水位埋深大，交通不便，电力缺乏，地下水开发利用工程投资大，开采相对困难。茶卡盐湖周边潜水矿化度较高，水质较差，不适宜开发利用。

(4)用水结构不合理。工作区农业用水比重过大，超过49.27%，生活用水46.14%，而工业用水仅4.59%。农业用水和生活用水比例偏高，水资源利用方式落后、利用效率差。在总供水构成中，地表水的开发利用程度远大于地下水开发利用程度，地下水利用率整体偏低。恰卜恰镇和沙珠玉乡存在深层地下水超采问题，其他地区极少有开采活动，处于原始开发阶段。

(5)水资源利用方式粗放，利用效率效益不高。现有水利工程对天然径流的调节能力低，缺少骨干调蓄工程，不能有效地提高水资源利用程度。灌洗技术落后，管理水平低，灌溉水利用系数在0.38~0.40之间，浪费水资源，而且造成次生盐渍化。许多工程年久失修，水库淤积，渠(管)道破损，使工程不能充分发挥其应有的效益。工业用水基本无重复利用，水资源利用方式粗放，节水力度不大，高效节水基本空白，水资源利用效率效益不高。

(6)生态环境恶化。共和盆地地处内陆，干旱少雨，蒸发强烈，植被稀少，特别是共和县塔拉台、贵南县黄河北部和南部低山区的山地荒漠带、河卡滩、木格滩等地，植被覆盖率较低，生态环境脆弱。同时，长期以来为解决工农牧业生活供水问题,山前沟谷修建拦水工程,忽视了生态环境用水需求和不合理的开荒,草场过度放牧的发生,导致了沙化问题日益严重,草场严重退化。部分地区由于在河流上游修建水库,使下游河流补给量减少,湖泊干枯,如达连海湖、英德海已干枯,上、下更尕海湖面萎缩。

(7)地下水开发利用率低。共和盆地可开采资源量为 37 565.69×10^{4}m^3。目前,共和盆地地下水开采量仅为 1 626.69×10^{4}m^3,地下水开发利用率仅为 4.33%,地下水开发利用程度低,仅恰卜恰河谷和沙珠玉河地下水开采量相对较大,其他地区开采量很小。

(8)勘察水平低。共和盆地地下水资源勘察工作由于受各种条件限制,大部分地区的水文地质研究程度仅为 1:20 万精度,难以满足地区经济社会发展的需要,随着经济的发展,地下水资源开发利用也随之展开,供水水源、水质和水量没有科学的勘察或分析评价,地下水资源不清,地下水资源承载力不明,无法满足工作区经济发展需要。

(9)水资源开发利用缺乏规划和统一管理。共和盆地由于没有考虑生态环境保护问题,也没有在可利用的水资源量中扣除生态用水,规划目标单一,主要为供水服务,开发利用方案中缺少对生态用水的合理控制,水资源开发不可避免地造成生态环境的恶化。

第五章 地下水数值模拟

第一节 恰卜恰河谷地下水数值模拟

一、水文地质概念模型

(一)模拟范围及边界条件

1. 模拟范围

模拟区为恰卜恰河谷这一完整的水文地质单元,恰卜恰河谷是共和西盆地地下水系统中的一个三级地下水系统。模拟区北侧至恰卜恰河出山口处;南至恰卜恰河进入龙羊峡水库的入库口;东西两侧分别至恰卜恰河谷与阶地的分界线。模拟区面积为 66.94 km^2。以地表作为模拟范围的上边界,以揭露深度为模拟范围的下边界(图 5-1-1)。

2. 边界条件

模拟区北侧为恰卜恰河出山口,除接受河谷洪流的入渗补给外,还接受河谷潜流的补给,概化为流量边界。模拟区南侧紧邻龙羊峡水库,地下水向水库的排泄量受水库水位的影响,且水库水位已知,因此南侧边界处理为给定水头边界。模拟区东西边界是地貌类型的分界线,虽然从流场形态上看该边界与等水位线大致垂直,但该边界并不是隔水边界,而是深层水的补排边界。补排量可以由断面法计算,可处理为流量边界,但当区内水位发生变化时,可能激发两侧边界的补给量增加及排泄量减少,因此最终处理为混合边界(图 5-1-1)。

垂向上看,地下水通过地表与地表水或大气发生水量交换,如河流渗漏补给、潜水蒸发及泉的排泄等,对应的处理为流量边界或混合边界。模拟范围下边界处理为隔水边界。

(二)水文地质结构

根据钻探、物探等勘查手段的调查结果,模拟区可概化为 3 个含水层组。第一含水层组为潜水含水层。含水层厚度从上游到下游逐渐减小,最大 110m,最小约为 10m。含水介质主要为砂砾石、含砾中粗砂及中粗砂等。含水层间夹有薄层亚砂土、亚黏土层,分布不稳定。第二含水层组和第三含水层组为承压水含水层。含水层最大厚度可达 80m,含水介质由中砂、细砂及粉砂组成,从上游到下游,含水层厚度逐渐减小。含水层之间分布比较稳定的隔水层,从上游到下游,隔水层厚度逐渐增加,最大可达 90m。

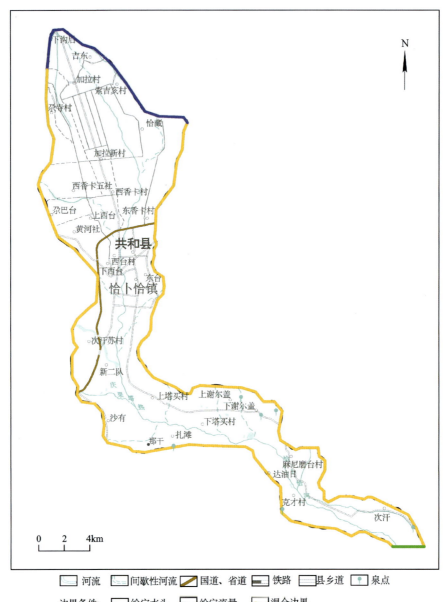

图 5-1-1 模拟区范围及边界条件

(三)水文地质参数

1. 含水介质参数

含水介质参数主要包括表征含水介质透水性能的渗透系数,以及反映含水层给水能力的给水度和释水率。

渗透系数的取值主要参考本次工作中的抽水试验结果以及前人的工作成果。潜水含水层的水平渗透系数为 0.2~8.0m/d(图 5-1-2);承压水含水层的水平渗透系数为 1.4~16.0m/d(图 5-1-3),以上渗透系数值是根据调查结果取的平均值。根据现有资料,从水平方向看,恰卜恰河中游含水层水平渗透性能优于下游和上游;垂向上看,承压含水层的水平渗透性能优于潜水含水层,这主要与其沉积环境有关。本次工作并未专门测量含水层的垂向渗透系数,考虑到含水层之间存在明显的隔水层,其水力联系弱,故垂向渗透系数可设定为零(数值模型中给定一个非常小的数)。

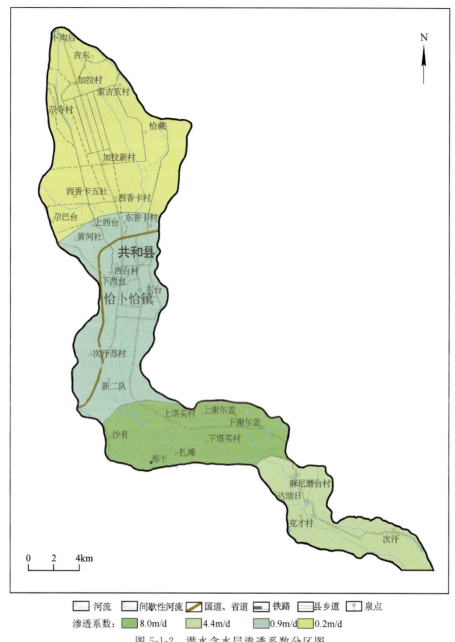

图 5-1-2 潜水含水层渗透系数分区图

潜水含水层的给水度和承压含水层的释水率主要参考经验值。

2. 计算地下水补排项的水文地质参数

用于计算地下水补排项的水文地质参数主要包括降水入渗系数、灌溉入渗系数、潜水蒸发系数及潜水蒸发极限埋深等。

降水入渗系数与灌溉入渗系数与地层岩性及水位埋深密切相关,模拟区这两个参数的取值主要参考《青海省共和县恰卜恰城镇及工业园供水水文地质勘查报告》(以下简称《恰卜恰勘查报告》)(2014),降水入渗系数取值为 0.1~0.2,模拟区大气降水量较少,取较小的入渗系数是合理的,灌溉入渗系数取值为 0.18~0.25。

潜水蒸发量与包气带岩性、潜水水位埋深及空气饱和度、水面蒸发量等有密切关系。通过岩性及潜水位埋深,结合前人对不同岩性、不同埋深条件下的潜水蒸发折算系数研究成果,确定出潜水蒸发折算

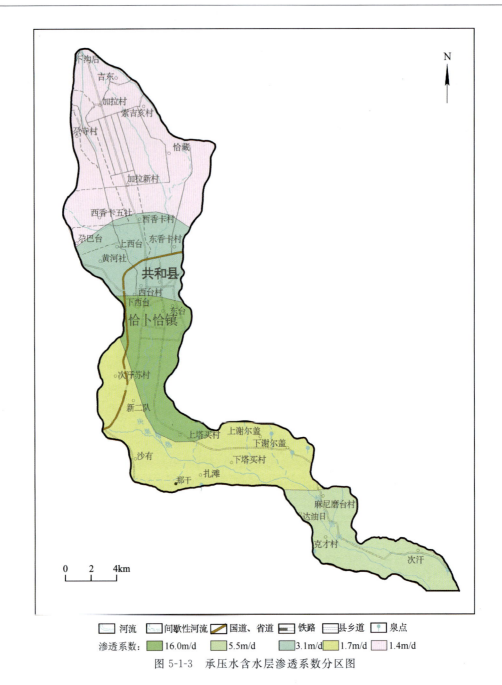

图 5-1-3 承压水含水层渗透系数分区图

系数。水面蒸发量乘以潜水蒸发折算系数(范围为 0.6～0.7)得到潜水最大蒸发速率。参考《恰卜恰勘查报告》,模拟区潜水蒸发极限埋深为 2.38m。

(四)源汇项

模拟范围内源汇项主要包括大气降水入渗、农田灌溉入渗、山前侧向补给、区域侧向补给、潜水蒸发、人工开采、泉。

1. 大气降水入渗

大气降水入渗补给量采用如下公式计算:

$$Q_i^k = 10^3 \alpha_i P_i^k F_i \tag{5-1}$$

式中,Q_i^k 为第 i 分区第 k 个月降水入渗补给量(m^3);α_i 为第 i 区对应的降水入渗系数;P_i^k 为第 i 区第 k 个月降水量(mm);F_i 为第 i 区的计算区面积(km^2)。当模型为稳定流时,降水量应取多年平均值。据共和气象站 1956—2012 年观测资料,该区多年平均降水量为 322.2mm,总入渗量为 $137.41 \times 10^4 m^3/a$。

2. 农田灌溉入渗

农田灌溉入渗量计算方法同上。恰卜恰河上游分布有加拉灌区;中游分布沙有灌区和塔买灌区;下游分布有其他小型灌区(图 5-1-4),灌区总面积约 $22.56km^2$。据统计灌区总灌溉量为 $789.10 \times 10^4 m^3/a$,最终计算出总入渗量为 $180.62 \times 10^4 m^3/a$。考虑到灌溉量统计及入渗系数分区的不确定性,模型识别过程中将对灌溉入渗量进行合理校正。

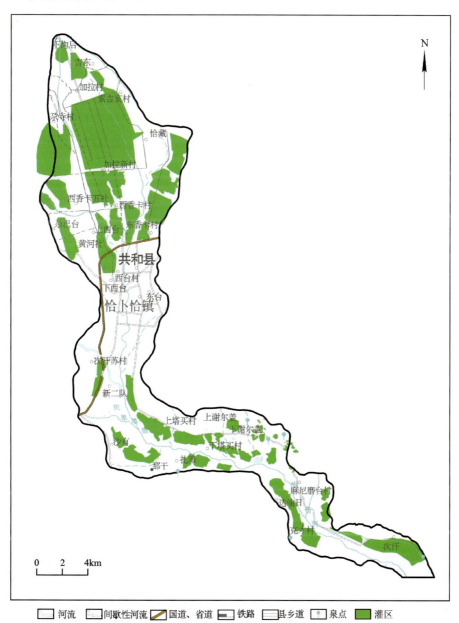

图 5-1-4　恰卜恰河谷灌区分布图

3. 山前侧向补给

山前侧向补给是指山区地下水以地下潜流形式向平原区排泄的水量,包括两种径流形式:一是山区地下水以河谷潜流的形式补给平原区;二是山区基岩裂隙水在与平原区的分界线处径流补给平原区。通常情况下,前者的补给量较大,但在基岩裂隙水发育的地方,后者也不可忽略。山前侧向径流补给量主要采用断面法并参考前人工作成果初步确定。本次工作计算的山前侧向补给量为 $39.55\times10^4\mathrm{m}^3/\mathrm{a}$。补给量的大小也需要在模型识别过程中进行校正。

4. 区域侧向补给

区域侧向补给是指平原区与承压水含水层因地下水水位差发生水量交换的过程。本次工作采用断面法对区域侧向径流量做了估算,其补给量为 $1\,045.89\times10^4\mathrm{m}^3/\mathrm{a}$,主要为深层水的补给;侧向排泄量为 $162.65\times10^4\mathrm{m}^3/\mathrm{a}$。数值模型中将其处理为通用水头边界,在模型识别过程中反演计算其补排量。

5. 潜水蒸发

本次工作根据蒸发折算系数计算的均衡期内的潜水蒸发量为 $304.14\times10^4\mathrm{m}^3/\mathrm{a}$。数值模型中将其处理为蒸发边界,蒸发量由模型根据潜水最大蒸发速率、单元格模拟水位及极限埋深自动计算得出。

6. 人工开采

按地下水用途分类,模拟区地下水开采主要包括生活开采、农业开采及工业开采。根据调查统计,开采量分别为 $361.41\times10^4\mathrm{m}^3/\mathrm{a}$、$183.38\times10^4\mathrm{m}^3/\mathrm{a}$ 及 $49.65\times10^4\mathrm{m}^3/\mathrm{a}$。另外,模拟区内的自流井也是地下水重要的排泄途径之一,自流井排泄量为 $375.70\times10^4\mathrm{m}^3/\mathrm{a}$。人工开采及自流井排泄量中的部分水量最终会以灌溉入渗或直接入渗的形式再次补给地下水,自流井对地下水的补给量估算为 $75.14\times10^4\mathrm{m}^3/\mathrm{a}$。

7. 泉

模拟区内泉主要为下降泉,是河谷两侧地下水的重要排泄途径。泉流量总计 $208.61\times10^4\mathrm{m}^3/\mathrm{a}$。主要补给恰卜恰河,部分供生活用水及灌溉用水,在此过程中部分水量间接补给河谷地下水,估算补给量为 $41.72\times10^4\mathrm{m}^3/\mathrm{a}$。

(五)地下水流动特征

潜水含水层主要在北部接受山区河水入渗、灌溉入渗和地下潜流补给,等水位线近乎垂直于河谷展布方向,水力梯度约为1.6‰,在恰卜恰河附近略向河流下游弯曲,体现出河流补给地下水的特征。受人工开采及含水层结构变化的影响,共和县城附近水力梯度明显增大,最大可达2.9‰。在上塔买村以南至次汗土亥村一带,总体来说地下水基本流向依然是沿着河谷展布方向下游流动,但由于河谷两侧分布着农田,浅层地下水流动受开采影响相对较大,等水位线图能明显反映出地下水由沟谷两侧向恰卜恰河谷开采相对集中的方向流动的特征。在次汗土亥村西南托勒台村—歪曲村—七台村一带,地下水基本保持天然状态,北西-南东向径流,最终汇集于龙羊峡水库。

承压水主要接受山前沟谷潜流补给,在共和县城以北恰卜恰河上游地区,由于农业灌溉主要依靠山区水库来水,地下水开采量很小,承压水流动接近天然状态,基本沿着河谷展布方向由北向南径流,等水位线近乎垂直于河谷展布方向。共和县城到阿乙亥沟一带,是共和县主要人口聚集区,恰卜恰河两岸分布着农田和一些企业,承压水开采量较大,从等水位线图可以明显看出这一带由沟谷两侧向中间开采相对集中的地带径流,尤其以共和县城反映的最为明显。在阿乙亥沟以南,承压水开采量较小,地下水沿着恰卜恰河谷向龙羊峡水库径流排泄。

二、地下水流数值模型

(一)地下水流数学模型

基于概念模型的分析,从空间上看,模拟区地下水流整体上以水平运动为主,地下水系统符合质量守恒定律和能量守恒定律,在常温常压下地下水运动符合达西定律。考虑两个相邻含水层之间的水量交换以及软件的特点,地下水运动可以概化为空间三维流,地下水系统的垂向运动是由层间水头差异引起的。参数随空间变化,体现了系统的非均质性。在水平方向上,参数没明显的方向性,可视为各向同性;垂直方向与水平方向有一定差异。模拟范围内大部分地区地下水开发利用水平较低,但仍有一定的水位波动。

综上所述,模拟区可概化为非均质水平各向同性、空间三维结构、非稳定地下水流系统,用如下方程的定解问题来描述:

$$\begin{cases} S\dfrac{\partial h}{\partial t}=\dfrac{\partial}{\partial x}\left(K_{\mathrm{L}}\dfrac{\partial h}{\partial x}\right)+\dfrac{\partial}{\partial y}\left(K_{\mathrm{L}}\dfrac{\partial h}{\partial y}\right)+\dfrac{\partial}{\partial z}\left(K_{\mathrm{Z}}\dfrac{\partial h}{\partial z}\right)+\varepsilon & x,y,z\in\Omega \\ h(x,y,z)|_{\Gamma_1}=h(x,y,z,t) & x,y,z\in\Gamma_1 \\ K_n\dfrac{\partial h}{\partial \vec{n}}\Big|_{\Gamma_2}=q(x,y,z,t) & x,y,z\in\Gamma_2 \\ \dfrac{h_n-h}{\sigma}-K_n\dfrac{\partial h}{\partial \vec{n}}\Big|_{\Gamma_3}=0 & x,y,z\in\Gamma_3 \end{cases} \quad (5\text{-}2)$$

式中,S 为储水率(L/m);h 为含水层的水位标高(m);t 为时间(d);K_L、K_Z 分别为水平和垂向渗透系数(m/d);ε 为含水层的源汇项(L/d);Ω 为渗流区域;Γ_1 为渗流区一类侧向边界;K_n 为边界面法向方向的渗透系数(m/d);Γ_2 为渗流区域的二类侧向边界和下边界;q 为 Γ_2 边界的流量,流入为正,流出为负,隔水边界为 0(m/d);Γ_3 为渗流区域混合边界;n 为边界面的法线方向。

(二)空间离散

根据概念模型的概化,模拟区垂向剖分为 3 层,其中第一层为潜水含水层,第二层和第三层为承压水含水层。水平方向剖分为 200 行 160 列,网格大小为 100m×100m 的矩形网格,网格总数为 96 000 个,其中活动单元格 20 082 个,非活动单元格 75 918 个。

(三)模拟程序的选择

本次工作选用 GMS 软件中集成的 MODFLOW 程序。地下水模型软件 GMS(Groundwater Modeling System)是由美国 Brigham Young 大学环境模拟研究实验室(Environmental Modeling Research Laboratory)开发的最先进的、基于概念模型的地下水环境模拟软件。它具有良好的使用界面、强大的前处理、后处理功能及优良的三维可视效果,目前已成为国际上最受欢迎的地下水模拟软件。具体来讲,GMS 软件具有以下特点:①GMS 程序结构的模块化;②概念化方式建立水文地质概念模型;③离散方法的简单化以及基于网格的数据存储和计算方式;④具有溶质运移模拟等扩展功能;⑤能够进行局部网格加密或者不规则网格剖分。

（四）水文地质参数及源汇项的处理

利用矢量数据处理软件将渗透系数、极限埋深等水文地质参数处理成 SHIP 格式的区文件。基于 GMS 中的 GIS 模块将以上参数直接输入到概念模块 MAP DATA 中。

模拟区源汇项可以分为点、线、面 3 种要素。点状要素由人工开采、泉等补排项组成，模型中利用 WELL 模块处理；线状要素包括河流入渗、边界的流入与流出量等，模型中利用对应的线状的 WELL 模块、GENERAL HEAD(GHB)模块及 CONSTANT HEAD(CHB)模块处理；面状要素由降雨入渗、灌溉入渗及潜水蒸发等补给项构成，降雨入渗量、灌溉入渗等面状补给量利用 RECHARGE 模块计算，蒸发量利用 EVAPOTRANSPIRATION(EVT)模块处理。

三、模型识别与水均衡分析

（一）模型识别

模型的识别和验证一般要遵循以下原则：①模拟的地下水流场要与实际地下水流场基本一致，即要求地下水模拟等值线与实测地下水位等值线形状相似；②模拟地下水的动态过程要与实测的动态过程基本相似，即要求模拟与实际地下水位过程线形状相似；③从均衡的角度出发，模拟的地下水均衡变化与实际要基本相符；④识别的水文地质参数要符合实际水文地质条件。但由于模拟区研究程度较低，资料欠缺，故本次仅利用稳定流模型进行参数识别，因此不考虑第②条原则的约束。

本次模型识别过程采用的是试估-校正法，它属于反求参数的方法之一。模型的识别过程中反复地修改参数和调整某些源汇项并运行模型，得到这种水文地质概念模型在给定水文地质参数和各均衡项条件下的地下水位时空分布，通过拟合同时期的流场，识别水文地质参数、边界值和其他均衡项，使建立的模型更加符合模拟区的水文地质条件，以便更精确地定量研究模拟区的补给与排泄，预报给定地下水开采方案下的地下水位。

从潜水含水层与承压水含水层的流场拟合情况来看(图 5-1-5、图 5-1-6)，模拟流场基本上反映了地下水流动的趋势和规律，受地形、含水结构及补排途径的控制，地下水总体沿河谷展布方向径流，模拟的水力梯度与实测值基本一致。在河谷的上游与下游，地下水位等值线拟合效果较好，但是在河谷中游共和县城南侧附近，模拟流场与实测流场有一定差距，这主要是由于人类活动对该区地下水的影响程度相对较大，且模拟区水文地质研究程度仍比较低，获取的水文地质参数较少，给模型的流场拟合带来一定的影响。

识别后的渗透系数分区如图 5-1-7 和图 5-1-8 所示。识别后的渗透系数变化规律与概念模型中的渗透系数变化基本一致，但总体比概念模型中的渗透系数小，特别是概念模型中参数较大的分区，这主要是由于分区内的勘探孔数量有限，个别勘探孔的参数并不能完全代表整个分区的值。总的来讲，识别后的参数符合区域的水文地质条件，更具有代表性。

综上所述，所建立的模拟模型基本达到模型精度要求，符合水文地质条件，基本反映了地下水系统的水流特征，可利用模型进行地下水位预报。

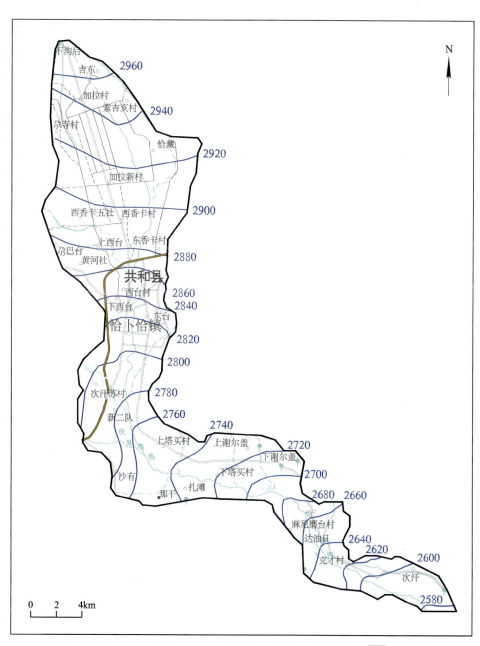

图 5-1-5 潜水流场拟合图

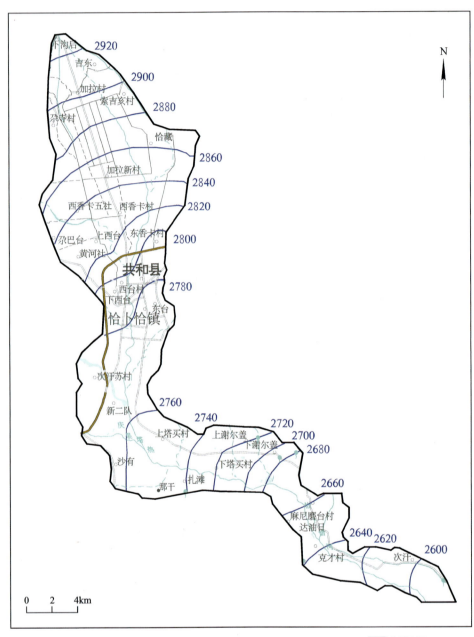

图 5-1-6 承压水流场拟合图

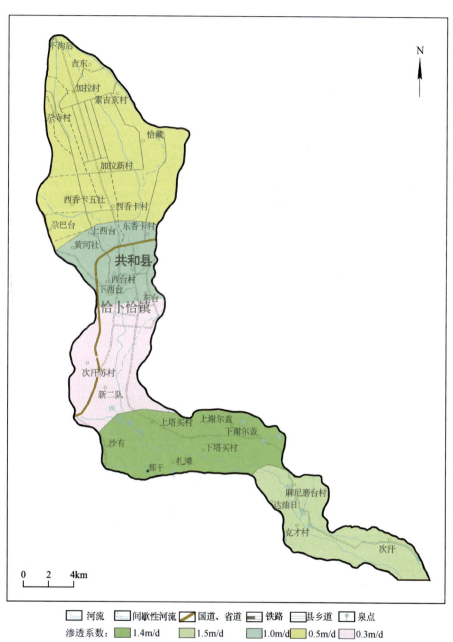

图 5-1-7 识别后的潜水含水层渗透系数分区图

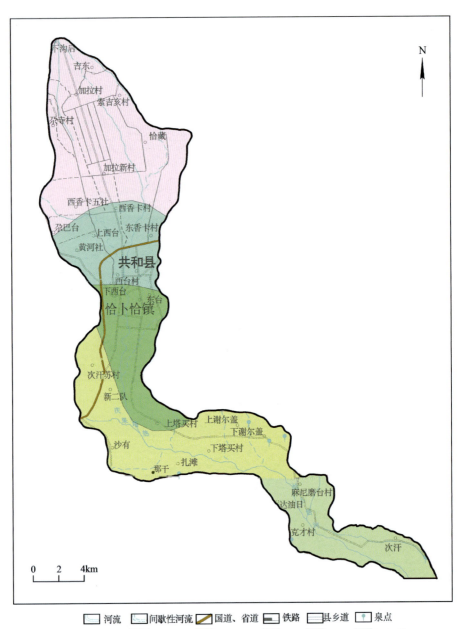

图 5-1-8　识别后的承压水含水层渗透系数分区图

(二)水均衡分析

根据模拟区地下水均衡计算结果,稳定条件下模拟区地下水系统总补给量为 $1\,560.86\times10^4\,\text{m}^3/\text{a}$,总排泄量为 $1\,560.81\times10^4\,\text{m}^3/\text{a}$,计算误差为 $0.05\times10^4\,\text{m}^3/\text{a}$(表5-1-1),计算误差较小,符合精度要求。

表 5-1-1 模拟区地下水均衡表

均衡项		水资源量/($\times 10^4\,\text{m}^3\cdot\text{a}^{-1}$)	比例/%
补给项	侧向补给	1 118.85	71.68
	降水入渗	133.56	8.56
	灌溉入渗	191.22	12.25
	泉水补给	41.72	2.67
	自流井补给	75.51	4.84
	小计	1 560.86	100.00
排泄项	地下水开采	−594.45	38.09
	蒸发排泄	−361.83	23.18
	侧向排泄	−234.18	15.00
	自流井排泄	−370.35	23.73
	小计	−1 560.81	100.00

补给项中侧向补给所占比重最大,为 71.68%,其次为灌溉入渗,为 12.25%,其中,侧向补给包括山前侧向补给和区域侧向补给。排泄项中地下水开采所占比重较大,为 38.09%,其次为自流井排泄和蒸发排泄,分别为 23.73% 和 23.18%;侧向排泄量所占比例较小,仅为 15.00%。以上结果与模拟区的水文地质条件基本吻合。

潜水含水层补给项中灌溉入渗所占比重较大,为 39.33%;其次为降水入渗补给,所占比例为 27.47%(表5-1-2)。排泄项中蒸发排泄所占比例最大,为 74.44%;其次为地下水开采和侧向排泄,分别为 13.32% 和 12.25%。

表 5-1-2 潜水含水层均衡表

均衡项		水资源量/($\times 10^4\,\text{m}^3\cdot\text{a}^{-1}$)	比例/%
补给项	山前侧向	44.14	9.08
	降水入渗	133.56	27.47
	灌溉入渗	191.22	39.33
	泉水补给	41.72	8.58
	自流井补给	75.51	15.53
	小计	486.15	100.00
排泄项	地下水开采	−64.74	13.32
	蒸发排泄	−361.83	74.44
	侧向排泄	−59.53	12.25
	小计	−486.10	100.00

承压水含水层仅接受侧向补给（表 5-1-3）。地下水开采是其最主要的排泄方式，所占比例为 49.29%；其次为自流井排泄和侧向排泄，所占比例分别为 34.46%和 16.25%。

表 5-1-3 承压水含水层均衡表

均衡项		水资源量/($\times 10^4 m^3 \cdot a^{-1}$)	比例/%
补给项	侧向补给	1 074.71	100.00
	小计	1 074.71	100.00
排泄项	地下水开采	−529.71	49.29
	侧向排泄	−174.65	16.25
	自流井排泄	−370.35	34.46
	小计	−1 074.71	100.00

第二节 茶卡冲洪积扇地下水数值模拟

一、水文地质概念模型

（一）模拟范围及边界条件

1. 模拟范围

模拟区位于茶卡盐湖西北侧的山前冲洪积平原区。北部边界为青海南山山前断裂；南以大水河冲洪积扇和乌兰哈达河冲洪积扇前缘为界；东到大水河冲洪积扇与青海南山山前冲洪积平原之间的细粒相沉积物以东一带；西至乌兰哈达河冲洪积扇西侧扇间细粒相沉积物边界，总面积约为 584.67km²。

模拟区潜水循环交替速度快，更新能力强，而承压水径流条件差，开发利用程度较低，且潜水与承压水含水层之间有连续稳定隔水层分布（中更新统上段），故本次工作只模拟潜水含水层。以地表作为模拟范围的上边界；以潜水含水层埋藏深度为模拟范围的下边界（图 5-2-1）。

2. 边界条件

模拟区北部以青海南山山前断裂为边界，通过该边界山区沟谷地表水、地下水以及基岩裂隙水侧向补给模拟区内地下水，可定义为流量边界；南部以大水河冲洪积扇和乌兰哈达河冲洪积扇前缘为界，模拟区地下水通过该边界向茶卡盐湖及冲湖积平原排泄，边界处的水位与边界外的地表水体相关，因此可定义为混合边界；模拟区西部、东部边界以扇间细粒相沉积物为边界，具有隔水意义，可定义为隔水边界（图 5-2-1）。

垂向上看，地下水通过地表与地表水或大气发生水量交换，如河流渗漏补给、潜水蒸发及泉的排泄等，处理为流量边界或混合边界。模拟区下边界处为隔水边界。

（二）水文地质结构

充分利用完成的水文地质剖面图及钻孔资料，并结合地下水的开采利用现状、第四系岩性分布特

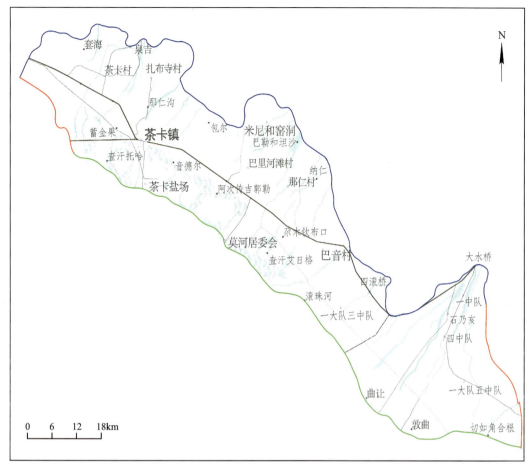

图 5-2-1 模拟范围及边界条件

点,将潜水含水层概化为一个含水层组。从冲洪积扇顶部到前缘茶卡盐湖一带,含水层水平分带规律明显。由顶部到前缘,含水介质由砂卵砾石向细砂、粉砂变化。单层含水层厚度逐渐变小,总含水层厚度逐渐增大。含水层顶板根据地面标高确定;含水层底板根据测绘和勘探资料得到的潜水面、区内钻孔揭露深度标高及山前单一结构潜水区基岩底板标高确定。

(三)水文地质参数

1. 含水介质参数

含水介质参数主要包括表征含水介质透水性能的渗透系数,以及反映含水层给水能力的给水度和释水率。

渗透系数的取值主要参考本次工作中的抽水试验结果以及前人的工作成果。潜水含水层的水平渗透系数为 $0.8\sim22.5\mathrm{m/d}$(图 5-2-2),以上渗透系数值是根据调查结果取的平均值。冲洪积扇顶部水平渗透性能优于冲洪积扇前缘,这与冲洪积扇的沉积规律是一致的。垂向渗透系数取经验值,为水平渗透系数的 $0.001\sim0.1$ 倍。

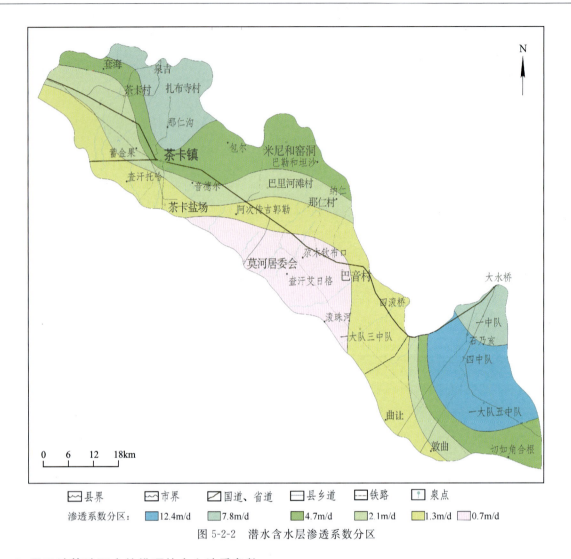

图 5-2-2 潜水含水层渗透系数分区

2. 用于计算地下水补排项的水文地质参数

用于计算地下水补排项的水文地质参数主要包括降水入渗系数、灌溉入渗系数、潜水蒸发系数及潜水蒸发极限埋深等。

降水入渗系数及灌溉入渗系数与地层岩性及水位埋深密切相关,模拟区这两个参数的取值主要参考以往工作成果,降水入渗系数取值为 0.09~0.5。模拟区大气降水量较少,取较小的入渗系数是合理的,灌溉入渗系数取值为 0.10~0.26。

潜水蒸发量与包气带岩性、潜水水位埋深及空气饱和度、水面蒸发量等有密切关系。通过岩性及潜水位埋深,结合前人对不同岩性、不同埋深条件下的潜水蒸发折算系数研究成果,确定出潜水蒸发折算系数。水面蒸发量乘以潜水蒸发折算系数(范围为 0.6~0.7)得到潜水最大蒸发速率。参考前人工作成果,潜水蒸发极限埋深为 5.0m。

(四)源汇项

模拟范围内源汇项主要包括大气降水入渗、农田灌溉入渗、地表洪流入渗、山前侧向径流、潜水蒸发、人工开采、泉。

1. 大气降水入渗

大气降水入渗补给量采用式(5-1)计算。

当模型为稳定流时,降水量应取多年平均值。该区多年平均降水量为210mm。总入渗量为$771.19 \times 10^4 \mathrm{m}^3/\mathrm{a}$。

2. 农田灌溉入渗

农田灌溉入渗量计算方法同上。茶卡至大水桥分布多个灌区,主要位于冲洪积扇的中部。据统计灌区总灌溉量为$652.6 \times 10^4 \mathrm{m}^3/\mathrm{a}$。最终计算出总入渗量为$84.84 \times 10^4 \mathrm{m}^3/\mathrm{a}$。考虑到灌溉量统计的准确性及入渗系数分区的合理性,模型识别过程中将对灌溉入渗量进行合理校正。

3. 地表洪流入渗

地表洪流入渗量是指地表径流出山口后入渗到含水层中的水量,模拟区内的地表径流主要包括茶卡河、大水河、小水河等。根据本次测流工作计算的入渗量为$331.19 \times 10^4 \mathrm{m}^3/\mathrm{a}$。由于测流时间点不同,测的流量不一定具有代表性,模型识别过程中需要对地表洪流入渗量进行反演。

4. 山前侧向径流

山前侧向径流量是指山区地下水以地下潜流形式向平原区排泄的水量,包括两种径流形式:一是山区地下水以河谷潜流的形式补给平原区;二是山区基岩裂隙水在与平原区的分界线处径流补给平原区。通常情况下,前者的补给量较大,但在基岩裂隙水发育的地方,后者也不可忽略。山前侧向径流补给量主要采用断面法并参考前人工作成果初步确定。本次工作计算的山前侧向补给量为$651.09 \times 10^4 \mathrm{m}^3/\mathrm{a}$。补给量的大小也需要在模型识别过程中进行校正。

5. 潜水蒸发

本次工作根据蒸发系数计算的均衡期内的潜水蒸发量为$1\,165.54 \times 10^4 \mathrm{m}^3/\mathrm{a}$。数值模型中将其处理为蒸发边界,蒸发量由模型根据潜水最大蒸发速率、单元格模拟水位及极限埋深自动计算得出。

6. 人工开采

模拟区地下水人工开采量较小,主要为生活用水,开采量为$19.80 \times 10^4 \mathrm{m}^3/\mathrm{a}$。

7. 泉

模拟区内泉主要是下降泉,主要分布于山区,泉水汇集成泉集河,径流至平原区后补给地下水。泉流量总计$21.26 \times 10^4 \mathrm{m}^3/\mathrm{a}$。

(五)地下水流动特征

图5-2-3是模拟区2013年5月潜水含水层等水位线图。潜水含水层主要在北部接受山区河水入渗、灌溉入渗和地下潜流补给,地下水流方向与地形坡度方向一致,靠近山前水力梯度较大,最大可达3‰;地下水径流至冲洪积扇的中部,水力坡度明显减小,水位趋于平缓,受人为因素的影响,水流方向出现一定扰动;地下水径流至冲洪积扇前缘,受茶卡盐湖强烈蒸发的影响,水力坡度再次增大,周围地下水向盐湖方向径流。

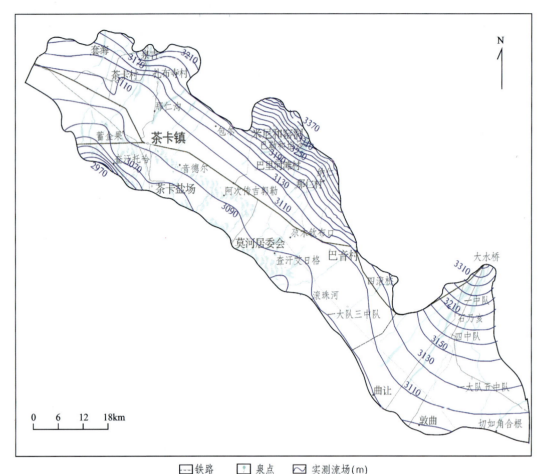

图 5-2-3　2013 年 5 月模拟区潜水含水层等水位线图

二、地下水流数值模型

(一)地下水流数学模型

基于概念模型的分析,从空间上看,模拟区地下水流整体上以水平运动为主。地下水系统符合质量守恒定律和能量守恒定律,在常温常压下地下水运动符合达西定律。不考虑潜水含水层与承压含水层之间的水量交换,地下水运动概化为空间二维流。参数随空间变化,体现了系统的非均质性。在水平方向上,参数没明显的方向性,可视为各向同性。模拟范围内大部分地区地下水开发利用水平较低,且主要补给为区域侧向补给,水位波动不大,可以近似认为地下水流系统处于稳定状态,但增加地下水开采后可能对地下水位造成一定影响。

综上所述,模拟区可概化为非均质水平各向同性、空间二维结构和非稳定地下水流系统,采用式(5-2)计算。

(二)空间离散

根据概念模型的概化,模拟区垂向剖分为 1 层,为潜水含水层。水平方向剖分为 79 行 104 列,网格大小为 500m×500m 的矩形网格,网格总数为 8216 个,其中活动单元格 2355 个,非活动单元格

5861个。

(三) 模拟程序的选择

本次工作选用GMS软件中集成的MODFLOW程序。地下水模型软件GMS(Groundwater Modeling System)是由美国Brigham Young大学环境模拟研究实验室(Environmental Modeling Research Laboratory)开发的最先进的、基于概念模型的地下水环境模拟软件。它具有良好的使用界面、强大的前处理、后处理功能及优良的三维可视效果，目前已成为国际上最受欢迎的地下水模拟软件。具体来讲，GMS软件具有以下特点：①GMS程序结构的模块化；②概念化方式建立水文地质概念模型；③离散方法的简单化以及基于网格的数据存储和计算方式；④具有溶质运移模拟等扩展功能；⑤能够进行局部网格加密或者不规则网格剖分。

(四) 水文地质参数及源汇项的处理

利用矢量数据处理软件将渗透系数、极限埋深等水文地质参数处理成SHIP格式的区文件。基于GMS中的GIS模块将以上参数直接输入到概念模块MAP DATA中。

模拟区源汇项可以分为点、线、面三种要素。点状要素由人工开采、泉等补排项组成，模型中利用WELL模块处理；线状要素包括河流入渗、边界的流入与流出量等，模型中利用对应的线状的WELL模块及GENERAL HEAD模块处理；面状要素由降雨入渗、灌溉入渗及潜水蒸发等补给项构成，降雨入渗量、灌溉回渗等面状补给量利用RECHARGE模块计算，蒸发量利用EVAPOTRANSPIRATION (EVT)模块处理。

三、模型识别与均衡分析

(一) 模型识别

模型的识别和验证一般要遵循以下原则：①模拟的地下水流场要与实际地下水流场基本一致，即要求地下水模拟等值线与实测地下水位等值线形状相似；②模拟地下水的动态过程要与实测的动态过程基本相似，即要求模拟与实际地下水位过程线形状相似；③从均衡的角度出发，模拟的地下水均衡变化与实际要基本相符；④识别的水文地质参数要符合实际水文地质条件。但由于模拟区动态资料缺乏，加之地下水开发利用程度较低，因此本次仅利用稳定流流场对模型进行识别，故不受第二条原则的约束。稳定流模型不能识别的参数均取经验值。

本次模型识别过程采用的是试估-校正法，它属于反求参数的方法之一。模型的识别过程中反复地修改参数和调整某些源汇项并运行模型，得到这种水文地质概念模型在给定水文地质参数和各均衡项条件下的地下水位时空分布，通过拟合同时期的流场，识别水文地质参数、边界值和其他均衡项，使建立的模型更加符合模拟区的水文地质条件，以便更精确地定量研究模拟区的补给与排泄，预报给定地下水开采方案条件下的地下水位。

从潜水含水层的流场拟合情况来看(图5-2-4)，模拟流场基本上反映了地下水流动的趋势和规律，受地形、含水结构及补排途径的控制，地下水总体沿冲洪积扇地形坡度下降方向径流。模拟的水力梯度与实测值基本一致。在大水桥冲洪积扇的地方，地下水位等值线拟合效果较好；在冲洪积扇顶部等水力坡度较大的地方，模拟流场与实测流场仍有一定差距，这主要是由于模拟区水文地质研究程度仍比较低,获取的含水层结构及水文地质参数较少,给模型的流场拟合带来一定的困难。

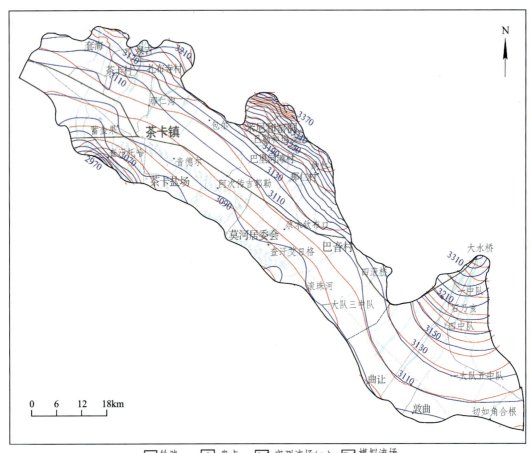

图 5-2-4　潜水含水层的流场拟合图

识别后的渗透系数分区如图 5-2-5 所示。识别后的渗透系数变化规律与概念模型中的渗透系数变化规律一致,但总体比概念模型中的渗透系数小,特别是概念模型中参数较大的分区,这主要是因为模拟区内的勘探孔数量有限,个别勘探孔的参数并不能完全代表整个分区的值。总的来讲,识别后的参数更符合区域的水文地质条件,更具有代表性。

综上所述,所建立的模拟模型基本达到模型精度要求,符合水文地质条件,基本反映了地下水系统的水流特征,可利用模型进行地下水位预报。

(二)水均衡分析

由模拟区地下水均衡表可知(表 5-2-1),现状条件下模拟区地下水系统总补给量为 $1878.64\times10^4\mathrm{m}^3/\mathrm{a}$,总排泄量为 $1878.05\times10^4\mathrm{m}^3/\mathrm{a}$,计算误差为 $0.59\times10^4\mathrm{m}^3/\mathrm{a}$,误差率为 0.03%,误差较小,均衡计算精度较高。补给项中降水入渗所占比重最大,为 45.09%,其次为山前侧向补给,为 31.63%。排泄项中蒸发和侧向流出所占比重较大,分别为 56.32% 和 42.63%,人工开采量占比例较小,仅为 1.05%。模拟计算结果与均衡法计算的均衡情况比较接近,能够客观反映模拟区地下水补径排特征。

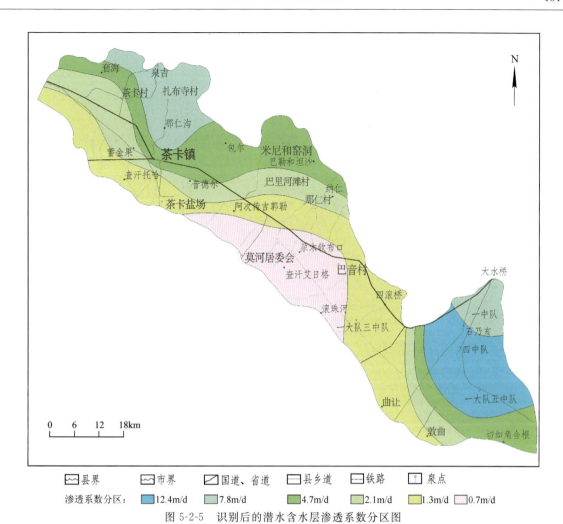

图 5-2-5　识别后的潜水含水层渗透系数分区图

表 5-2-1　模拟区地下水均衡表

均衡项		水资源量/($\times 10^4 m^3 \cdot a^{-1}$)	比例/%
补给项	山前侧向补给	594.19	31.63
	降水入渗	847.17	45.09
	灌溉入渗	84.84	4.52
	泉水入渗补给	21.26	1.13
	山前洪流入渗补给	331.19	17.63
	小计	1 878.64	100.00
排泄项	人工开采	−19.79	1.05
	蒸发	−1 057.74	56.32
	侧向流出	−800.52	42.63
	小计	−1 878.05	100.00

第六章 地下水资源评价概述

共和盆地采用均衡法对区域地下水资源进行评价。在此基础上,采用均衡法和数值模拟法分别对共和盆地重点区——恰卜恰河谷(包括潜水、承压水)、茶卡盐湖北缘冲洪积扇进行地下水资源评价,其中数值模拟法采用 GMS 建立地下水流数值模拟模型,通过对流场和典型动态监测孔水位过程线的拟合,识别水文地质条件和参数,对水文地质参数进行校正,对模型区地下水均衡进行分析。本章采用均衡法对区域及重点区进行地下水资源评价,地下水数值模拟模型见第五章。

共和盆地地下水资源评价以地下水系统作为均衡区进行评价。共和盆地资源评价分区包括共和东盆地、共和西盆地、茶卡盆地 3 个二级均衡区。

需要指出的是:①共和东盆地由于地下水补给、径流、排泄的特征不同,分为贵南南山山前冲洪积平原(巴洛滩地地下水系统、塔秀河冲洪积扇地下水系统、茫什多滩地地下水系统、莫格滩地地下水系统)、木格滩地地下水系统、沙沟-木河沟侵蚀台地地下水系统 3 个三级评价区分别评价;②共和西盆地,沙珠玉河谷冲洪积平原存在潜水,均衡法对此单独计算;③茶卡盆地冲湖积平原地下水系统分为潜水、承压水进行评价;④对恰卜恰河谷、茶卡冲洪积扇、哇洪河冲洪积扇 3 个重点区,在全区进行评价的基础上,再次对 3 个重点区进行地下水资源评价,其中恰卜恰河谷分别对潜水、承压水进行评价。

共和盆地下水均衡分区见表 6-1-1、图 6-1-1。

表 6-1-1　共和盆地地下水均衡分区表

一级均衡区	二级均衡区	三级均衡区
共和盆地	共和东盆地	贵南南山山前冲洪积平原
		木格滩地
		沙沟-木河沟侵蚀台地
	共和西盆地	北部山前冲洪积平原
		南部山前冲洪积平原
		大水桥冲洪积扇
		中央冲洪积平原区
		塔拉台地
		恰卜恰河谷
		恰卜恰河谷东部丘陵区
		沙珠玉河谷
		河卡滩地
	茶卡盆地	北部冲洪积平原
		南部冲洪积平原
		冲湖积平原

第六章 地下水资源评价概述

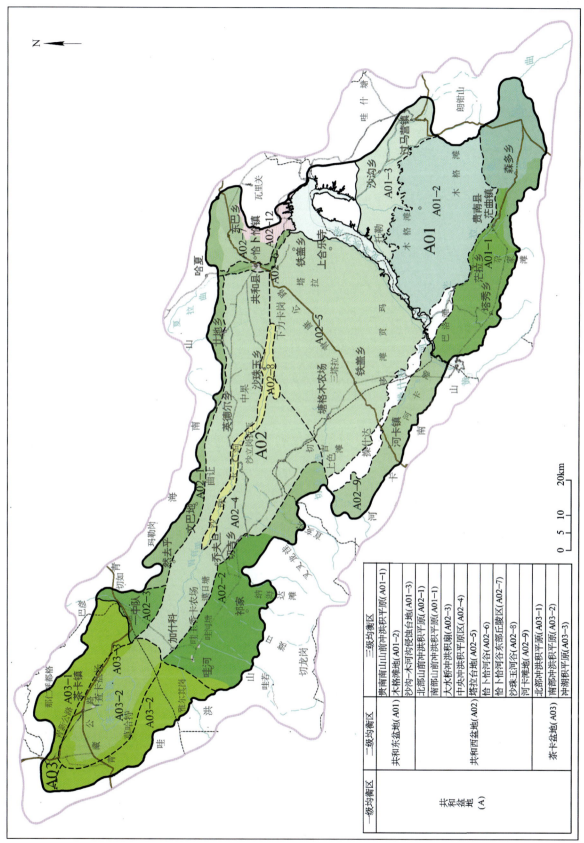

图6-1-1 共和盆地地下水均衡分区图

第一节　地下水资源评价原则与方法

一、评价原则

1. 按照地下水系统进行地下水资源评价，按行政单元进行资源量分配

按照地下水系统进行地下水天然补给量、潜水可开采资源量和承压水可利用量评价；考虑到用水规划是以行政单元进行编制的，为了便于各规划部门使用，将评价的地下水资源量分配到乡镇级行政单元中。

2. 以 TDS 分级进行地下水资源评价

地下水资源数量评价的水质分级以 TDS 为标准，统一规定为 4 个等级，具体分级为：淡水 TDS<1g/L；微咸水 1g/L≤TDS<3g/L；半咸水 3g/L≤TDS≤5g/L；咸水 TDS>5g/L。

3. 评价对象为 300m 以内第四系松散层孔隙水

盆地地下水资源评价深度以盆地内钻孔揭穿深度为依据，共和盆地钻孔揭穿深度为 300m 以浅，故地下水资源评价深度为 300m 以内第四系松散层孔隙水。

二、评价方法

本次地下水资源评价采用水均衡法，其中：

(1) 地下水天然补给资源采用补给量总和法评价，同时计算排泄量，用水均衡方法进行校核；

(2) 分别评价盆地浅层水可开采量及承压水可利用量。可开采资源量的计算在水均衡计算的基础上，采用补给资源量减去不可袭夺的消耗量作为开采量。其中不可袭夺的排泄项包括龙羊峡两侧泉水排泄、共和盆地向龙羊峡东西两侧的侧向排泄、湖泊蒸发排泄量。承压水可利用量评价考虑允许 10 年内承压水水头降至含水层底板所释放的储量作为可利用量。

第二节　地下水均衡计算

共和盆地地下水均衡按水均衡分区，见表 6-1-1、图 6-1-1，分别计算。

资源评价的均衡期为 2013 年 5 月—2014 年 4 月。水均衡计算，其任一均衡区任一时段的补给量和排泄量之差等于孔隙水体积的变化量，其均衡方程如下：

$$\sum Q_{补} - \sum Q_{排} = \Delta Q_{蓄} \tag{6-1}$$

式中，$\sum Q_{补}$ 为地下水总的补给量（$\times 10^4 m^3/a$）；$\sum Q_{排}$ 为地下水总的排泄量（$\times 10^4 m^3/a$）；$\sum Q_{蓄}$ 为地下水总的蓄变量（$\times 10^4 m^3/a$）。

共和盆地地下水均衡方程包括区域地下水均衡方程、重点区地下水均衡方程（表 6-2-1、表 6-2-2）。

表 6-2-1　共和盆地区域地下水均衡方程

均衡区	源汇项	
	地下水补给量	地下水排泄量
共和东盆地	$\sum Q_\text{补} = Q_\text{降水} + Q_\text{山前侧向} + Q_\text{河流入渗} + Q_\text{泉补} + Q_\text{灌溉入渗}$	$\sum Q_\text{排} = Q_\text{开采} + Q_\text{泉排} + Q_\text{茫曲河基流排泄} + Q_\text{侧向排泄}$
共和西盆地	$\sum Q_\text{补} = Q_\text{降水} + Q_\text{山前侧向} + Q_\text{河流入渗} + Q_\text{泉补} + Q_\text{灌溉入渗}$	$\sum Q_\text{排} = Q_\text{蒸发} + Q_\text{沙珠玉排} + Q_\text{开采} + Q_\text{泉排} + Q_\text{沼泽蒸发} + Q_\text{湖泊蒸发} + Q_\text{自流井排} + Q_\text{侧向排泄}$
茶卡盆地	$\sum Q_\text{补} = Q_\text{降水} + Q_\text{山前侧向} + Q_\text{河流入渗} + Q_\text{泉补} + Q_\text{灌溉入渗}$	$\sum Q_\text{排} = Q_\text{蒸发} + Q_\text{开采} + Q_\text{侧向排泄}$

表 6-2-2　重点区地下水均衡方程

均衡区	源汇项	
	地下水补给量	地下水排泄量
恰卜恰河谷潜水	$\sum Q_\text{补} = Q_\text{降水} + Q_\text{山前侧向} + Q_\text{河流入渗} + Q_\text{泉补} + Q_\text{灌溉入渗}$	$\sum Q_\text{排} = Q_\text{蒸发} + Q_\text{开采} + Q_\text{侧向排泄}$
恰卜恰河谷承压水	$\sum Q_\text{补} = Q_\text{侧补}$	$\sum Q_\text{排} = Q_\text{侧向排泄} + Q_\text{开采} + Q_\text{自流井排泄}$
茶卡盆地北部重点区	$\sum Q_\text{补} = Q_\text{降水} + Q_\text{山前侧向} + Q_\text{河流入渗} + Q_\text{泉补} + Q_\text{灌溉入渗}$	$\sum Q_\text{排} = Q_\text{蒸发} + Q_\text{开采} + Q_\text{侧向排泄}$
哇洪河冲洪积平原	$\sum Q_\text{补} = Q_\text{降水} + Q_\text{山前侧向} + Q_\text{河流入渗}$	$\sum Q_\text{排} = Q_\text{开采} + Q_\text{侧向排泄}$
沙珠玉河谷平原潜水系统	$\sum Q_\text{补} = Q_\text{降水} + Q_\text{灌溉入渗}$	$\sum Q_\text{排} = Q_\text{蒸发} + Q_\text{开采}$
沙沟河谷承压地下水系统	$\sum Q_\text{补} = Q_\text{侧向}$	$\sum Q_\text{排} = Q_\text{开采} + Q_\text{侧排} + Q_\text{泉排}$
茶卡盆地承压地下水系统	$\sum Q_\text{补} = Q_\text{侧向}$	$\sum Q_\text{排} = Q_\text{开采}$

注：$\sum Q_\text{补}$ 为地下水补给量；$\sum Q_\text{排}$ 为地下水排泄量；$Q_\text{降水}$ 为降水入渗补给；$Q_\text{灌溉入渗}$ 为灌溉入渗补给；$Q_\text{山前侧向}$ 为山前侧向补给；$Q_\text{河流入渗}$ 为河流入渗补给；$Q_\text{泉补}$ 为山前泉水补给；$Q_\text{蒸发}$ 为蒸发排泄量；$Q_\text{沙珠玉}$ 为向沙珠玉河排泄量；$Q_\text{开采}$ 为地下水开采量；$Q_\text{泉排}$ 为龙羊峡附近泉水排泄量；$Q_\text{沼泽蒸发}$ 为区内沼泽地蒸发量；$Q_\text{湖泊蒸发}$ 为区内湖泊水面蒸发量；$Q_\text{自流井排}$ 为承压水自流排泄；$Q_\text{侧向排泄}$ 为均衡区边界侧向排泄；$Q_\text{自流井排泄}$ 为自流井排泄承压水。

在对共和盆地进行地下水资源评价的基础上，对共和盆地 3 个重点区——恰卜恰河谷、茶卡冲洪积扇、哇洪河冲洪积扇进行了地下水资源评价。重点区范围见图 6-2-1。

一、地下水补给量

（一）降水入渗补给量

降水入渗补给量主要受降水特征、地表岩性等地质条件的影响，采用年降水入渗补给计算法计算。共和盆地山前冲洪积平原水位埋深大于 30m 时，包气带水分亏损较大，共和盆地次降水量较小，降水量很难补给地下水，不计算降水入渗补给。

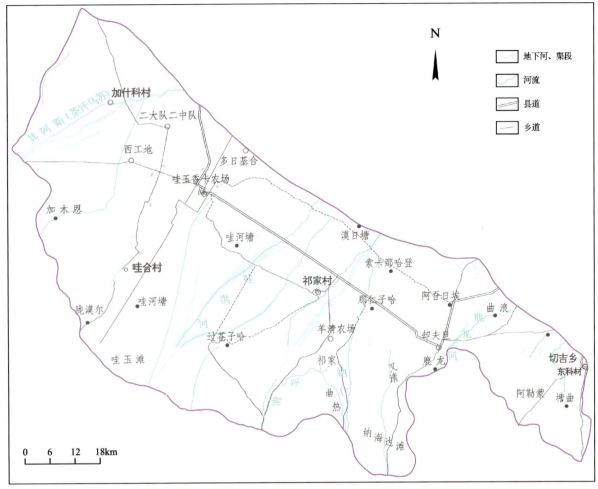

图 6-2-1 哇洪河冲洪积扇重点评价区

共和东盆地降水入渗补给区主要分布在茫曲河河谷及沙沟河谷；共和西盆地分布在恰卜恰河谷、中央冲洪积平原沙珠玉河谷两侧、大水桥冲洪积扇、直亥买-叉叉龙洼冲洪积扇、切吉河冲洪积扇；茶卡盆地主要集中在环茶卡盐湖带。

降水入渗补给量计算公式：

$$Q_{降水} = \alpha \times P \times F \times 10^{-4} \tag{6-2}$$

式中，$Q_{降水}$ 为降水入渗补给量（$\times 10^4 \, m^3/a$）；α 为降水入渗系数；P 为年降水量（mm）；F 为计算区面积（km^2）。

共和盆地降水入渗量为 $4577.88 \times 10^4 \, m^3/a$。共和盆地及重点区降水入渗补给量见表 6-2-3。

表 6-2-3　共和盆地及重点区降水入渗补给量

二级均衡区	地下水类型	三级均衡区	降水入渗补给量/（$\times 10^4 m^3 \cdot a^{-1}$）
茶卡盆地	潜水	北部冲洪积平原	650.72
		南部冲洪积平原	103.68
		冲湖积平原	808.23
		潜水合计	1 562.63
	承压水	冲湖积平原	

续表 6-2-3

二级均衡区	地下水类型	三级均衡区	降水入渗补给量/($\times 10^4$ m³·a⁻¹)
共和西盆地	潜水-半承压水	北部山前冲洪积平原	
		南部山前冲洪积平原	217.88
		大水桥冲洪积扇	120.47
		中央冲洪积平原区	2 200.41
		塔拉台地	
		恰卜恰河谷东部丘陵区	
		河卡滩地	
	潜水-半承压水合计		2 538.76
	潜水	沙珠玉河谷	51.34
		恰卜恰河谷	137.34
	承压水	恰卜恰河谷	
共和东盆地	潜水	贵南南山山前冲洪积平原	215.45
		木格滩地	
		沙沟-木河沟侵蚀台地	72.36
	潜水合计		287.81
	承压水	沙沟-木河沟侵蚀台地	
共和盆地合计			4 577.88
重点区	恰卜恰河谷	潜水	137.34
		承压水	
	茶卡盆地北缘冲洪积平原潜水		771.19
	哇洪河冲洪积扇潜水		425.49

(二)山前侧向补给量

山前侧向补给量包括山前潜流侧向补给和基岩裂隙水侧向补给,山区汇水通过潜流或透水边界的基岩裂隙水补给山前冲洪积平原。

山前潜流侧向补给量的计算公式为:

$$Q_{山前侧向} = K \times M \times I \times L \times T \times 10^{-4} \tag{6-3}$$

式中,$Q_{山前侧向}$为山前潜流侧向补给量($\times 10^4$ m³/a);K为计算断面的加权平均渗透系数(m/d);M为计算断面的平均含水层厚度(m);I为计算断面的平均水力坡度;L为计算断面宽度(m);T为均衡期时间(d)。

共和盆地山前侧向补给量合计为 5 835.56×10⁴ m³/a。共和盆地及重点区山前侧向补给量见表 6-2-4。

表 6-2-4　共和盆地及重点区山前侧向补给量

二级均衡区	地下水类型	三级均衡区	山前侧向补给量/($\times 10^4 \mathrm{m}^3 \cdot \mathrm{a}^{-1}$)
茶卡盆地	潜水	北部冲洪积平原	469.72
		南部冲洪积平原	
		冲湖积平原	
	潜水合计		469.72
	承压水	冲湖积平原	26.20
共和西盆地	潜水-半承压水	北部山前冲洪积平原	612.24
		南部山前冲洪积平原	2 280.09
		大水桥冲洪积扇	181.37
		中央冲洪积平原区	
		塔拉台地	
		恰卜恰河谷东部丘陵区	12.15
		河卡滩地	1 222.12
	潜水-半承压水合计		4 307.94
	潜水	沙珠玉河谷	
		恰卜恰河谷	39.55
	承压水	恰卜恰河谷	
共和东盆地	潜水	贵南南山山前冲洪积平原	297.25
		木格滩地	372.99
		沙沟-木河沟侵蚀台地	64.39
	潜水合计		734.63
	承压水	沙沟-木河沟侵蚀台地承压水	257.55
共和盆地合计			5 835.56
重点区	恰卜恰河谷	潜水	39.55
		承压水	1 045.89
	茶卡盆地北缘冲洪积平原潜水		651.09
	哇洪河冲洪积扇潜水		1 168.39

注：恰卜恰河谷承压地下水侧向补给来源为塔拉台地地下水系统和恰卜恰河谷东侧丘陵地下水系统，其为共和盆地地下水内部交换量。

(三) 沟谷河流入渗补给量

共和盆地周边沟谷河流，在出山口的卵砾石层对地下水进行补给。本次于 2013 年 7~8 月对共和盆山前沟谷河流进行了逐一测量，根据流域面积与测流月份，参考区域水文地质普查报告中对应径流量修正系数，将实测月流量转换为年均月流量，进而计算全年沟谷河流量，乘以入渗系数，得到沟谷河流入渗补给量。

沟谷河流入渗补给量计算公式为：

$$Q_{河渗} = Q_{河流} \times a \tag{6-4}$$

式中：$Q_{河渗}$ 为沟谷河流入渗补给量（$\times 10^4 \mathrm{m}^3/\mathrm{a}$）；$Q_{河流}$ 为河流流量（$\times 10^4 \mathrm{m}^3/\mathrm{a}$）；$a$ 为入渗系数，为 0.65。

共和盆地沟谷河流入渗补给量为 $29\,469.05 \times 10^4 \mathrm{m}^3/\mathrm{a}$。共和盆地及重点区沟谷河流入渗补给量计算结果见表 6-2-5。

表 6-2-5　共和盆地及重点区沟谷河流入渗补给量

二级均衡区	地下水类型	三级均衡区	主要河流	沟谷河流入渗补给量 /($\times 10^4 \mathrm{m}^3 \cdot \mathrm{a}^{-1}$)
茶卡盆地	潜水	北部冲洪积平原	莫河河道、小水河	236.77
		南部冲洪积平原		
		冲湖积平原		
	潜水合计			236.77
	承压水	冲湖积平原		
共和西盆地	潜水-半承压水	北部山前冲洪积平原	其米格乌苏、然去呼沟	982.83
		南部山前冲洪积平原	哇洪河、羊清漠日河、纳仁沟、鹿龙河、叉叉龙洼沟、直亥买沟	19 863.87
		大水桥冲洪积扇	大水河	94.92
		中央冲洪积平原区		
		塔拉台地		
		恰卜恰河谷东部丘陵区	下梅沟、索尔加河、加隆沟	196.34
		河卡滩地		
	潜水-半承压水合计			21 137.96
	潜水	沙珠玉河谷		
		恰卜恰河谷		
	承压水	恰卜恰河谷		
共和东盆地	潜水	贵南南山山前冲洪积平原	塔秀沟	7 664.60
		木格滩地		
		沙沟-木河沟侵蚀台地	沙沟河	429.72
	潜水合计			8 094.32
	承压水	沙沟-木河沟侵蚀台地		
共和盆地合计				29 469.05
重点区	恰卜恰河谷	潜水		
		承压水		
	茶卡盆地北缘冲洪积平原潜水		莫河河道、小水河、大水河	331.19
	哇洪河冲洪积扇潜水		哇洪河、羊清漠日河、鹿龙河	7 116.60

（四）泉入渗补给量

山区基岩裸露，风化裂隙发育，接受大气降水的渗入补给，形成基岩裂隙水。基岩裂隙水以泉的形式泄出成溪,出山后渗漏补给松散岩类孔隙水。本次对共和盆地可见泉水进行逐一测量。

泉水入渗补给量计算公式:

$$Q_{泉补} = Q_{泉流量} \times \beta \tag{6-5}$$

式中:$Q_{泉补}$为泉流量($\times 10^4 \mathrm{m}^3/\mathrm{a}$);$\beta$为泉水入渗系数;大多数测流泉溢出带地下水位埋深大于30m,不计算泉水入渗补给。

共和盆地泉水入渗补给量总和为 $382.95 \times 10^4 \mathrm{m}^3/\mathrm{a}$。共和盆地及重点区泉水入渗补给量计算结果见表6-2-6。

表6-2-6 泉水入渗补给量

二级均衡区	地下水类型	三级均衡区	泉水入渗补给量/($\times 10^4 \mathrm{m}^3 \cdot \mathrm{a}^{-1}$)
茶卡盆地	潜水	北部冲洪积平原	
		南部冲洪积平原	41.79
		冲湖积平原	
	潜水合计		41.79
	承压水	冲湖积平原	
共和西盆地	潜水-半承压水	北部山前冲洪积平原	
		南部山前冲洪积平原	21.25
		大水桥冲洪积扇	
		中央冲洪积平原区	
		塔拉台地	
		恰卜恰河谷东部丘陵区	203.05
		河卡滩地	
	潜水-半承压水合计		224.30
	潜水	沙珠玉河谷	
		恰卜恰河谷	116.86
	承压水	恰卜恰河谷	
共和东盆地	潜水	贵南南山山前冲洪积平原	
		木格滩地	
		沙沟-木河沟侵蚀台地	
	潜水合计		
	承压水	沙沟-木河沟侵蚀台地	
共和盆地合计			382.95)
重点区	恰卜恰河谷	潜水	
		承压水	
	茶卡盆地北缘冲洪积平原潜水		21.26
	哇洪河冲洪积扇潜水		

注:恰卜恰河谷潜水入渗补给量包含承压水自流井入渗补给量 $75.14 \times 10^4 \mathrm{m}^3/\mathrm{a}$。

（五）灌溉入渗补给量

灌溉入渗补给量指主要灌区开采地下水和山前水库灌溉用水的入渗补给之和，地下水埋深大于30m的灌区，未计算灌溉入渗补给量。

共和盆地主要灌区灌溉引水量见表6-2-7。

灌溉入渗补给量计算公式为：

$$Q_{灌溉} = Q_{井灌} \times \beta \tag{6-6}$$

式中：$Q_{灌溉}$为灌溉入渗补给量（$\times 10^4 \mathrm{m}^3/\mathrm{a}$），$\beta$为灌溉入渗系数。

共和盆地主要灌区包括加拉灌区、恰让灌区、切吉(叉叉沟)灌区、哇玉灌区、大水灌区、乔夫旦中试灌区、祁家灌区、乃海买灌区、沙珠玉灌区、哈干灌区、切吉(塘格木)灌区、塔秀(直亥边)灌区、沿黄灌区，其位置及引水量见表6-2-7。

表6-2-7 主要灌区引水量

灌区名称	位置（乡镇）	引水量（$\times 10^4 \mathrm{m}^3 \cdot \mathrm{a}^{-1}$）
加拉灌区	恰卜恰镇	551.2
恰让灌区	甘地乡	206.4
切吉(叉叉沟)灌区	切吉乡	953
哇玉灌区	切吉乡	2 042.7
大水灌区	切吉乡	1224
乔夫旦中试灌区	切吉乡	404
祁家灌区	切吉乡	233.1
乃海买灌区	切吉乡	177
沙珠玉灌区	沙珠玉乡	2 069.9
哈干灌区	英德尔	181.3
切吉(塘格木)灌区	塘格木	1 958.5
塔秀(直亥边)灌区	塔秀乡	1592
沿黄灌区	龙羊峡镇、铁盖乡	1021

共和盆地主要水库包括东巴水库、索尔加水库、下梅水库、沟后水库、下拉水库、塔什秋水库、切吉水库、大水水库、塘曲水库、塔勒水库、曲让水库、沟台水库、中试水库、娘堂水库。

共和盆地部分灌区位于山前冲洪积扇，地下水位埋深大于30m，部分区域地下水位埋深50～100m，这些区域地下水包气带巨厚，包气带水分亏缺量大，灌溉水很难入渗补给地下水，再次仅计算埋深小于30m的灌区入渗补给。共和盆地主要入渗补给区域为茶卡北部冲洪积扇、切吉河冲洪积扇、大水桥冲洪积扇前缘、沙珠玉河谷冲洪积平原潜水、恰卜恰河谷潜水、茫曲河河谷和沙沟河河谷区域。

共和盆地灌溉入渗量合计为$2886.89 \times 10^4 \mathrm{m}^3/\mathrm{a}$。共和盆地及重点区灌溉入渗补给量计算结果见表6-2-8。

表 6-2-8　共和盆地及重点区灌溉入渗补给量

二级均衡区	地下水类型	三级均衡区	灌溉入渗补给量/($\times 10^4 \mathrm{m}^3 \cdot \mathrm{a}^{-1}$)
茶卡盆地	潜水	北部冲洪积平原	84.84
		南部冲洪积平原	
		冲湖积平原	
	潜水合计		84.84
	承压水	冲湖积平原	
共和西盆地	潜水-半承压水	北部山前冲洪积平原	
		南部山前冲洪积平原	318.40
		大水桥冲洪积扇	318.24
		中央冲洪积平原区	803.96
		塔拉台地	
		恰卜恰河谷东部丘陵区	
		河卡滩地	
	潜水-半承压水合计		1 440.60
	潜水	沙珠玉河谷	66.98
		恰卜恰河谷	180.62
	承压水	恰卜恰河谷	
共和东盆地	潜水	贵南南山山前冲洪积平原	986.53
		木格滩地	
		沙沟-木河沟侵蚀台地	127.32
	潜水合计		
	承压水	沙沟-木河沟侵蚀台地	
共和盆地合计			2 886.89
重点区	恰卜恰河谷	潜水	180.62
		承压水	
	茶卡盆地北缘冲洪积平原潜水		84.84
	哇洪河冲洪积扇潜水		

(六)地下水补给量之和

共和盆地地下水补给量之和包括降水入渗补给量、山前侧向补给量、山前河流入渗补给量、泉水入渗补给量、灌溉入渗补给量。

共和盆地总补给量为 $43\,152.39\times 10^4\,\mathrm{m}^3/\mathrm{a}$。共和盆地及重点区地下水补给量之和见表 6-2-9。

表 6-2-9　共和盆地及重点区地下水补给量之和

二级均衡区	地下水类型	三级均衡区	补给量合计/($\times 10^4 \mathrm{m}^3 \cdot \mathrm{a}^{-1}$)
茶卡盆地	潜水	北部冲洪积平原	1 442.05
		南部冲洪积平原	145.47
		冲湖积平原	808.23
	潜水合计		2 395.75
	承压水	冲湖积平原	26.20
共和西盆地	潜水-半承压水	北部山前冲洪积平原	1 595.07
		南部山前冲洪积平原	22 701.49
		大水桥冲洪积扇	715
		中央冲洪积平原区	3 004.37
		塔拉台地	
		恰卜恰河谷东部丘陵区	411.54
		河卡滩地	1 222.12
	潜水-半承压水合计		29 675.79
	潜水	沙珠玉河谷	118.32
		恰卜恰河谷	474.37
	承压水	恰卜恰河谷	
共和东盆地	潜水	贵南南山山前冲洪积平原	9 163.84
		木格滩地	372.99
		沙沟-木河沟侵蚀台地	693.78
	潜水合计		10 230.61
	承压水	沙沟-木河沟侵蚀台地	257.55
共和盆地合计			43 152.39
重点区	恰卜恰河谷	潜水	474.37
		承压水	1 045.89
	茶卡盆地北缘冲洪积平原潜水		1 859.56
	哇洪河冲洪积扇潜水		8 710.47

注：恰卜恰河谷承压水主要接受盆地内部塔拉台地半承压水侧向补给量，补给量合计 $1\,045.89\times 10^4\mathrm{m}^3/\mathrm{a}$。

二、地下水排泄量

（一）蒸发排泄量

共和盆地地下水蒸发排泄量按下式进行计算：

$$Q_{蒸发} = C \times F \times \varepsilon_0 \times 10^{-1} \tag{6-7}$$

式中，$Q_{蒸发}$ 为潜水蒸发量（$\times 10^4 \mathrm{m}^3/\mathrm{a}$）；$C$ 为潜水蒸发系数；F 为计算区面积（km^2），极限埋深为 5m；ε_0 为水面实际蒸发强度（mm/a），各县气象站水面蒸发观测数据乘以折算系数 0.625，转换成 E601 型蒸发器水面蒸发值。

共和盆地蒸发排泄量合计为 $5588.55×10^4 m^3/a$。共和盆地及重点区地下水蒸发排泄量计算结果见表 6-2-10。

表 6-2-10 共和盆地及重点区地下水蒸发排泄量

二级均衡区	地下水类型	三级均衡区	蒸发排泄量/($×10^4 m^3 \cdot a^{-1}$)
茶卡盆地	潜水	北部冲洪积平原	1 165.54
		南部冲洪积平原	
		冲湖积平原	1 238.60
	潜水合计		2 404.14
	承压水	冲湖积平原	
共和西盆地	潜水-半承压水	北部山前冲洪积平原	
		南部山前冲洪积平原	
		大水桥冲洪积扇	
		中央冲洪积平原区	2 751.97
		塔拉台地	
		恰卜恰河谷东部丘陵区	
		河卡滩地	
	潜水-半承压水合计		2 751.97
	潜水	沙珠玉河谷	128.30
		恰卜恰河谷	304.14
	承压水	恰卜恰河谷	
共和东盆地	潜水	贵南南山山前冲洪积平原	
		木格滩地	
		沙沟-木河沟侵蚀台地	
	潜水合计		
	承压水	沙沟-木河沟侵蚀台地	
共和盆地合计			5 588.55
重点区	恰卜恰河谷	潜水	304.14
		承压水	
	茶卡盆地北缘冲洪积平原潜水		1 165.54
	哇洪河冲洪积扇潜水		

（二）泉排泄

泉排泄主要是指共和西盆地和共和东盆地，在龙羊峡水库两侧通过泉的形式排泄的地下水。本次对龙羊峡两侧泉流进行逐一测流。

共和盆地泉排泄主要为塔拉台地在龙羊峡水库西侧泉水排泄、共和东盆地在龙羊峡水库东侧泉水排泄。

共和盆地泉水排泄量合计为 $5\,518.44\times10^4\,\mathrm{m}^3/\mathrm{a}$。共和盆地及重点区泉排泄计算结果见表 6-2-11。

表 6-2-11　共和盆地及重点区泉排泄量

二级均衡区	地下水类型	三级均衡区	泉水排泄量/($\times10^4\,\mathrm{m}^3\cdot\mathrm{a}^{-1}$)
茶卡盆地	潜水	北部冲洪积平原	
		南部冲洪积平原	
		冲湖积平原	
	承压水	冲湖积平原	
共和西盆地	潜水-半承压水	北部山前冲洪积平原	
		南部山前冲洪积平原	
		大水桥冲洪积扇	
		中央冲洪积平原区	
		塔拉台地	5 028.15
		恰卜恰河谷东部丘陵区	
		河卡滩地	
		潜水-半承压水合计	5 028.15
	潜水	沙珠玉河谷	
		恰卜恰河谷	
	承压水	恰卜恰河谷	
共和东盆地	潜水	贵南南山山前冲洪积平原	
		木格滩地	284.54
		沙沟-木河沟侵蚀台地	
		潜水合计	284.54
	承压水	沙沟-木河沟侵蚀台地	205.75
		共和盆地合计	5 518.44
重点区	恰卜恰河谷	潜水	
		承压水	
	茶卡盆地北缘冲洪积平原潜水		
	哇洪河冲洪积扇潜水		

(三)湖泊沼泽蒸发量

湖泊沼泽蒸发量是指沙珠玉源头地下水溢出带沼泽分布区和盆地中上部的上更尕海湖、下更尕海湖,其为共和西盆地南部山前地下水露头,蒸发量为排泄地下水。

湖泊沼泽蒸发量按式(6-7)进行计算。

共和西盆地湖泊沼泽蒸发量见表 6-2-12。

表 6-2-12 共和盆地湖泊沼泽蒸发量

二级均衡区	三级均衡区	湖泊蒸发量	沼泽蒸发量/($\times 10^4 \mathrm{m^3 \cdot a^{-1}}$)
共和西盆地	中央冲洪积平原区半承压水	579.36	3 421.43

(四) 侧向排泄量

各均衡区在龙羊峡两侧水库水体水位变动带附近、茶卡盐湖环侧、沙珠玉河谷,侧向排泄地下水。

侧向排泄量计算公式为:

$$Q_{侧排} = K \times M \times I \times L \times T \times 10^{-4} \tag{6-8}$$

式中:$Q_{侧排}$ 为侧向排泄量($\times 10^4 \mathrm{m^3/a}$);$K$ 为黄河断面的加权平均渗透系数(m/d);M 为黄河断面的含水层厚度(m);I 为黄河断面的水力坡度(‰);L 为黄河断面长度(m);T 为计算时段(d)。

共和盆地侧向排泄量合计为 16 852.32×10⁴m³/a。共和盆地侧向排泄量计算结果见表 6-2-13。

表 6-2-13 共和盆地及重点区侧向排泄量

二级均衡区	地下水类型	三级均衡区	侧向排泄量/($\times 10^4 \mathrm{m^3 \cdot a^{-1}}$)
茶卡盆地	潜水	北部冲洪积平原	
		南部冲洪积平原	
		冲湖积平原	349.62
	潜水合计		349.62
	承压水	冲湖积平原	
共和西盆地	潜水-半承压水	北部山前冲洪积平原	
		南部山前冲洪积平原	
		大水桥冲洪积扇	
		中央冲洪积平原区	14 183.42
		塔拉台地	157.86
		恰卜恰河谷东部丘陵区	
		河卡滩地	1 261.62
	潜水-半承压水合计		15 602.90
	潜水	沙珠玉河谷	
		恰卜恰河谷	56.91
	承压水	恰卜恰河谷	162.65
共和东盆地	潜水	贵南南山山前冲洪积平原	
		木格滩地	48.54
		沙沟-木河沟侵蚀台地	596.78
	潜水合计		645.32
	承压水	沙沟-木河沟侵蚀台地	34.92
共和盆地合计			16 852.32

续表 6-2-13

二级均衡区	地下水类型	三级均衡区	侧向排泄量/($\times 10^4$ m³·a^{-1})
重点区	恰卜恰河谷	潜水	56.91
		承压水	162.65
	茶卡盆地北缘冲洪积平原潜水		847.66
	哇洪河冲洪积扇潜水		7 934.89

注：沙珠玉河谷侧向排泄量为 14 183.42×10⁴ m³/a；龙羊峡水库西侧塔拉台地侧向排泄量为 157.86×10⁴ m³/a。

（五）自流井排泄量

自流井排泄量主要是指恰卜恰河谷、阿乙亥沟断裂附近承压地下水自流排泄量。排泄量调查结果统计见表 6-2-14。

表 6-2-14 共和盆地自流井排泄量

二级均衡区	三级均衡区	自流井排泄量/($\times 10^4$ m³·a^{-1})
共和西盆地	恰卜恰河谷承压水	375.70

（六）茫曲河基流量排泄

贵南南山山前冲洪积平原地下水主要以茫曲河基流量排泄地下水，地下水排泄量参考《共和盆地龙羊峡库区生态环境建设地下资源勘察报告》(2002)，见表 6-2-15。

表 6-2-15 茫曲河基流量排泄量

均衡区	排泄量/($\times 10^4$ m³·a^{-1})
贵南南山山前冲洪积平原	8 293.97

（七）地下水开采量

地下水开采量包括农业灌溉开采量、工业开采量、生活用水开采量等。潜水开采量为调查与收集资料中地下水开采量之和，剔除重复量后所得。共和盆地开采量为 1 626.69×10⁴ m³/a。共和盆地及重点区开采量统计结果见表 6-2-16。

表 6-2-16 共和盆地及重点区开采量

二级均衡区	地下水类型	三级均衡区	开采量/($\times 10^4$ m³·a^{-1})
茶卡盆地	潜水	北部冲洪积平原	8.36
		南部冲洪积平原	
		冲湖积平原	
	潜水合计		8.36
	承压水	冲湖积平原	30.35

续表 6-2-16

二级均衡区	地下水类型	三级均衡区	开采量/($\times 10^4 m^3 \cdot a^{-1}$)
共和西盆地	潜水-半承压水	北部山前冲洪积平原	35.68
		南部山前冲洪积平原	170.66
		大水桥冲洪积扇	11.44
		中央冲洪积平原区	420.61
		塔拉台地	
		恰卜恰河谷东部丘陵区	
		河卡滩地	0.44
	潜水-半承压水合计		638.83
	潜水	沙珠玉河谷	4.79
		恰卜恰河谷	64.74
	承压水	恰卜恰河谷	529.71
共和东盆地	潜水	贵南南山山前冲洪积平原	316.60
		木格滩地	
		沙沟-木河沟侵蚀台地	19.24
	潜水合计		335.84
	承压水	沙沟-木河沟侵蚀台地	14.07
共和盆地合计			1 626.69
重点区	恰卜恰河谷	潜水	64.74
		承压水	529.71
	茶卡盆地北缘冲洪积平原潜水		19.80
	哇洪河冲洪积扇潜水		120.66

(八) 地下水总排泄量

共和盆地总排泄量为 $42\,256.43\times 10^4 m^3/a$。共和盆地及重点区地下水总排泄量见表 6-2-17。

表 6-2-17 共和盆地及重点区总排泄量

二级均衡区	地下水类型	三级均衡区	地下水总排泄量/($\times 10^4 m^3 \cdot a^{-1}$)
茶卡盆地	潜水	北部冲洪积平原	1 173.9
		南部冲洪积平原	0
		冲湖积平原	1 588.22
	潜水合计		2 762.12
	承压水	冲湖积平原	30.35

续表 6-2-17

二级均衡区	地下水类型	三级均衡区	地下水总排泄量/($\times 10^4 \mathrm{m}^3 \cdot \mathrm{a}^{-1}$)
共和西盆地	潜水-半承压水	北部山前冲洪积平原	35.68
		南部山前冲洪积平原	170.66
		大水桥冲洪积扇	11.44
		中央冲洪积平原区	21 356.79
		塔拉台地	5 186.01
		恰卜恰河谷东部丘陵区	
		河卡滩地	1 262.05
	潜水-半承压水合计		28 052.98
	潜水	沙珠玉河谷	133.09
		恰卜恰河谷	425.79
	承压水	恰卜恰河谷	1 068.06
共和东盆地	潜水	贵南南山山前冲洪积平原	8 610.57
		木格滩地	333.08
		沙沟-木河沟侵蚀台地	616.01
	潜水合计		9 559.67
	承压水	沙沟-木河沟侵蚀台地	254.73
共和盆地合计			42 256.43
重点区	恰卜恰河谷	潜水	425.79
		承压水	1 068.05
	茶卡盆地北缘冲洪积平原潜水		2 033.00
	哇洪河冲洪积扇潜水		8 055.56

三、地下水储存变化量

根据区内潜水、承压水 2013 年 5 月—2014 年 4 月动态长观资料,统计出每个时段、每个计算区地下水水位变差,根据不同计算单元给水度计算出地下水储存变化量(简称储变量)。计算公式为:

$$\Delta Q = \mu \times \Delta H \times F \times 10^{-2} \tag{6-9}$$

式中,ΔQ 为均衡区内地下水水体积的变化量($\times 10^4 \mathrm{m}^3/\mathrm{a}$);$\mu$ 为潜水给水度(承压水释水系数);ΔH 为计算区内地下水位变幅(m);F 为计算区控制面积(km^2)。

储变量计算结果见表 6-2-18。

表 6-2-18 共和盆地地下水储变量计算结果

二级均衡区	三级均衡区	储变量/($\times 10^4 \mathrm{m}^3 \cdot \mathrm{a}^{-1}$)
茶卡盆地	冲洪积-湖积平原潜水	−229.45
	冲湖积平原承压水	−5.96

续表 6-2-18

二级均衡区	三级均衡区		储变量/($\times 10^4 \mathrm{m}^3 \cdot \mathrm{a}^{-1}$)
共和西盆地	潜水-半承压水		436.20
	潜水	沙珠玉河谷	−20.95
		恰卜恰河谷	−41.01
	承压水	恰卜恰河谷	−5.36
共和东盆地	东盆地潜水		698.11
	沙沟-木河沟侵蚀台地		2.45
重点区	恰卜恰河谷	潜水	41.01
		承压水	−5.36
	茶卡盆地北缘冲洪积平原潜水		−157.20
	哇洪河冲洪积扇潜水		557.33

四、地下水均衡

根据水均衡原理,地下水均衡计算用式(6-1)。

共和盆地各评价区水均衡见表 6-2-19。

表 6-2-19 共和盆地水均衡

二级均衡区	三级均衡区		补给量	排泄量	补排差	储变量/($\times 10^4 \mathrm{m}^3 \cdot \mathrm{a}^{-1}$)
茶卡盆地	冲洪积-湖积平原潜水		2 395.75	2 762.12	−366.37	−229.45
	冲湖积平原承压水		26.20	30.35	−4.15	−5.96
共和西盆地	潜水-半承压水		28 603.7	28 022.64	581.06	436.20
	潜水	沙珠玉河谷	118.32	133.09	−14.77	−20.95
		恰卜恰河谷	474.37	425.79	48.58	−41.01
	承压水	恰卜恰河谷	1 045.89	1 068.05	−22.16	−5.36
共和东盆地	东盆地潜水		10 230.61	9 559.67	670.49	698.11
	沙沟-木河沟侵蚀台地		257.55	254.73	2.82	2.45
重点区	恰卜恰河谷	潜水	474.37	425.79	48.58	41.01
		承压水	1 045.89	1 068.05	−22.16	−5.36
	茶卡盆地北缘冲洪积平原潜水		1 859.56	2 033.00	−173.44	−157.20
	哇洪河冲洪积扇		8 710.47	8 055.56	654.91	557.33

第三节 地下水资源量及其分布

一、地下水天然资源量

地下水天然资源量是指地下水系统中参与现代水循环和交替、可以恢复更新的重力地下水,天然补给量为总补给量减去井灌回归入渗补给量。降水入渗补给量的计算利用了工作区 1970—2014 年大气降水系列数据,求取多年平均降水条件下的降水入渗补给量。天然资源量主要包括大气降水入渗补给量、山前侧向补给量、山前沟谷河流入渗补给量、地表水灌溉入渗补给量、泉水入渗补给量。

共和盆地天然资源量的组成及其占比见表 6-3-1。由表 6-3-1 可以看出沟谷河流入渗为天然资源的最主要组成部分,占比为 66.65%,大气降水入渗补给和山前侧向补给次之,各占 13.34%、13.20%,地表水灌溉入渗补给量和泉流量入渗补给量占比较小,分别占 6.11% 和 0.70%。

共和盆地地下水天然资源量评价结果见表 6-3-2。由表中可以看出,共和西盆地天然资源量最大,为 $30\ 452.35\times10^4\ m^3/a$,其次为共和东盆地,天然资源量为 $10\ 453.36\times10^4\ m^3/a$,茶卡盆地天然资源量为 $3\ 306.94\times10^4\ m^3/a$。

表 6-3-1 共和盆地天然补给量组成及其占比

天然补给项	补给量/($\times10^4\ m^3\cdot a^{-1}$)	所占百分比/%
大气降水入渗补给量	5 898.75	13.34
山前侧向补给量	5 835.56	13.20
山前沟谷河流入渗补给量	29 469.05	66.65
地表水灌溉入渗补给量	2 701.46	6.11
泉水入渗补给量	307.81	0.70
合计	44 212.63	100.00

表 6-3-2 共和盆地地下水天然资源量评价结果表

二级均衡区	三级均衡区	面积/km²	天然资源量/($\times10^4\ m^3\cdot a^{-1}$)	模数/[$\times10^4\ m^3\cdot(km^2\cdot a)^{-1}$]
茶卡盆地	北部冲洪积平原	531.38	1 624.44	3.06
	南部冲洪积平原	521.00	209.44	0.40
	冲湖积平原	595.63	1 473.06	2.47
	合计	1 648.01	3 306.94	
共和西盆地	北部山前冲洪积平原	361.50	1 756.75	4.86
	哇洪河冲洪积扇	749.17	8 779.15	11.72
	切吉河冲洪积扇	314.00	3 090.00	9.84
	大水桥冲洪积扇	173.41	1 025.77	5.92
	大水河上游分流区	311.15	1 633.97	5.25
	中央冲洪积平原	1 873.25	7 403.02	3.95

续表 6-3-2

二级均衡区	三级均衡区	面积 /km²	天然资源量 /($\times 10^4$ m³·a⁻¹)	模数 /[$\times 10^4$ m³·(km²·a)⁻¹]
共和西盆地	沙珠玉河谷	209.50	692.89	3.31
	塔拉台地	2 407.31	3 284.72	1.36
	恰卜恰河谷	64.38	1 424.47	22.13
	恰卜恰河谷东部丘陵区	395.63	139.49	0.35
	河卡滩地	501.38	1 222.12	2.44
	合计	7 360.68	30 452.35	
共和东盆地	塔秀河冲洪积扇	70.81	3 355.08	47.38
	茫曲河河谷	556.31	4 444.51	7.99
	巴洛滩地	496.83	1 222.84	2.46
	茫什多滩	78.86	106.61	1.35
	木格滩地	1 207.31	372.99	0.31
	沙沟-木河沟侵蚀台地	674.88	951.33	1.41
	合计	3 085.00	10 453.36	
共和盆地合计		12 093.00	44 212.63	
重点区	恰卜恰河谷	64.38	1 424.47	22.13
	茶卡盆地北缘冲洪积平原	586.67	2 859.65	4.87
	哇洪河冲洪积平原	749.17	8 779.15	11.72

由表 6-3-2 可知，塔秀河冲洪积扇、恰卜恰河谷地下水天然资源模数最大，达到 $(20\sim 50)\times 10^4$ m³/(km²·a)，哇洪河冲洪积平原地下水天然资源模数次之，达到 $(10\sim 20)\times 10^4$ m³/(km²·a)，大水桥冲洪积扇、切吉河冲洪积扇、茫曲河河谷地下水天然资源模数为 $(5\sim 10)\times 10^4$ m³/(km²·a)，其余区域地下水天然资源模数较小，均小于 5×10^4 m³/(km²·a)，塔拉台地、木格滩地、恰卜恰河谷东部丘陵区、茶卡盆地南部冲洪积扇地下水天然资源模数小于 1×10^4 m³/(km²·a)（图 6-3-1）。

重点区天然资源量评价结果见表 6-3-2。恰卜恰河谷天然资源量为 $1 424.47\times 10^4$ m³/a，茶卡盆地北缘冲洪积平原天然资源量为 $2 859.65\times 10^4$ m³/a，哇洪河冲洪积平原天然资源量为 $8 779.15\times 10^4$ m³/a。

二、可开采资源量

可开采资源量是指在一定的经济技术条件约束下可以持续开发利用的、并在开采过程中不发生环境地质问题的地下水水量，因此地下水可开采资源量与一定的开采方案有关，且随着经济技术的发展而变化。

共和盆地地下水可开采资源量用多年平均降水条件下的地下水总补给量减去不可袭夺的排泄量。不可袭夺的排泄项主要包括龙羊峡两侧泉水排泄量、沙珠玉河谷灌溉用水量、湖泊蒸发量。

经评价，共和盆地地下水可开采资源量为 $35 733.79\times 10^4$ m³/a，地下水可开采资源量按地下水系统、重点区、行政区评价分别见表 6-3-3、表 6-3-4。

由表 6-3-4 可知，塔秀河冲洪积扇地下水可开采资源模数最大，达到 $(20\sim 50)\times 10^4$ m³/(km²·a)；哇洪河冲洪积平原地下水可开采资源模数次之，达到 $(10\sim 20)\times 10^4$ m³/(km²·a)；恰卜恰河谷、大水桥冲洪积扇、切吉河冲洪积扇、茫曲河河谷地下水可开采模数为 $(5\sim 10)\times 10^4$ m³/(km²·a)；其余区域地

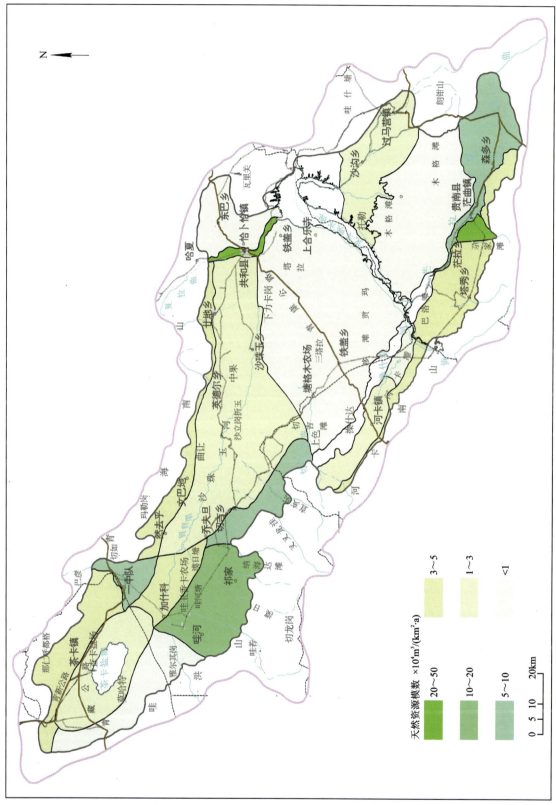

图6-3-1 共和盆地地下水天然资源模数分区图

表 6-3-3　共和盆地地下水可开采资源量(按地下水系统评价)

二级均衡区	三级均衡区	面积 /km²	可开采天然资源量 /(×10⁴m³·a⁻¹)	模数 /[×10⁴m³·(km²·a)⁻¹]
茶卡盆地	北部冲洪积平原	531.38	1 594.44	3.02
	南部冲洪积平原	521.00	213.24	0.39
	冲湖积平原	595.63	1 123.44	1.89
	合计	1 648.01	2 931.12	
共和西盆地	北部山前冲洪积平原	361.50	1 626.75	4.50
	哇洪河冲洪积扇	749.17	8 029.73	10.72
	切吉河冲洪积扇	314.00	1 570.00	5.00
	大水桥冲洪积扇	173.41	975.77	5.63
	大水河上游分流区	311.15	1 464.51	4.71
	中央冲洪积平原	1 873.25	5 078.41	2.71
	塔拉台地	2 407.31	1 203.66	0.50
	恰卜恰河谷东部丘陵区	395.63	134.49	0.34
	河卡滩地	501.38	1 222.12	2.44
	沙珠玉河谷	209.50	972.52	4.64
	恰卜恰河谷	64.38	421.40	6.55
	合计	7 360.68	22 699.36	
共和东盆地	塔秀河冲洪积扇	70.81	3 195.08	45.12
	茫曲河河谷	556.31	4 571.63	8.22
	巴洛滩地	496.83	1 207.94	2.43
	茫什多滩	78.86	101.51	1.29
	木格滩地	1 207.31	298.45	0.25
	沙沟-木河沟侵蚀台地	674.88	728.70	1.08
	合计	3 085.00	10 103.31	
	共和盆地合计	12 093.00	35 733.79	
重点区	恰卜恰河谷	64.38	421.40	6.55
	茶卡盆地北缘冲洪积平原	586.67	2 450.21	4.18
	哇洪河冲洪积扇	749.17	8 029.73	10.72

下水可开采模数较小,小于 $5×10^4 m^3/(km^2·a)$;塔拉台地、木格滩地、恰卜恰河谷东部丘陵区、茶卡盆地南部冲洪积扇地下水可开采模数小于 $1×10^4 m^3/(km^2·a)$(图 6-3-2)。

恰卜恰河谷天然可开采资源模数为 $22.13×10^4 m^3/(km^2·a)$,可开采资源模数为 $6.55×10^4 m^3/(km^2·a)$。这是因为恰卜恰河谷为共和盆地的政治经济中心,是全区承压水开发利用程度最高的区域。对该重点区进行资源评价时,将共和西盆地中央冲洪积平原对恰卜恰河谷承压含水层的侧向补给量作恰卜恰河谷的天然可开采资源量的组成部分,而可开采资源仅表征潜水可开采地下水资源,故恰卜恰河谷天然可开采资源模数较高,而对应可开采模数相对较低。

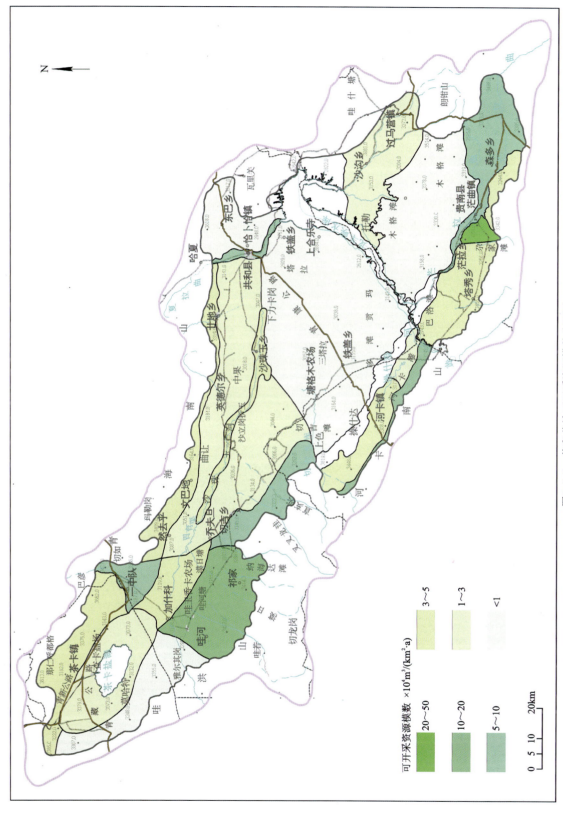

图6-3-2 共和盆地可开采资源模数分区图

表6-3-4 共和盆地潜水可开采资源量（按行政区评价）

乡镇	面积/km²	可开采资源（按矿化度分级）/(×10⁴m³·a⁻¹)				合计 (×10⁴m³·a⁻¹)	模数 /[×10⁴m³·(km²·a)⁻¹]
		<1	1~3	3~5	>5		
茶卡镇	1 524.63	1 777.76	857.62	177.44	118.29	2 931.11	1.92
切吉乡	2 508.13	12 742.47	153.87			12 896.34	5.14
塘格木镇	1 721.56	3 915.11	38.54			3 953.65	2.30
沙珠玉乡	682.88	1 396.24	540.98			1 937.22	2.84
恰卜恰镇	761.38	1 100.65	102.22			1 202.87	1.58
甘地乡	315.13	1 048.94				1 048.94	3.33
龙羊峡镇	51.56	15.42	61.70			77.12	1.50
铁盖乡	941.31	332.21	28.89			361.10	0.38
河卡镇	501.44	1 222.12				1 222.12	2.44
茫曲镇	340.38	1 187.13				1 187.13	3.49
过马营镇	250.19	380.80				380.80	1.52
沙沟乡	325.25	479.06				479.06	1.47
茫拉乡	333.31	580.78				580.78	1.74
塔秀乡	442.75	4 003.53				4 003.53	9.04
森多乡	851	3 418.94				3 418.94	4.02
贵南草业开发公司	542.13	53.07				53.07	0.10
合计	12 093.00	33 654.23	1 783.82	177.44	118.29	35 733.79	

三、承压水可利用量

承压水属于更新缓慢的消耗性地下水水资源。承压水可利用量主要为山前侧向补给，减去不可袭夺的侧向排泄量。共和盆地由于承压水开发利用程度较低，允许将10年内水头降至含水层底板所释放储量作为可利用量。共和盆地承压水主要分布在恰卜恰河谷、茶卡冲湖积平原、沙沟-木河沟侵蚀台地。共和盆地承压水可利用量评价结果见表6-3-5。

表6-3-5 共和盆地承压水可利用量

承压水均衡区	面积/km²	可利用量/(×10⁴m³·a⁻¹)	可利用模数/[×10⁴m³·(km²·a)⁻¹]
恰卜恰河谷	64.38	923.59	14.35
茶卡冲湖积平原	595.63	190.00	0.32
沙沟-木河沟侵蚀台地	674.88	139.19	0.21

可利用量按行政区评价结果见表6-3-6。由表可知，恰卜恰镇承压水可利用模数较大，为14.35×10⁴m³/(km²·a)，其他区域可利用模数均小于1×10⁴m³/(km²·a)。

表 6-3-6　共和盆地承压水可利用量(按行政区评价)

承压水均衡区	面积/km²	可利用量/($\times 10^4 m^3 \cdot a^{-1}$)	可利用模数/$[\times 10^4 m^3 \cdot (km^2 \cdot a)^{-1}]$
恰卜恰镇	64.38	923.59	14.35
茶卡镇	595.63	190.00	0.32
过马营镇	250.19	66.55	0.27
沙沟乡	325.25	72.64	0.22

第四节　重点地区地下水资源分布

在共和盆地地下水资源评价的基础上,本书对共和盆地地下水开发利用程度较高的共和县恰卜恰镇、贵南县茫曲镇-塔秀乡、茶卡镇等主要城镇地下水资源进行了评价。

一、共和县恰卜恰镇

恰卜恰镇地下水资源评价区为恰卜恰河谷重点区,该区地下水天然资源量为 $1\,424.47\times 10^4 m^3/a$,可开采资源量为 $1\,385.97\times 10^4 m^3/a$,其中潜水可开采量 $421.40\times 10^4 m^3/a$,承压水可开采量为 $964.57\times 10^4 m^3/a$。2013 年地下水现状开采量为 $970.15\times 10^4 m^3$,其中潜水开采量 $64.74\times 10^4 m^3$,承压水开采量为 $905.41\times 10^4 m^3$(包括承压水自流排泄量 $375.70\times 10^4 m^3$)。

二、贵南县茫曲镇-塔秀乡

贵南县茫曲镇-塔秀乡地下水可开采资源包括塔秀河冲洪积扇以及茫曲河河谷贵南县城段,贵南县地下水资源评价范围见图 6-4-1。

图 6-4-1　贵南县地下水资源评价范围图

贵南县地下水天然资源量为 4 224.42×10⁴m³/a,可开采资源量为 4 080.16×10⁴m³/a。2013 年地下水现状开采量为 316.60×10⁴m³,地下水资源开采潜力大。

三、茶卡镇重点区

茶卡镇重点区指茶卡山前冲洪积平原,茶卡镇评价范围见图 6-4-2。

经评价茶卡镇地下水天然资源量为 1 539.60×10⁴m³/a,可开采资源量为 1 424.44×10⁴m³/a,2013 年地下水现状开采量为 19.80×10⁴m³,地下水开采潜力大。

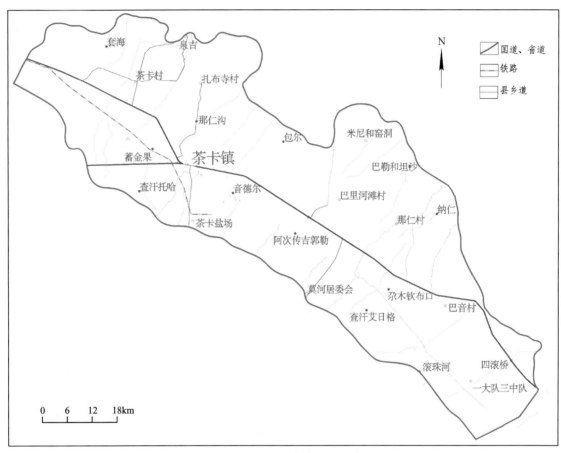

图 6-4-2 茶卡镇地下水资源评价范围图

第七章 地下水质量评价概述

第一节 地下水质量评价原则与方法

一、评价原则

(1)充分利用本次工作取得的地下水化学检测实验数据,对地下水质量现状作出客观的评价;
(2)紧密配合地下水资源量的评价工作,确保工作目标、评价对象以及结论和决策意见的一致性;
(3)充分利用以往地下水环境质量调查和长期监测资料,在查明地下水质量背景的基础上对地下水水质进行分类;
(4)地下水质量评价以地下水系统为评价单元;
(5)重视人类活动对地下水质量的影响。

二、评价标准

《地下水质量标准》(GB/T 14848—2017)为评价标准。

三、评价指标

本次工作经分析、筛选,最终确定评价指标25项,其中现场测试指标2项、常规测试指标13项、无机毒理指标10项。地下水水质评价指标见表7-1-1。

表7-1-1 地下水水质评价指标列表

评价对象	指标类别	指标名称
区域地下水	现场测试指标(2项)	pH、EC
	常规测试指标(13项)	铁、锰、铜、锌、铝、氯化物、硫酸盐、总硬度、TDS、耗氧量、氨、氮、钠
	无机毒理指标(10项)	氟化物、硝酸盐、亚硝酸盐、砷、镍、汞、铅、钴、铬、碘化物

四、地下水质量评价指标分类

按《地下水质量标准》(GB/T 14848—2017)将地下水质量划分为5类。此分类不适用于地下热水、矿水、盐卤水。以地下水为水源的各类专门用水,在地下水质量分类管理的基础上,要按有关专门用水标准来进行管理。

Ⅰ类:主要反映地下水化学组分的天然低背景含量,适用于各种用途。
Ⅱ类:主要反映地下水化学组分的天然背景含量,适用于各种用途。

Ⅲ类:以人体健康基准值(生活饮用水标准)为依据,主要适用于集中式生活饮用水水源及工业、农业用水。

Ⅳ类:以农业和工业用水要求为依据,除适用于农业和部分工业用水外,适当处理后可作生活饮用水。

Ⅴ类:不宜饮用,其他用水可根据使用目的选用。

地下水质量评价指标分类及限值详见《地下水质量标准》(GB/T 14848—2017)。

五、评价方法

地下水质量评价方法参照《地下水质量标准》(GB/T 14848—2017),分为单因子评价和综合评价两种。

(一)地下水质量单因子评价

1. 水质分类

按《地下水质量标准》(GB/T 14848—2017)所列水质分类指标,划分为5类。不同类别标准值相同时,从优不从劣。如锰Ⅰ、Ⅱ类标准值均小于或等于0.05mg/L,若水质分析结果为0.05mg/L时,应定为Ⅰ类,不定为Ⅱ类。

2. 水质单因子评价指数法

$$\mathbb{I} = C_i / C_{oi} \tag{7-1}$$

式中,$\mathbb{I}$为单因子水质指数;C_i为地下水中i指标实测浓度;C_{oi}为i指标的Ⅲ类标准限值。

(二)地下水质量综合评价

地下水质量综合评价以地下水质量单因子评价结果为基础,对每个样品参评指标的评价结果,采用从劣不从优的原则来确定样品的该分类指标的质量分级,即以各样品的该分类指标中质量最差、分级最低的指标分级作为该样品所属类指标的质量分级。例如,某个样品常规测试指标,单指标评价结果中锰质量级别为Ⅴ类,其他指标质量级别分别为Ⅰ类、Ⅱ类、Ⅲ类、Ⅳ类不等,则该样品常规测试指标质量评价结果即为Ⅴ类。以此方法分别对一般化学指标、无机毒理指标、毒性重金属指标、微量无机指标分别评价,然后再将4类指标评价结果采用从劣不从优的原则进行叠加,最终确定该样品的综合质量级别。该方法不足之处是评价结果代表的是地下水质量的最差状况,其优点是可以查明哪些指标是影响地下水质量的主要指标。

第二节　区域地下水质量评价

一、地下水质量总体特征

利用2012—2013年采集的249组地下水(开采井及泉)、地表水样品无机化学测试分析结果,包括现场测试指标、常规测试指标及无机毒理指标,统计分析获得各项指主要特征参数,见表7-2-1。

表 7-2-1 共和盆地主要水化学指标参数

项目	采样类型	采样数量/组	极小值	极大值	中值	均值	百分位25%	百分位75%
水温/℃	地下水	122	1.1	35	8.96	10.55	7.74	13
	泉	10	1.6	19.12	11.65	11.20	11	12.5
	地表水	1	1.47	1.47	1.47	1.47	1.47	1.47
Eh	地下水	108	−16	248	129.5	112.40	26.5	165.5
	泉	20	14	254	184	160.45	141	198
	地表水	1	24	24	24	24.00	24	24
DO /(mg·L^{-1})	地下水	108	0.18	1127	5.61	26.25	2.62	8.115
	泉	23	0.14	8.43	0.7	2.42	0.3	5.4
	地表水	1	5.62	5.62	5.62	5.62	5.62	5.62
总硬度	地下水	181	35.82	2403	277.5	370.18	188.1	425
	泉	36	1.93	670.5	188.3	236.26	139.5	300.05
	地表水	30	106	392.1	192.7	212.76	165.5	259.3
总酸度	地下水	135	0	54.23	5.06	8.39	2.46	10.11
	泉	24	0	15.78	5.005	4.58	1.375	5.06
	地表水	17	0	9.86	4.93	4.69	4.93	5.42
总碱度	地下水	136	0	1196	221.55	254.61	176.15	280.6
	泉	24	7.08	449.3	194.4	210.10	130.55	290
	地表水	17	101.5	264.4	174.7	178.11	146.3	215.1
TDS /(mg·L^{-1})	地下水	181	7.48	17 598	725.9	1 164.48	522.9	1154
	泉	36	14.36	2414	761.7	807.54	328.1	1 138.5
	地表水	30	141.2	2461	356.9	532.63	293.8	540
pH值	地下水	181	4.1	9.12	7.73	7.81	7.58	7.93
	泉	36	6.65	9.13	7.885	8.00	7.695	8.415
	地表水	30	7.38	8.81	7.835	7.96	7.73	8.03
Ca^{2+} /(mg·L^{-1})	地下水	181	9.17	518.2	64.7	81.25	46.01	97.34
	泉	36	0.14	97.95	48.235	50.23	34.86	60.335
	地表水	30	24.91	118	54.95	56.44	43.66	62.7
Mg^{2+} /(mg·L^{-1})	地下水	181	3.19	2208	28.32	52.59	17.41	45.77
	泉	36	0.34	146.2	15.015	26.91	8.615	31.5
	地表水	30	4.89	49.05	14.215	17.44	9.94	18.42
K^+ /(mg·L^{-1})	地下水	181	0.67	109.1	4.73	7.82	2.97	7.2
	泉	36	1.38	40.31	2.095	5.11	1.725	4.015
	地表水	30	0.76	7.2	3.185	3.42	2.14	4.37

续表 7-2-1

项目	采样类型	采样数量/组	极小值	极大值	中值	均值	百分位25%	百分位75%
Na^+ /(mg·L^{-1})	地下水	181	6.09	5904	153.1	283.54	89.72	257.5
	泉	36	1.17	654.6	182.45	201.64	56.48	312.55
	地表水	30	7.49	721.2	45.755	105.81	29.39	119.2
SO_4^{2-} /(mg·L^{-1})	地下水	181	24.84	3773	159.9	260.36	94.67	257.3
	泉	36	1	914.4	187.35	204.51	74.45	316.3
	地表水	30	10.65	1221	98.845	164.04	49.39	190.7
HCO_3^- /(mg·L^{-1})	地下水	181	0	1002	260.8	287.31	204.4	330
	泉	36	8.63	547.9	201	228.38	140.85	303.55
	地表水	30	109.8	1650	187.35	241.41	158.6	218
CO_3^{2-} /(mg·L^{-1})	地下水	181	0	48.01	0	1.94	0	0
	泉	36	0	72.01	0	3.98	0	3
	地表水	30	0	11.59	0	1.74	0	0
NO_3^- /(mg·L^{-1})	地下水	177	0.03	237.5	7.8	22.70	2.28	25.84
	泉	35	0	33	5.68	6.59	1.36	8.96
	地表水	30	0.3	39.56	5.74	9.10	3.48	13.28
NO_2^- /(mg·L^{-1})	地下水	55	未检出	8.599	未检出	0.80	未检出	0.04
	泉	12	未检出	8.399	未检出	0.90	未检出	未检出
	地表水	6	未检出	5	0.0545	1.04	未检出	1.099
NH_4^+ /(mg·L^{-1})	地下水	56	未检出	0.15	未检出	0.04	未检出	0.04
	泉	13	未检出	0.16	未检出	0.04	未检出	未检出
	地表水	6	未检出	0.15	0.03	0.05	未检出	0.04
Fe /(mg·L^{-1})	地下水	20	未检出	未检出	未检出	未检出	未检出	未检出
	泉	5	未检出	未检出	未检出	未检出	未检出	未检出
	地表水	3	未检出	未检出	未检出	未检出	未检出	未检出
F^- /(mg·L^{-1})	地下水	56	0.12	2.5	0.465	0.61	0.305	0.82
	泉	13	0.24	3	0.36	0.74	0.3	0.6
	地表水	6	0.2	1.5	0.51	0.62	0.3	0.72
耗氧量	地下水	56	0.6	4.16	1.135	1.35	0.92	1.62
	泉	13	0.75	2.46	1.31	1.38	1.08	1.57
	地表水	6	0.97	3.08	1.825	1.89	1.12	2.54
偏硅酸 /(mg·L^{-1})	地下水	55	0.81	24.28	13.1	13.07	10.56	15.55
	泉	13	5.56	31.67	15.86	14.85	10.4	18.15
	地表水	6	6.81	13.83	9.905	10.42	8.94	13.1

续表 7-2-1

项目	采样类型	采样数量/组	极小值	极大值	中值	均值	百分位 25%	百分位 75%
Cu /(mg·L^{-1})	地下水	20	未检出	未检出	未检出	未检出	未检出	未检出
	泉	5	未检出	未检出	未检出	未检出	未检出	未检出
	地表水	3	未检出	未检出	未检出	未检出	未检出	未检出
Mn /(mg·L^{-1})	地下水	20	未检出	未检出	未检出	未检出	未检出	未检出
	泉	5	未检出	未检出	未检出	未检出	未检出	未检出
	地表水	3	未检出	未检出	未检出	未检出	未检出	未检出
Zn /(mg·L^{-1})	地下水	20	未检出	0.016	0.002 5	0.004 3	未检出	0.005 5
	泉	5	未检出	0.015	未检出	0.004 0	未检出	0.002
	地表水	3	未检出	未检出	未检出	未检出	未检出	未检出
Hg /(mg·L^{-1})	地下水	20	未检出	未检出	未检出	0.000 1	未检出	0.000 1
	泉	5	未检出	未检出	0.000 1	0.000 1	未检出	0.000 1
	地表水	3	未检出	0.000 1	未检出	0.000 1	未检出	0.000 1
As /(mg·L^{-1})	地下水	56	未检出	0.061	未检出	0.003 9	未检出	0.000 75
	泉	13	未检出	0.008	未检出	0.001 7	未检出	0.001
	地表水	6	未检出	0.046	未检出	0.008 1	未检出	未检出
Pb /(mg·L^{-1})	地下水	20	未检出	未检出	未检出	未检出	未检出	未检出
	泉	5	未检出	未检出	未检出	未检出	未检出	未检出
	地表水	3	未检出	未检出	未检出	未检出	未检出	未检出
Ni /(mg·L^{-1})	地下水	20	未检出	未检出	未检出	未检出	未检出	未检出
	泉	5	未检出	未检出	未检出	未检出	未检出	未检出
	地表水	3	未检出	未检出	未检出	未检出	未检出	未检出
Co /(mg·L^{-1})	地下水	20	未检出	未检出	未检出	未检出	未检出	未检出
	泉	5	未检出	未检出	未检出	未检出	未检出	未检出
	地表水	3	未检出	未检出	未检出	未检出	未检出	未检出
总 Cr /(mg·L^{-1})	地下水	20	未检出	未检出	未检出	未检出	未检出	未检出
	泉	5	未检出	未检出	未检出	未检出	未检出	未检出
	地表水	3	未检出	未检出	未检出	未检出	未检出	未检出
Li /(mg·L^{-1})	地下水	20	0.01	0.437	0.033 5	0.072 2	0.021 5	0.080 5
	泉	5	0.006	0.096	0.03	0.037 0	0.023	0.03
	地表水	3	0.006	0.09	0.035	0.043 7	0.006	0.09
B /(mg·L^{-1})	地下水	5	0.36	1.45	0.81	0.842 0	0.71	0.88
	泉							
	地表水							

续表 7-2-1

项目	采样类型	采样数量/组	极小值	极大值	中值	均值	百分位25%	百分位75%
Br^- /(mg·L^{-1})	地下水	25	未检出	0.5	0.1	0.15	未检出	0.18
	泉	5	未检出	0.28	未检出	0.13	未检出	0.2
	地表水	3	未检出	未检出	未检出	未检出	未检出	未检出
I^- /(mg·L^{-1})	地下水	25	未检出	0.2	未检出	0.02	未检出	未检出
	泉	5	未检出	未检出	未检出	未检出	未检出	未检出
	地表水	3	未检出	未检出	未检出	未检出	未检出	未检出

二、区域地下水单指标评价

分别对参评的2项现场测试指标、13项常规测试指标进行了区域浅层地下水单因子评价。具体如下。

(一)现场测试指标

EC：参评地下水样品数量为119个，超Ⅲ类地下水样点为0，Ⅰ、Ⅱ、Ⅲ类水样品所占比例分别为82.3%、9.2%和8.5%(表7-2-2)，区内EC水质分级较高，Ⅰ类水广布。

pH：参评地下水样品数量217个，无超Ⅲ类地下水样点，Ⅰ类水样点所占比例达到88%，Ⅲ类水仅占12%(表7-2-2)。

表 7-2-2　共和盆地地下水现场测试指标评价结果

项目	地下水质量分级	样品数量/个	比例/%
EC	Ⅰ类水	107	82.3
	Ⅱ类水	12	9.2
	Ⅲ类水	11	8.5
pH	Ⅰ类水	191	88.0
	Ⅲ类水	26	12.0

(二)常规测试指标

总硬度：参评地下水样品217个(包括地下水开采井181个，泉36个)，Ⅱ类水所占比例最高，达到41.0%。受共和盆地采样井、泉分布的影响，超Ⅲ类水样点占总采样数量的21.2%，其中，Ⅳ、Ⅴ类水样点所占比例分别为12.9%和8.3%，超标水样点主要集中分布于6个地区：①茶卡盆地中部的冲湖积平原高硬度区；②大水河冲洪积扇前缘扇前洼地高硬度区；③哇洪河冲洪积扇高硬度区；④沙珠玉河下游河谷平原高硬度区；⑤恰卜恰河下游河谷平原高硬度区；⑥龙羊峡西侧高硬度泉水。以上这些区域都是盆地内地下水的主要排泄区域，水质较差，多数无法饮用，局部地区超标率超过85.5%。

溶解性总固体(TDS)：参评样本217个，Ⅲ类水样点占全部采样点的比例最大，达到41.9%(表7-2-3)，其次为Ⅳ类水样点，占总样品数量的21.7%。超Ⅲ类水样点合计占31.3%，Ⅳ、Ⅴ类水样点所占比例分别为21.7%和9.7%。地理位置上，高TDS的区域主要集中分布于盆地中央、河谷的下游平原、扇前洼地和扇间洼地的地区。其中,茶卡盆地冲湖积平原为 TDS 含量最高的区域,其次为恰卜恰河下游与黄河交汇处的河谷平原以及沙珠玉河末端的河谷平原,矿化度都到达了 3000mg/L 以上。

表 7-2-3 共和盆地地下水常规测试指标评价结果

项目	地下水质量分级	样品数量/个	比例/%
硬度	Ⅰ类水	40	18.4
	Ⅱ类水	89	41.0
	Ⅲ类水	42	19.4
	Ⅳ类水	28	12.9
	Ⅴ类水	18	8.3
TDS	Ⅰ类水	19	8.8
	Ⅱ类水	39	18.0
	Ⅲ类水	91	41.9
	Ⅳ类水	47	21.7
	Ⅴ类水	21	9.7
Na^+	Ⅰ类水	67	30.9
	Ⅱ类水	35	16.1
	Ⅲ类水	33	15.2
	Ⅳ类水	49	22.6
	Ⅴ类水	33	15.2
Ca^{2+}	Ⅰ类水	172	79.3
	Ⅱ类水	36	16.6
	Ⅲ类水	7	3.2
	Ⅳ类水	2	0.9
Mg^{2+}	Ⅰ类水	25	11.5
	Ⅱ类水	59	27.2
	Ⅲ类水	88	40.6
	Ⅳ类水	40	18.4
	Ⅴ类水	5	2.3
Cl^-	Ⅰ类水	40	18.4
	Ⅱ类水	67	30.9
	Ⅲ类水	49	22.6
	Ⅳ类水	15	6.9
	Ⅴ类水	46	21.2
SO_4^{2-}	Ⅰ类水	23	10.6
	Ⅱ类水	74	34.1
	Ⅲ类水	56	25.8
	Ⅳ类水	40	18.4
	Ⅴ类水	24	11.1

续表 7-2-3

项目	地下水质量分级	样品数量/个	比例/%
NH_4^+	Ⅰ类水	39	56.5
	Ⅱ类水	27	39.1
	Ⅲ类水	3	4.3
OC	Ⅰ类水	26	37.7
	Ⅱ类水	34	49.3
	Ⅲ类水	7	10.1
	Ⅳ类水	2	2.9
Fe	Ⅰ类水	25	100.0
Cu	Ⅰ类水	25	100.0
Mn	Ⅰ类水	25	100.0
Zn	Ⅰ类水	21	84.0
	Ⅱ类水	4	16.0

钠(Na^+)：共和盆地中超Ⅲ类井点占37.8%，Ⅳ、Ⅴ类水样点所占比例分别为22.6%和15.2%。在所有采样点中Ⅰ类水样点比例最高，为30.9%。超标水样点主要分布于盆地中部，Na含量最高为茶卡盆地中部的冲湖积平原，其次为恰卜恰下游河谷平原，沙珠玉河末端的河谷平原Na含量也较高。

钙(Ca^{2+})：共和盆地内超Ⅲ类水样点占总数的4.1%，Ⅳ、Ⅴ类水样点所占比例分别为3.2%和0.9%。Ⅰ类水样点占79.3%。超标水样点主要分布于茶卡盆地莫河冲洪积扇缘、恰卜恰镇南的河谷平原以及沙珠玉河末端的河谷平原。

镁(Mg^{2+})：，共和盆地内超Ⅲ类水样点占20.7%，Ⅳ、Ⅴ类水样点所占比例分别为18.4%和2.3%。全区Ⅲ类水样点数量占据第一位，占总采样数量的40.6%。超标水样点主要分布范围与Ca^{2+}的分布趋势基本一致，在茶卡盆地莫河冲洪积扇缘、恰卜恰镇南的河谷平原都是Mg^{2+}的高含量集中区域。

氯化物(Cl^-)：共和盆地中超Ⅲ类水样点占28.1%，Ⅳ、Ⅴ类水样点所占比例分别为6.9%和21.2%。超Ⅲ类样点主要分布在茶卡盆地，超标率高达78%，恰卜恰河下游的河谷平原、哇洪河冲积扇缘、大水河冲洪积扇缘以及沙珠玉河末端河谷平原都是Cl元素的集中区域。Ⅰ类水样点及Ⅱ类水样点合计占49.3%，主要分布于共和盆地周边的山前冲洪积扇上。

硫酸盐(SO_4^{2-})：参评地下水样点，超Ⅲ类水样点占29.5%，Ⅳ、Ⅴ类水样点所占比例分别为18.4%和11.1%。Ⅱ类水样点占所有水样点比例最高，为34.1%。地理位置上，超标样点主要位于茶卡盆地冲洪积平原与冲湖积平原交互带，其次在恰卜恰河中部河谷平原及新哲农场附近也有较多分布。

氨氮(NH_4^+)：参评地下水样点，盆地内无超Ⅲ类水样点，Ⅰ、Ⅱ类水样点所占比例分别为56.5%和39.1%。区域茶卡盆地东部的大水河及贵南县附近的茫拉河氨氮含量较高。

耗氧量(OC)：耗氧量是指在一定条件下，采用一定的强氧化剂处理水样时所消耗的氧化剂量。它是表示水中还原性物质多少的一个指标，例如水中还原性物质有各种有机物、亚硝酸盐、硫化物、亚铁盐等，其中主要是有机物。因此，化学需氧量(COD)往往作为衡量水中有机物质含量多少的指标，耗氧量越大，说明水受有机物污染越严重。在参评样本中超Ⅲ类水样点占13.0%，Ⅳ、Ⅴ类水样点所占比例分别为10.1%和2.9%。地理位置上，耗氧量在地下水的超标点主要分布于共和盆地冲洪积扇前洼地和低洼的河谷平原地区，茶卡盆地冲湖积平原北缘、恰卜恰河下游河谷平原以及共和东盆地北部的沙沟河谷平原，耗氧量含量较高，此区域也是人类活动较为频繁的地区。地表水中的高耗氧量区域主要位于共和西盆地西缘的大水河下游。

铁(总 Fe)、铜(Cu)、锰(Mn)、锌(Zn):参评样本 25 个,4 种金属元素无超Ⅲ类水,所采集水样的 4 种元素含量均低于检出限,属于Ⅰ类水。

三、地下水质量综合评价

综合以上参评的 2 项现场测试指标,11 项常规测试指标以及无机毒理性指标,进行了区域地下水质量综合评价。评价结果见图 7-2-1 及图 7-2-2 共和盆地地下水质量分区图。

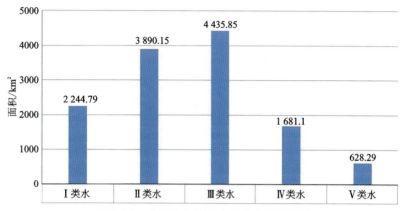

图 7-2-1　共和盆地地下水质量分区面积图

Ⅰ类水:共和盆地内Ⅰ类地下水面积占共和盆地总面积的 17.4%,总面积为 2 244.79km²。地理位置上,Ⅰ类水主要分布于盆地周边的山前冲洪积倾斜平原上,其中以哇洪河冲洪积扇面积最大,为 621km²,其次为河卡滩地,面积为 501km²。其他Ⅰ类水分布区主要为茫拉河上游的莫格滩、莫河冲洪积扇扇顶、青海南山山前冲洪积倾斜平原以及贵南县城以南的塔秀河冲洪积扇。以上区域地下水水质好,地下水更新性强,适用于各种用途,是盆地内人畜饮水的优质水源。

Ⅱ类水:盆地内Ⅱ类地下水面积占总面积的 30.2%,总面积为 3 890.15km²,是盆地内面积第二大的水质类型。在地貌单元上,Ⅱ类地下水主要分布于山前冲洪积倾斜平原的下部,属于地下水径流区,局部山前小型的冲洪积扇也有分布。面积最大的为共和西盆地的河卡滩地,达到 2296km²。其他Ⅱ类水主要分布于木格滩的东部、青海南山冲洪积扇前平原以及大水河冲洪积扇的下部。地下水水质较为优质,地下水更新性较强,使用于各种用途。

Ⅲ类水:Ⅲ类地下水的面积为 4 435.85km²,占全区总面积的 34.4%,是共和盆地内分布最广泛的地下水水质分类。Ⅲ类地下水主要分布于盆地中的塔拉台地中沙珠玉河两侧的阶地以及共和东盆地木河滩地的大部分,主要适用于集中式生活饮用水水源及工业、农业用水。

Ⅳ类水:共和盆地内Ⅳ类水面积为 1 681.1km²,占总面积的 13.1%。在区域上主要位于盆地的中部,Ⅳ类水是地下水排泄带,可以归纳为 3 个集中分布区:①茶卡盆地冲湖积平原外缘及茶卡盆地北缘的扇间洼地区域;②沙珠玉河末端河谷平原;③恰卜恰河下游河谷平原。从表 7-2-4 及表 7-2-5 中可以看出,影响以上 3 个区域地下水水质的常规测试指标主要为 Na^+、TDS、SO_4^{2-}、Mg^{2+}、硬度以及 Cl^- 等,影响Ⅳ类地下水分布的无机毒理性指标主要为 F^-、I^-、NO_3^-、As 等。此类地下水除适用于农业和部分工业用水外,适当处理后可作生活饮用水。

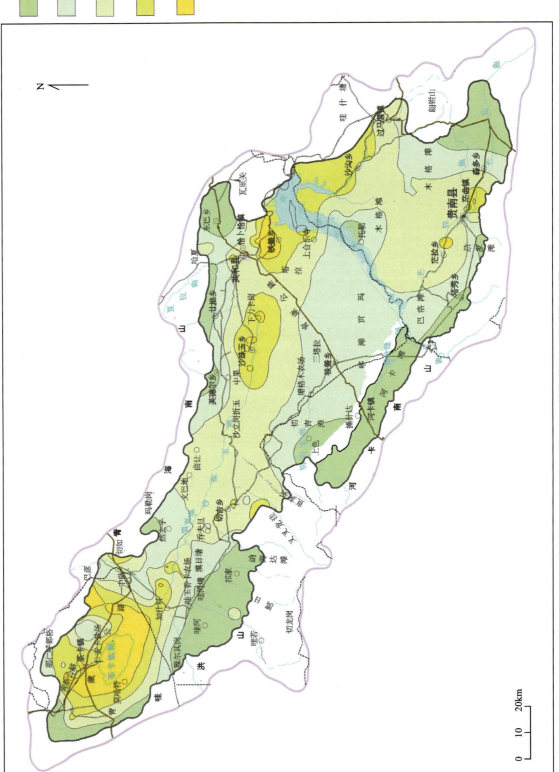

图7-2-2 共和盆地地下水质量分区图

表 7-2-4　共和盆地Ⅳ类地下水常规指标影响排序

排序	项目	地下水质量分级	样品数量/个	比例/%
1	Na^+	Ⅳ类水	49	22.58
2	TDS	Ⅳ类水	47	21.66
3	SO_4^{2-}	Ⅳ类水	40	18.43
4	Mg^{2+}	Ⅳ类水	40	18.43
5	硬度	Ⅳ类水	28	12.90
6	Cl^-	Ⅳ类水	15	6.91
7	DOC	Ⅳ类水	2	2.90
8	Ca^{2+}	Ⅳ类水	2	0.92
9	NH_4^+	Ⅳ类水	0	0
10	Fe	Ⅳ类水	0	0
11	Cu	Ⅳ类水	0	0
12	Mn	Ⅳ类水	0	0
13	Zn	Ⅳ类水	0	0

表 7-2-5　共和盆地Ⅴ类地下水常规指标影响排序

排序	项目	地下水质量分级	样品数量/个	比例/%
1	Cl^-	Ⅴ类水	46	21.20
2	Na^+	Ⅴ类水	33	15.21
3	SO_4^{2-}	Ⅴ类水	24	11.06
4	TDS	Ⅴ类水	21	9.68
5	硬度	Ⅴ类水	18	8.29
6	Mg^{2+}	Ⅴ类水	5	2.30
7	DOC	Ⅴ类水	0	0
8	Ca^{2+}	Ⅴ类水	0	0
9	NH_4^+	Ⅴ类水	0	0
10	Fe	Ⅴ类水	0	0
11	Cu	Ⅴ类水	0	0
12	Mn	Ⅴ类水	0	0
13	Zn	Ⅴ类水	0	0

Ⅴ类水：共和盆地内Ⅴ类水的面积为 628.29km²，占评价区总面积的 4.9%。盆地中心的地下水排泄区是Ⅴ类水主要的分布场所。其分布的规律与共和盆地Ⅳ类水极为相似，在区域上集中分布于 3 个区域：①茶卡盆地中部的冲湖积平原；②沙珠玉河末端河谷漫滩及Ⅰ级阶地；③恰卜恰河下游的河谷平原。其他在共和东盆地的茫拉河河谷的茫拉乡附近以及共和西盆地新哲农场都有零星分布。影响Ⅴ类水分布的常规指标包括：Cl^-、Na^+、SO_4^{2-}、TDS，以及硬度；毒理性指标包括：F^-、As、I^-、NO_2^- 等。

第三节 重点地区地下水质量特征

针对恰卜恰河谷平原、哇洪河冲洪积扇以及茶卡盆地北缘冲洪积平原3个重点区分别进行评价,哇洪河冲洪积扇重点区地下水质量相对稍好,可直接饮用的Ⅰ、Ⅱ、Ⅲ类水占比为96.2%;其次为恰卜恰河谷平原承压水,无Ⅰ类水分布,区内Ⅱ、Ⅲ类水所占比例为51.7%,茶卡盆地北缘冲洪积平原重点区最差,无Ⅰ类水分布,Ⅱ、Ⅲ类水占全区面积的47.9%。按Ⅴ类水所占面积比例排序,恰卜恰河谷平原(22.7%)＞茶卡盆地北缘冲洪积平原(19.9%)＞哇洪河冲洪积扇(0)。详细介绍如下如下。

一、恰卜恰河谷平原重点区地下水质量

恰卜恰河谷平原共计采集水样36组,其中潜水开采井10组,承压水开采井20组,河谷下游泉样品6组。

(一)恰卜恰河谷平原潜水

恰卜恰河谷平原潜水质量分区统计结果见图7-3-1和恰卜恰河谷平原承压水质量分区统计结果见图7-3-2,恰卜恰河谷平原潜水质量分区图见图7-3-3。结果表明,恰卜恰河谷平原潜水地下水质量相对较差,区内采集的水样无一达到Ⅱ类水标准,仅恰卜恰河上游的加拉村及河谷西南角的次汗苏村水质达到了Ⅲ类,分布面积为12.62km²,占重点区面积的18.83%。其余地区均为Ⅳ类水、Ⅴ类水。Ⅳ类水主要分布于恰卜恰河上游的共和县附近以及Ⅴ类水分布范围的周边,面积为19.25km²,占重点区面积的28.74%。Ⅴ类水在恰卜恰河谷平原重点区分布范围最大,面积达到35.12km²,占重点区面积的52.43%。恰卜恰河下游河谷平原的上塔买村、下塔买村、上谢尔盖、下谢尔盖、麻尼磨台村、克才村以及共和县城地区水质最差,为Ⅴ类水。影响地下水质量的离子主要为F^-,其次为耗氧量、硬度,在恰卜恰河与黄河龙羊峡的交汇地区TDS含量达到最大值,为5099mg/L,此处同时发现As超标,最大值为0.01mg/L,共和县城地区的NO_3^-含量超标较为严重,最大值达到237.5mg/L。

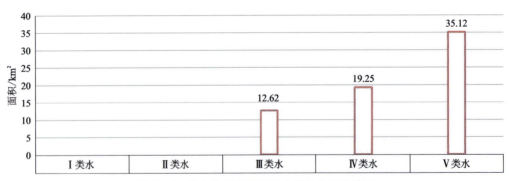

图7-3-1 恰卜恰河谷平原潜水质量分区统计图

(二)恰卜恰河谷平原承压水

恰卜恰河谷平原承压水质量分区统计结果见图7-3-2,恰卜恰河谷平原承压水质量分区见图7-3-4。结果表明,恰卜恰河谷平原重点区的承压水质量明显优于潜水质量,区内无Ⅰ类水,达到Ⅱ类水标准的

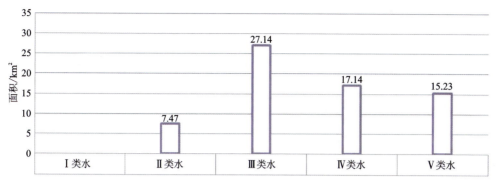

图 7-3-2　恰卜恰河谷平原承压水质量分区统计图

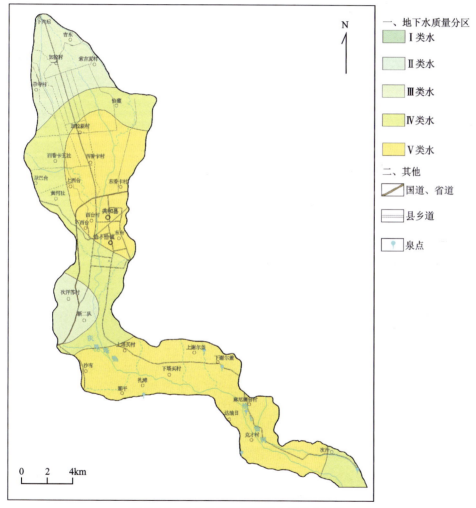

图 7-3-3　恰卜恰河谷平原潜水质量分区图

面积为 7.47km², 占重点区总面积的 11.2%, 主要分布于恰卜恰河上游的加拉村及索吉亥村及其周边。Ⅲ类水分布面积为 27.14km², 占重点区总面积的 40.5%, 为全区面积最大的水质分类, 主要分布于共和县城北部大部分地区、共和县城南部至上塔买村的范围内。Ⅳ类水主要分布于共和县城和恰卜恰河下游小部分地区, 面积为 17.14km², 占全区总面积的 25.6%。Ⅴ类水面积达到 15.23km², 占重点区面积的 22.7%, 主要分布于恰卜恰河下游河谷平原的下塔买村、下谢尔盖村、麻尼磨台村、克才村等地。影响恰卜恰河谷平原重点区承压水质量的因素, 主要为硬度, 其次为 TDS、F^-。相对于潜水, 恰卜恰河谷平原承压水水质较好, 但超Ⅲ类水仍占总面积的 48.3%, 仅恰卜恰河上游河谷平原水质达到Ⅱ类水标准, 适合各种用途。

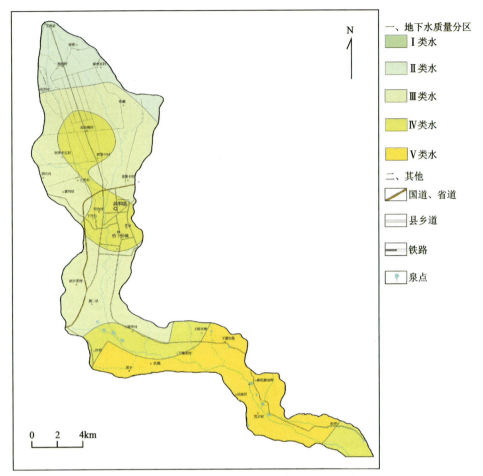

图 7-3-4　恰卜恰河谷平原承压水质量分区图

二、哇洪河冲洪积扇重点区地下水质量

哇洪河冲洪积扇地下水质量分区统计结果见图 7-3-5 和地下水质量分区见图 7-3-6。哇洪河冲洪积扇重点区地下水质量明显优于恰卜恰河谷平原地下水,其水质分区从哇洪山北麓至共和盆地中部表现出良好的分带性。区内Ⅰ、Ⅱ类水总面积达到 775.21km²,占此重点区面积的 78.7%,是最佳的饮用水水源地选址地区。其中达到Ⅰ类水标准的面积为 571.77km²,占重点区总面积的 58%,在水质分级中所占比例最大,主要分布于哇洪山山前冲洪积扇顶至扇上,此区域属于地下水的补给区,地下水动力条

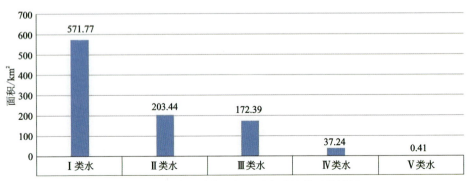

图 7-3-5　哇洪河冲洪积扇地下水质量分区统计图

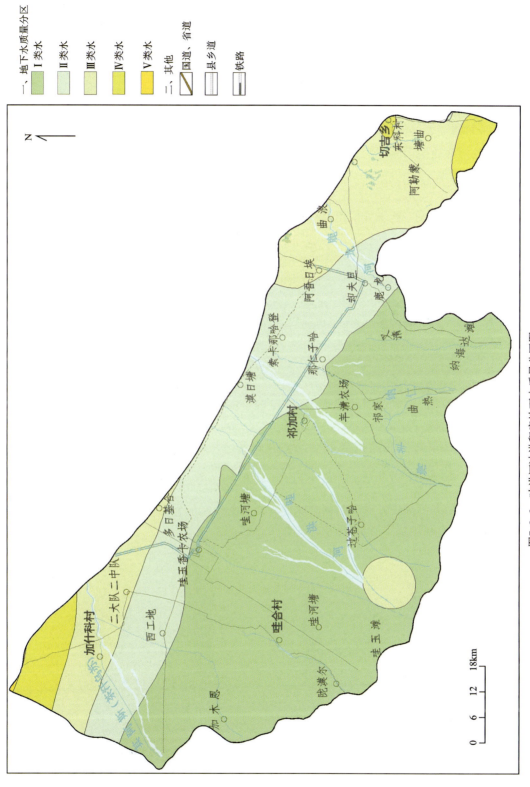

图7-3-6 哇洪河冲洪积扇地下水质量分区图

件较好,水质优越。Ⅱ类水分布面积为 203.44km², 占重点区总面积的 20.6%, 沿近东西向呈带状展布于哇洪河冲洪积扇的下部至扇缘处。Ⅲ类水分布面积为 172.39km², 占重点区总面积的 17.5%, 主要分布于哇洪河冲洪积扇前缘, 此处地下水进入平原区, 地下水运移速度变缓慢, 受到强烈蒸发浓缩作用的影响, 地下水水质逐渐向盐化方向发展, TDS 逐渐升高, 硬度逐渐增大。Ⅳ类水主要分布于哇洪河冲洪积扇前平原的加什科村北部以及切吉乡的西部, 面积为 37.24km², 占全区总面积的 3.8%。Ⅴ类水面积极小, 仅为 0.41km², 主要分布于哇洪河冲洪积扇的西北角、茶卡盐湖的西南角。影响哇洪河冲洪积扇重点区地下水质量的因素, 主要为 TDS, 其次为硬度, 重点区东北角切吉乡西侧影响水质的主要因素为 NO_3^-。哇洪河冲洪积扇整体水质较好, 超Ⅲ类水面积合计 37.65km², 仅占总面积的 3.8%, 是优质的饮用水供水水源地。

三、茶卡盆地北缘冲洪积平原重点区地下水质量

茶卡盆地北缘冲洪积平原地下水质量分区统计结果见图 7-3-7, 以及地下水质量分区见图 7-3-8。因受到地形、构造的影响, 地下水质量从茶卡盆地北缘南麓至茶卡盐湖表现出良好的分带性。区内无Ⅰ类水分布, Ⅱ类水面积为 138.46km², 占重点区总面积的 23.7%, 主要分布于茶卡盆地北缘山前冲洪积扇上, 其中以大水河冲洪积扇的面积最大, 占Ⅱ类水分布面积的 75%。此区域属于地下水的补给区, 地下水动力条件较好, 水质优越。Ⅲ类水分布面积为 142km², 占重点区总面积的 24.3%, 主要分布于茶卡盆地北缘山前冲洪积扇的下部至扇缘处。Ⅳ类水分布面积为188.65km², 占重点区总面积的 32.2%, 主要分布于茶卡盆地北缘冲洪积扇前缘及扇间地区。此处地下水进入扇前洼地或者扇间洼地, 地下水运移速度变缓慢甚至停滞, 受到强烈蒸发浓缩作用的影响, 地下水水质逐渐向盐化方向发展, Cl^- 含量增加迅速, TDS 逐渐升高, 硬度逐渐增大, As、F 等元素在此处累积形成局部的高砷、高氟地下水。Ⅴ类水主要分布于茶卡盆地北缘冲洪积扇前的洼地及扇间洼地, 面积为 116.22km², 占全区总面积的 19.9%, 其中以茶卡盐湖边缘的地下水质量最差, 其中 TDS 含量达到 17 598mg/L, As 最大达到 0.061mg/L, F^- 最大值达到 2.5mg/L。影响茶卡盆地北缘山前冲洪积扇重点区地下水质量的因素, 主要为 TDS, 其次为 As、F^-、硬度。茶卡盆地北缘冲洪积扇整体水质较差, 超Ⅲ类水占总面积的 52.1%, 仅山前冲洪积扇扇顶及其轴部水质较好, 达到Ⅱ类水标准。

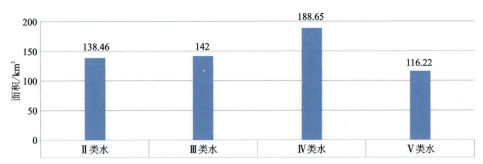

图 7-3-7　茶卡盆地北缘冲洪积平原地下水质量分区统计图

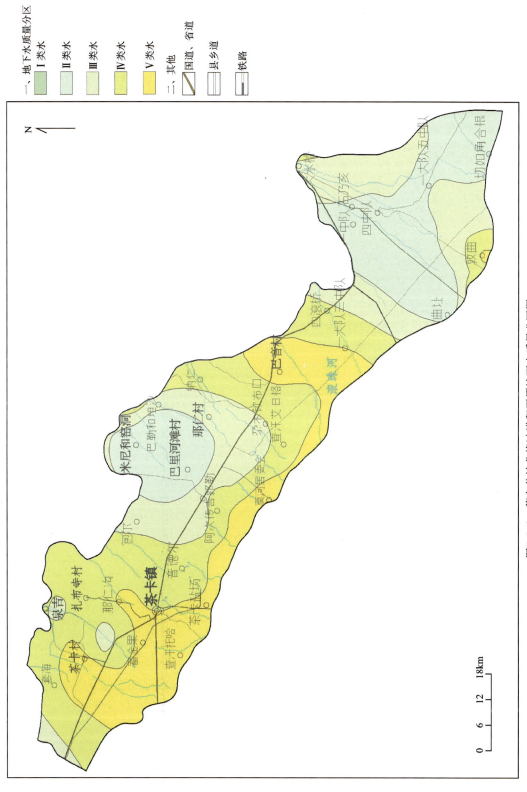

图7-3-8 茶卡盆地北缘冲洪积平原地下水质量分区图

第八章 地下水潜力评价概述

第一节 评价原则与方法

地下水潜力是指地下水资源在开发利用的现状条件下,尚可挖掘的潜在供水能力,反映地下水资源的开采前景和利用方向,由地下水开采潜力和利用潜力两部分组成。基于现有的数据,本次只评价地下水开采潜力。

地下水开采潜力是指在现状开采条件下,相对于地下水开采层的开采资源评价量的可扩大开采资源量和开采盈余量。可扩大的开采资源量主要指微咸水合理改造利用后可以扩大的开采资源量。

共和盆地地下水以潜水、潜水-半承压水为主,在恰卜恰河谷、沙珠玉河谷、茶卡盆地、沙沟-木河沟侵蚀台地也分布承压水。地下水潜力评价时将潜水、承压水合并进行评价,评价时潜水-半承压水可开采资源量、承压水可利用量统称为可开采资源量。

评价方法:

1. 地下水开采程度

地下水开采程度一般用地下水开采系数反映,表达式为:

$$P = Q_{开采}/Q_{开资} \tag{8-1}$$

式中,P 为地下水开采系数(%);$Q_{开采}$ 为开采层的开采量($\times 10^4 \mathrm{m}^3/\mathrm{a}$);$Q_{开资}$ 为开采层的开采资源量($\times 10^4 \mathrm{m}^3/\mathrm{a}$)。

2. 地下水开采潜力系数

$$\alpha = (Q_{开资} + Q_{可扩大开})/Q_{开采} \tag{8-2}$$

式中,α 为地下水潜力系数;$Q_{开资}$ 为开采层的开采资源量($\times 10^4 \mathrm{m}^3/\mathrm{a}$);$Q_{可扩大开}$ 为可扩大的开采资源量($\times 10^4 \mathrm{m}^3/\mathrm{a}$);$Q_{开采}$ 为开采层的开采量($\times 10^4 \mathrm{m}^3/\mathrm{a}$)。

全国地下水资源调查评价技术要求中地下水潜力评价标准为:$\alpha<1$ 为无潜力区;$1\leqslant\alpha<1.2$ 为地下水潜力一般区;$1.2\leqslant\alpha<1.4$ 为地下水潜力较大区;$\alpha\geqslant1.4$ 为地下水潜力大区。这一标准适合于地下水开采程度较高的地区,共和盆地地下水开发利用程度很低,很多地区基本没有开采,若采用上述评价标准,基本都为地下水潜力大区,不能客观反映盆地地下水潜力规律。结合共和盆地实际条件,对地下水开采利用程度较低的区域采取以下评价等级划分,需要说明的是对地下水资源量很小、基本没有开采而且不具开发利用意义的地区,即使计算潜力系数大于1,也评价为无潜力区。共和盆地地下水潜力系数等级划分如下:$\alpha<1$ 为地下水资源较少的无潜力区;$1\leqslant\alpha<30$ 为地下水潜力一般区;$30\leqslant\alpha<300$ 为地下水潜力较大区;$\alpha\geqslant300$ 为地下水潜力大区。

第二节 区域地下水潜力评价

本次工作以2013年实际开采量为基准进行评价。

一、开采程度

由表8-2-1可以看出共和盆地整体开采程度较低,恰卜恰镇是地下水开采程度最高的地区,开采程度为60.46%。共和盆地地下水开采程度见表8-2-1。

表 8-2-1　共和盆地地下水开采程度

旗县	淡水可开采资源（TDS<1g/L）/($\times 10^4 m^3 \cdot a^{-1}$）	地下水开采量/($\times 10^4 m^3 \cdot a^{-1}$)	盈余量/($\times 10^4 m^3 \cdot a^{-1}$)	开采程度/%
茶卡镇	1 967.76	48.31	1 919.45	2.46
切吉乡	12 742.47	6.82	12 735.65	0.05
塘格木镇	3 915.11	240.40	3 674.71	6.14
沙珠玉乡	1 396.24	98.82	1 297.42	7.08
恰卜恰镇	2 024.24	1 223.90	800.34	60.46
廿地乡	1 048.94	4.11	1 044.83	0.39
龙羊峡镇	15.42	6.60	8.82	42.78
铁盖乡	332.21	0.44	331.77	0.13
河卡镇	1 222.12	0.44	1 221.68	0.04
茫曲镇	1 187.13	267.87	919.26	2.56
过马营镇	447.35	14.69	432.66	3.28
沙沟乡	551.70	18.61	533.09	3.37
茫拉乡	580.78	0.74	580.04	0.13
塔秀乡	4 003.53	47.30	3 956.23	1.18
森多乡	3 418.94	0.69	3 418.25	0.02
贵南草业开发公司	53.07	2.07	51.00	3.90

注:恰卜恰镇地下水开采量包括承压水自流井排泄量。

二、开采潜力

地下水开采潜力由开采盈余量和微咸水可扩大开采量组成。据表8-2-2可知,地下水可开采潜力模数较大的区域为切吉乡、塔秀乡、森多乡,开采潜力模数分别为$5.14\times 10^4 m^3/(km^2 \cdot a)$、$8.94\times 10^4 m^3/(km^2 \cdot a)$、$4.02\times 10^4 m^3/(km^2 \cdot a)$,其他乡镇开采潜力模数较小。

表 8-2-2　共和盆地潜水开采潜力

旗县	面积/km²	盈余量 /(×10⁴m³·a⁻¹)	微咸水可扩大开采量 (1g/L＜TDS＜3g/L) /(×10⁴m³·a⁻¹)	开采潜力 /(×10⁴m³·a⁻¹)	开采潜力模数 /[×10⁴m³·(km²·a)⁻¹]
茶卡镇	1 524.63	1 919.45	857.62	2 777.07	1.82
切吉乡	2 508.13	12 735.65	153.87	12 889.52	5.14
塘格木镇	1 721.56	3 674.71	38.87	3 713.58	2.16
沙珠玉乡	682.88	1 297.42	540.98	1 838.40	2.69
恰卜恰镇	761.38	800.34	102.22	902.56	1.19
廿地乡	315.13	1 044.83	0.00	1 044.83	3.32
龙羊峡镇	51.56	8.82	61.70	70.52	1.37
铁盖乡	941.31	331.77	28.89	360.66	0.38
河卡镇	501.44	1 221.68	0.00	1 221.68	2.44
茫曲镇	340.38	919.26	0.00	919.26	2.70
过马营镇	250.19	432.66	0.00	432.66	1.73
沙沟乡	325.25	533.09	0.00	533.09	1.64
茫拉乡	333.31	580.04	0.00	580.04	1.74
塔秀乡	442.75	3 956.23	0.00	3 956.23	8.94
森多乡	851.00	3 418.25	0.00	3 418.25	4.02
贵南草业开发公司	542.13	51.00	0.00	51.00	0.09

三、评价结果

切吉镇、河卡镇、塔秀乡、森多乡潜力系数 $\alpha \geqslant 300$，评价结果为潜力大区；茶卡镇、廿地乡、过马营镇、沙沟乡潜力系数 α 为 $30 \leqslant \alpha < 300$，评价结果为潜力较大区；塘格木镇、沙珠玉乡潜力系数 α 为 $1 \leqslant \alpha < 30$，评价结果为潜力一般区；龙羊峡镇、铁盖乡、茫拉乡、贵南草业开发公司 4 个乡镇及地区地下水资源较贫乏，地下水富水性差（涌水量均小于 $100 m^3/d$），可开采资源模数均小于 $1 \times 10^4 m^3/(km^2 \cdot a)$，综合考虑，评价为无潜力区。需要说明：恰卜恰镇、茫曲镇是共和盆地人口、工业主要聚集区，故对此单独评价。茫曲镇潜力系数 $\alpha = 4.43$，且傍茫曲河而建，地下水资源丰富，地下水开发利用程度较低，综合考虑评价为潜力大区。恰卜恰镇主要开采层为承压含水层，承压含水层潜力系数 $\alpha = 1.02$，开采程度较高，潜力评价结果为潜力一般；潜水开发利用程度较低，潜力系数 $\alpha = 6.51$，潜力评价结果为潜力大；地下水潜力系数 $\alpha = 1.39$，综合考虑潜水开采潜力、承压水开采潜力、平原盆地潜力评价规范，恰卜恰河谷潜力评价为潜力较大。潜力评价结果见表 8-2-3、表 8-2-4、图 8-2-1。

表 8-2-3 共和盆地潜力评价结果

行政区	可开采资源量（TDS<1g/L）/(×10⁴m³·a⁻¹)	实际开采量 /(×10⁴m³·a⁻¹)	微咸水可扩潜力大开采量（1g/L<TDS<3g/L）/(×10⁴m³·a⁻¹)	潜力系数 /[×10⁴m³·(km²·a)⁻¹]	评价结果
茶卡镇	1 967.76	48.31	857.62	58.48	潜力较大
切吉乡	12 742.47	6.82	153.87	1 890.96	潜力大
塘格木镇	3 915.11	240.40	38.87	16.45	潜力一般
沙珠玉乡	1 396.24	49.41	540.98	19.60	潜力一般
恰卜恰镇	2 024.24	1 223.90	102.22	1.74	潜力较大
廿地乡	1 048.94	4.11	0.00	255.22	潜力较大
龙羊峡镇	15.42	6.60	61.70	11.68	无潜力
铁盖乡	332.21	0.44	28.89	820.68	无潜力
河卡镇	1 222.12	0.44	0.00	2 777.55	潜力大
芒曲镇	1 187.13	267.87	0.00	4.43	潜力大
过马营镇	447.35	14.69	0.00	30.45	潜力较大
沙沟乡	551.70	18.61	0.00	29.65	潜力较大
芒拉乡	580.78	0.74	0.00	784.84	无潜力
塔秀乡	4 003.53	47.30	0.00	84.64	潜力大
森多乡	3 418.94	0.69	0.00	4 954.99	潜力大
贵南草业开发公司	53.07	2.07	0.00	25.64	无潜力

表 8-2-4 恰卜恰河谷潜力评价结果

区域	可开采资源量 /(×10⁴m³·a⁻¹)	实际开采量 /(×10⁴m³·a⁻¹)	微咸水可扩潜力大开采量 /(×10⁴m³·a⁻¹)	潜力系数 /[×10⁴m³·(km²·a)⁻¹]	评价结果
恰卜恰河谷	1344.99	970.15	0.00	1.39	潜力较大
恰卜恰河谷潜水区	421.40	64.74	0.00	6.51	潜力大
恰卜恰河谷承压水区	923.59	905.41	0.00	1.02	潜力一般

注：恰卜恰镇地下水开采量包括承压水自流井排泄量。

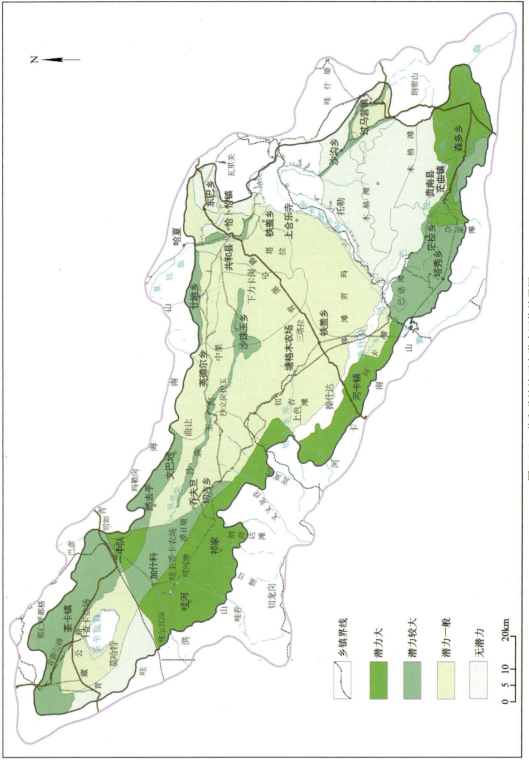

图8-2-1 共和盆地地下水潜力评价结果图

第三节 重点城镇地下水潜力分析

在共和盆地重点城镇进行资源评价的基础上,对重点城镇——共和县恰卜恰镇(恰卜恰河谷)、贵南县茫曲镇-塔秀乡、茶卡镇3个重点城镇进行地下水潜力评价。

共和盆地重点区,恰卜恰镇地下水开采程度为72.13%,地下水开发利用程度较高;茫曲镇-塔秀乡开采程度为7.76%,茶卡镇开采程度为2.00%,重点区地下水开采程度见表8-3-1。

表8-3-1 重点区地下水开采程度

重点区	淡水可开采资源 (TDS<1g/L)/($\times 10^4 m^3/a$)	地下水开采量 /($\times 10^4 m^3 \cdot a^{-1}$)	盈余量 /($\times 10^4 m^3 \cdot a^{-1}$)	开采程度/%
恰卜恰镇	1 344.99	970.15	374.84	72.13
茫曲镇-塔秀乡	4 080.16	316.6	3 763.56	7.76
茶卡镇	991.304	19.8	971.504	2.00

共和盆地重点区,茫曲镇-塔秀乡开采潜力模数较大,为$21.69\times10^4 m^3/(km^2 \cdot a)$,恰卜恰镇开采潜力模数为$5.82\times10^4 m^3/(km^2 \cdot a)$,茶卡镇开采潜力模数为$3.25\times10^4 m^3/(km^2 \cdot a)$。重点区地下水开采潜力见表8-3-2。

表8-3-2 重点区地下水开采潜力

重点区	面积 /km^2	盈余量 /($\times 10^4 m^3 \cdot a^{-1}$)	微咸水可扩大开采量 (1g/L<TDS<3g/L) /($\times 10^4 m^3 \cdot a^{-1}$)	开采潜力 /($\times 10^4 m^3 \cdot a^{-1}$)	开采潜力模数 /[$\times 10^4 m^3 \cdot (km^2 \cdot a)^{-1}$]
恰卜恰镇	64.38	374.84	0	374.84	5.82
茫曲镇-塔秀乡	173.5	3 763.56	0	3 763.56	21.69
茶卡镇	406.00	971.504	348.296	1 319.8	3.25

共和盆地重点区潜力评价结果见表8-3-3。恰卜恰镇潜力评价结果为潜力较大,详见表8-2-4;茫曲镇-塔秀乡潜力系数为12.89,茫曲河、塔秀沟有丰富的地表水入渗补给,地下水可开采模数为$(20\sim50)\times10^4 m^3/(km^2 \cdot a)$,综合考虑评价结果为潜力大;茶卡镇地下水开发利用程度较低,结合水文地质条件,地下水富水性为$100\sim1000 m^3/d$,地下水可开采模数为$(3\sim5)\times10^4 m^3/(km^2 \cdot a)$,综合考虑评价结果为潜力较大。

表8-3-3 重点区潜力评价结果

重点区	可开采资源量 (TDS<1g/L) /($\times 10^4 m^3 \cdot a^{-1}$)	实际开采量 /($\times 10^4 m^3 \cdot a^{-1}$)	微咸水可扩潜力大开采量 (1g/L<TDS<3g/L) /($\times 10^4 m^3 \cdot a^{-1}$)	潜力系数	评价结果
恰卜恰镇	1 344.99	970.15	0	1.39	潜力较大
茫曲镇-塔秀乡	4 080.16	316.60	0.00	12.89	潜力大
茶卡镇	991.30	19.80	348.30	67.66	潜力较大

第九章 主要环境地质问题

第一节 水资源开发利用的环境效应

共和盆地主要以农牧业为主,共和县耕地面积44.17万亩;贵南县耕地面积6.28万亩;共和盆地涉及兴海县的河卡滩地,耕地面积8.35万亩;乌兰县茶卡镇耕地面积4.41万亩,共和盆地总耕地面积63.21万亩。按平均定额4237.5 m³/hm(1hm=0.01km²)计算了共和盆地农业灌溉需水总量为1.79×10^8 m³/a,引用地表水灌溉量1.48×10^8 m³/a,可见地表水为工作区农业灌溉用水的主要水源地(表9-1-1)。

表9-1-1 各农业区需水量和可引地表水灌溉量

农业区	耕地面积/万亩	年需水量/($\times10^4$m³)	引水灌溉量/($\times10^4$m³)	剩余或缺水量/($\times10^4$m³)
河卡滩	8.35	2421.04	0	2421.04
莫河农场	1.22	334.90	170.35	164.55
茶卡村-大水桥	5.68	1562.26	1813.88	−251.62
哇玉香卡-切吉乡	9.63	2647.86	3973.92	−1326.05
塘格木	20.91	6063.55	1958.50	4105.05
沙珠玉河	3.56	1033.52	2069.90	−1036.38
恰卜恰河谷	5.92	1717.57	551.20	1166.37
铁盖乡	1.19	344.31	0.00	344.31
贵南	3.31	959.92	1750.40	−790.48
沙沟	2.95	854.22	848.78	5.44

在山前沟谷修建拦水工程,以满足农牧业生产生活用水的需求。现阶段大部分的沟谷都建有拦水工程,使下游河流补给量减少,直接引起工作区水文状况的剧烈变化,河道缩短、湖泊萎缩或干涸。沙珠玉河下游修建水库,引水2069.90×10^4m³,灌溉面积1033.52万亩。水库的修建导致沙珠玉河下游河道干枯,沙珠玉河的终间封闭湖泊达连海1977年面积为1.7km²,目前已干枯。茶卡村以西的巴里河水库、大水河上游大水水库、哇洪河上游哇洪水库、切吉河上游切吉水库、恰卜恰河上游沟后水库、茫曲河上游的卡加水库都不同程度地造成河流流量的减小或干枯。

由于沟谷山前拦水工程的修建,原有河道流量减小或干枯,湖泊面积缩小或干枯,草地生态衰退也十分严重。根据遥感解译资料分析,共和盆地牧草面积由于水资源急剧减少以及超载放牧等原因,近年来草地面积大幅度减少。1994年植被覆盖总面积约为7990km²,占工作区总面积的39.65%;2003年植被覆盖面积约为7873km²,占工作区总面积的39.07%;2013年植被覆盖面积约为5360km²,占工作区总面积的26.60%。

山前拦水工程的修建减少了盆地内地下水的补给量,在无拦水工程条件下,山前大部分河流由出山口流出,后转为地下潜流,入渗补给地下水,山前拦水工程的修建,引水灌溉量12614.1×10^4m³/a,灌溉水入渗补给地下水量 $3\,152.35\times10^4\,m^3$，地下水的补给资源量减少 $9\,461.75\times10^4\,m^3$。

恰卜恰河谷重点区地下水天然资源量为 $1\,424.47\times10^4\,m^3/a$，可开采资源量为 $1\,385.97\times10^4\,m^3/a$，其中潜水可开采量 $421.40\times10^4\,m^3/a$，承压水可开采量为 $964.57\times10^4\,m^3/a$。2013 年现状开采量为 $970.15\times10^4\,m^3$，其中潜水开采 $64.74\times10^4\,m^3$，承压水开采量为 $905.41\times10^4\,m^3$（包括承压水自流排泄量 $375.70\times10^4\,m^3/a$）。恰卜恰河谷承压水已接近允许的可开采资源量，随着共和县城市发展，承压水必然产生超采。

第二节 生态环境遥感解译

本研究以共和盆地土地沙漠化环境地质问题为调查对象，开展对共和盆地区域生态环境的地质调查，利用遥感解译和野外调查的方法，确定土地沙漠化分布现状及历史演变。结合其他专题资料和研究成果，分析植被退化、温度变化、降雨变化等环境地质问题和人类活动与土地沙漠化之间的关系。首先获取工作区 20 世纪 70 年代至今的遥感数据，选择有代表性的 5 期数据，进行校正、镶嵌、融合等前期处理，制作 5 期卫星影像图；结合收集到的工作区以往的地质环境调查资料和其他有关资料，建立遥感解译标志；结合地理地图，通过监督分类、非监督分类以及人工交互解译的工作方法，解译工作区多期遥感影像所反映的土地类型；结合野外调查验证，进一步修订解译标志、解译结果，编制共和盆地综合解译图。

一、数据来源

本研究将土壤盐渍化、沙漠化及土地利用类型作为信息提取的对象，获取动态数据并对其进行分析研究。国内外大量的航天遥感数据应用成果表明，陆地卫星 MSS 数据和 ETM 数据在土地沙漠化的调查方面具有良好的实用性，因此本研究采用了 5 期 Landsat-8，LandsatMSS，LandsatTM 数据为主要信息源。最近一期为 2013—2014 年春季图像，1977 年、1987 年、1994 年及 2003 年 4 期图像为夏季图像。

Landsat MSS、Landsat TM、Landsat-8 多光谱遥感数据来源自美国陆地探测卫星系统 Landsat，美国从 1972 年开始发射第一颗卫星 Landsat-1，到目前最新的 Landsat-8。由于其地面覆盖范围宽，空间分辨率、光谱分辨率能满足区域地质调查及地质信息提取的要求，数据形式易于增强处理，多波段优化组合的图像信息丰富。OLI 陆地成像仪多光谱遥感数据来源自 2013 年新发射的 Landsat 8 卫星，延续了 Landsat 系列卫星的生命。OLI 包括了 ETM+传感器所有的波段，为了避免大气吸收的影响，OLI 对波段进行了重新调整，比较大的调整是 OLI Band 5($0.845\sim0.885\mu m$)，排除了 $0.825\mu m$ 处水汽吸收特征；OLI 全色波段 Band 8 波段范围较窄，这种方式可以在全色图像上更好地区分植被和无植被特征。此外，还有两个新增的波段：蓝色波段（Band 1；$0.433\sim0.453\mu m$）主要应用海岸带观测，短波红外波段（Band 9；$1.360\sim1.390\mu m$）包括水汽强吸收特征可用于云检测；近红外 Band 5 和短波红外 Band 9 与 MODIS 对应的波段接近。

具体影像分辨率及成像时间见表 9-2-1，图 9-2-1。

盐渍化和沙漠化的遥感监测研究是一项涉及自然环境科学、生态学、地学和测绘学等多学科领域知识的复杂工作，为对共和盆地土地沙漠化及生态退化演变规律及成因进行细致地分析，本研究还采用了多种基础数据，主要有行政区划图、1∶25 万地质图、等高线图，野外调查结果，气象、水文监测数据，生态监测数据，农牧业人口、牲畜数量、耕地面积等因素。这些数据将用于信息提取和动态变化研究。

表 9-2-1 遥感数据使用一览表

年份	数据类型	景号	轨道号	时间	分辨率/m
1977 年	Landsat MSS	LM21420351977196AAA05	142/035	1977-07-15	60
		LM21430351977197TGS03	143/035	1977-07-16	60
		LM21440341977180AAA05	144/034	1977-06-29	60
		LM21440351977180GMD03	144/035	1977-06-29	60
1987—1989 年	Landsat TM	LT41320351989025AAA04	132/035	1989-01-25	30
		LT41330351989016XXX02	133/035	1989-01-16	30
		LT51340341987282BJC00	134/034	1987-10-09	30
		LT51340351987282BJC00	134/035	1987-10-09	30
1994—1996	Landsat TM	LT51320351996229BJC00	132/035	1996-08-16	30
		LT51330351995233BJC00	133/035	1995-08-21	30
		LT51340341994237BJC00	134/034	1994-08-25	30
		LT51340351994237BJC00	134/035	1994-08-25	30
2003—2004	Landsat TM	LT51320352003264BJC00	132/035	2003-09-21	30
		LT51330352004258BJC00	133/035	2004-09-14	30
		LT51340342004233BJC00	134/034	2004-08-20	30
		LT51340352003230BJC00	134/035	2003-08-18	30
2013—2014	Landsat 8	LC81320352013163LGN00	132/035	2013-06-12	30
		LC81330352014077LGN00	133/035	2014-03-18	30
		LC81340342014116LGN00	134/034	2014-04-26	30
		LC81340352014116LGN00	134/035	2014-04-26	30

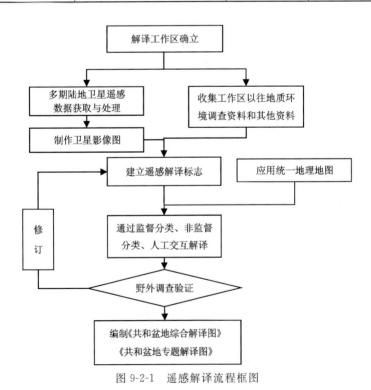

图 9-2-1 遥感解译流程框图

二、遥感数据预处理

本次工作的遥感图像预处理主要指图像匹配、图像校正等，包括 ETM/OLI 图像目视解译增强处理、几何校正、图像去干扰和视反射率转换等。图像增强处理后更加便于目视解译。几何校正是通过控制点消除图像中的几何畸变，实现与标准图的几何整合。图像去干扰通过分析湖泊、植被、阴影、云、雪等的光谱特性，利用比值、切割等方法去干扰后得到了相对纯净的图像，作为下一步异常信息提取的基础。视反射率转换将原始数据归一化为同一比例尺的视反射率值，改进相邻景处理结果的可比性及拼图的色调一致性。

1. 遥感影像去边框

由于遥感数据传感器在可见光—近红外波长区间与短波红外区间成像时间相差 1s，因此遥感数据在可见光—近红外波长区间与短波红外区间图像覆盖范围略有不同。对 3 波段和 6 波段数据采用 b3>0，b6>0 计算方法，得到新的 3 波段和 6 波段，再做 b3 与 b6 逻辑"与"运算，获取东西向切边框数据；同理，对 5 波段和 7 波段采用相同的处理方法，获取南北向切边框数据；最后，把东西向切边框数据与南北向切边框数据做逻辑"与"运算，获取全边框掩膜数据，应用掩膜方法，使数据覆盖范围完全一致。

2. 遥感影像融合

由于 ETM/OLI 影像数据多光谱波段分辨率较低，因此对 3 期 12 景影像先做融合，将 30m 分辨率的多光谱数据与 15m 分辨率的全色波段数据进行融合。通常采用的遥感图像融合方法有 IHS 变换、Brovey 变换、主成分变换、小波变换等。这些融合方法都能够增加多光谱影像的空间纹理信息特征。相比之下，基于 Gram-Schmidt 算法的图像融合方法既能使融合影像保真度较好，计算又较为简单。因此本次融合采用 GS 光谱锐化方法（Gram-Schmidt Spectral Sharpening）进行融合。融合前后的影像清晰度对比如图 9-2-2 所示。经过融合后，影像的光谱保真效果较好，同时达到了较好的空间信息增强效果。

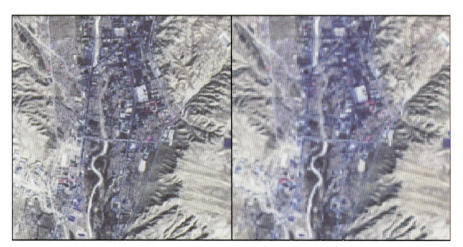

图 9-2-2　融合前后影像清晰度对比

3. 遥感影像镶嵌

由于遥感影像受幅面大小限制，每景 ETM/OLI 数据覆盖面为 185km×170km，无法完整覆盖工作区，因此需要多景遥感影像进行镶嵌拼接工作。由于选取的影像并非同日获取，因此在影像色调方面会有一定差异，需要通过色彩平衡进行色调统一（图 9-2-3）。

图 9-2-3　共和盆地 MSS/TM/OLI 接图表

经过色彩校正后,整个工作区图幅色调较为统一,便于基础图件的制作以及后期解译的需要(图 9-2-4)。

图 9-2-4　色彩校正前后对比

三、遥感信息解译

根据工作需求,对多期遥感数据进行遥感解译。解译工作主要是在 1∶50 万、1∶100 万地质图的基础上,结合具有 15m 空间分辨率的 ETM/OLI 数据进行地质解译。通过图像处理,在 GIS 环境中对工作区的地质体、构造、河流水系、湖泊水库、土地沙漠化、土地利用、植被等信息进行解译,并建立遥感地质解译标志。数据解译建立在不同比例尺地质图的基础上,结合 ETM 影像特征,对工作区进行地质解译,解译尺度相当于 1∶25 万,通过此阶段的解译工作取得的成果主要包括工作区 1∶25 万影像图、沙漠化、水系、土地利用、植被分布、冲积扇分布、居民地分布等解译图。

在解译工作进行前,尽量收集和分析以卫星遥感影像为主的多种遥感资料和前人在本区内的遥感地质工作资料;制作卫星遥感区域镶嵌图、1∶25 万遥感影像图和全分辨率卫星遥感图像。

遥感影像的地质解译和解译标志的建立将贯穿本次遥感调查工作的始终,遥感地质解译及其相应的图像增强处理和信息提取工作在遥感地质初步解译、室内详细解译研究和报告编写等几个工作阶段中密切结合。

遥感解译路线的布设主要遵循追索与穿越的原则。在解译之前，先根据工作区构造格架及重点工作区可解译程度进行解译路线的布设。

(一)基础遥感图制作

经过对遥感影像的前期融合、镶嵌、投影等操作后，遥感数据在空间分辨率、色彩方面已经满足了影像解译的要求，制作解译底图。工作区的 MSS/TM/OLI 基础图像，是通过对不同波段数据特征值的统计分析，并按照彩色合成原则，选取 3 个最佳波段进行彩色合成而制作的。三波段彩色合成的组合波段优选原则是：①波段的标准偏差尽可能大；②波段间的相关系数尽可能小；③各波段均值相差不要太悬殊；④尽可能含有目标物的特征谱带的波段。由于遥感成像系统的特性、成像时的光照条件，以及像幅范围内地物间辐射差异的大小等各种原因，常常使数字图像大部分像元的亮度值集中在比较窄的动态区间，致使图像的反差较小、色调单一，难以从中区分出更多的地物信息，因此需要进行反差增强(也称反差扩展或拉伸增强)，使亮度数据分布占满整个动态范围(0~255)，以扩大地物间亮度差异，改善和提高图像的对比度。工作区遥感图像的反差增强均采用 2% 线性拉伸，后期采用 Photoshop 进行色彩调整。最后制作完成工作区 5 期影像数据，用于进行后期解译工作。

(二)解译标志建立

遥感图像是地物电磁波谱特征的实时记录。人们可以根据记录在图像上的影像特征——地物的波谱特征、空间特征、时间特征等来推断地物的电磁波谱性质。不同的地物有不同的特征，这些影像特征是判读识别各种地物的依据，称为解译标志。遥感解译标志的建立，对于解译内容标准的统一有重要的作用，遥感解译标志反映当前地区的地物特征，通过解译标志建立一套针对在当前地区的解译标准。

影像上选择典型的标志建立区的要求是：范围适中以便反映该类地貌的典型特征，尽可能多的包含该类地貌中的各种基础地理信息要素且影像质量要好。首先需要熟悉采用的影像数据的获取平台、传感器、成像方式、成像日期、季节，影像的空间分辨率、波谱分辨率、彩色合成方式以及不同色彩合成方式所代表的物理意义。其次需要了解影像数据的能力与限制，根据已掌握的相关资料以及地面实况，结合不同地物类型的形状、大小、颜色和色调、阴影、位置、纹理的分析建立起影像与实地目标物之间的对应关系，建立不同类型地物的解译标志。

本次工作采用的遥感数据主要以夏季影像为主。在筛选过程中，由于有些夏季影像的数据质量较差，则以其他季节代替，因此建立遥感解译野外标志时，主要以夏季的影像解译标志为主。主要利用的波段组合为 741 波段组合，同时利用了 432 波段组合。由于共和盆地东西跨度较大，而且影像的成像时间并不完全一致，因此同样的地物类型在影像上的表现并不完全相同。根据共和盆地工作区的地物类型分布及工作要求，建立工作区地物解译标志，主要包含了水体、盐湖、荒漠、植被、冲洪积扇、农田、居民地等地物类型。

本次工作的解译标志如表 9-2-5 所示。

表 9-2-5 遥感数据使用一览表

序号	类型	色调/纹理	地形地貌	影像特征	序号	类型	色调/纹理	地形地貌	影像特征
1	水体	黑色片状	平坦表面		5	居民地	块状、条带状集聚区	平原区	
2	盐湖	白色或蓝色	平坦表面		6	冲洪积扇	纵向条纹特征	边坡，少植被	
3	沙漠	黄色或粉色波浪状	平原区		7	农田	规则的块状深绿色、浅色绿色、褐色	平原区、丘陵	
4	植被	浅绿色、深绿色片状	山丘及低缓边坡		8	草地	浅绿色/深绿色片状	平原区	

（三）解译方法

多光谱遥感图像分类是基于不同类型地表覆盖在各个波段的光谱反射特性差异，通过对各类地物的光谱特征分析来选择特征参数，计算各个像元不同波段灰度值的统计特征，将相似的像元进行聚类，再划分到各个子空间中去，从而实现分类。目前所用遥感图像分类方法主要有非监督分类和监督分类。非监督分类是在没有先验类别知识作为样本的条件下，根据图像本身像元间的统计特征及自然点群的分布情况来划分地物类别的分类方法。监督分类是被确认类别的样本像元去识别其他未知类别像元的过程。监督分类可以有效地开发数据内容，且有一定精度保证。但需要预知地表信息的先验概率，分类训练样区的选择也需要各种丰富的知识与经验。由于地物类型错综复杂，普遍存在同物异谱和异物同谱现象，很难选取具有代表性并且准确反映地物光谱特征以及数量的足够样本。在监督分类/非监督分类的解译结果基础上通过人工解译修正解译结果，使得解译结果更符合实际情况。

（四）解译结果

运用 ENVI 4.8 软件对卫星影像进行几何纠正，之后进行融合、裁切、图像增强等，最终生成研究区影像用于人机交互解译土地利用类型；解译工作都在 ArcGIS 软件系统下完成，在 ArcGIS 软件中，将解译结果合并为水系、居民地、植被、荒漠、农田、裸地、水体、盐湖、冲洪积扇、盐碱地等类别。综合解译结果如图 9-2-6～图 9-2-10 所示。

第九章 主要环境地质问题

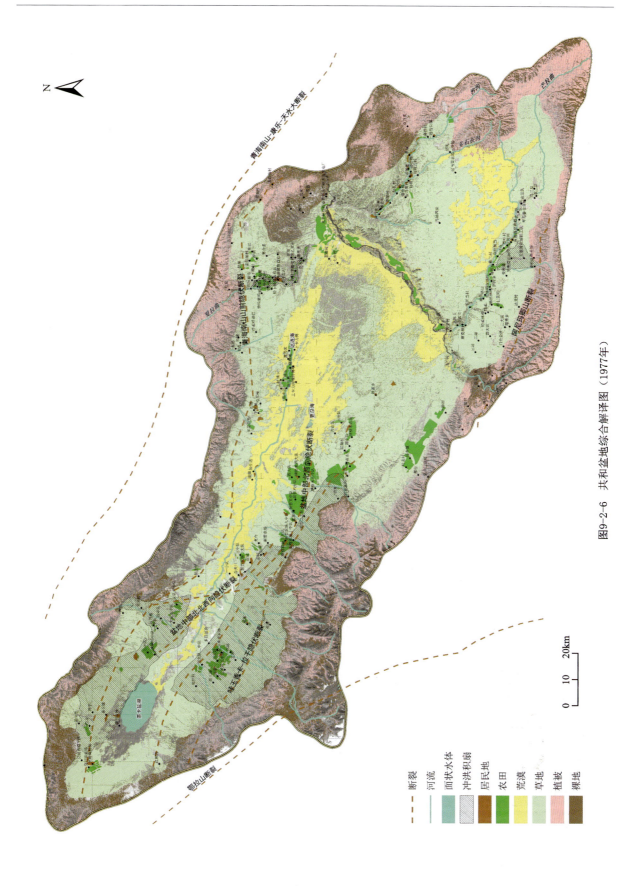

图9-2-6 共和盆地综合解译图（1977年）

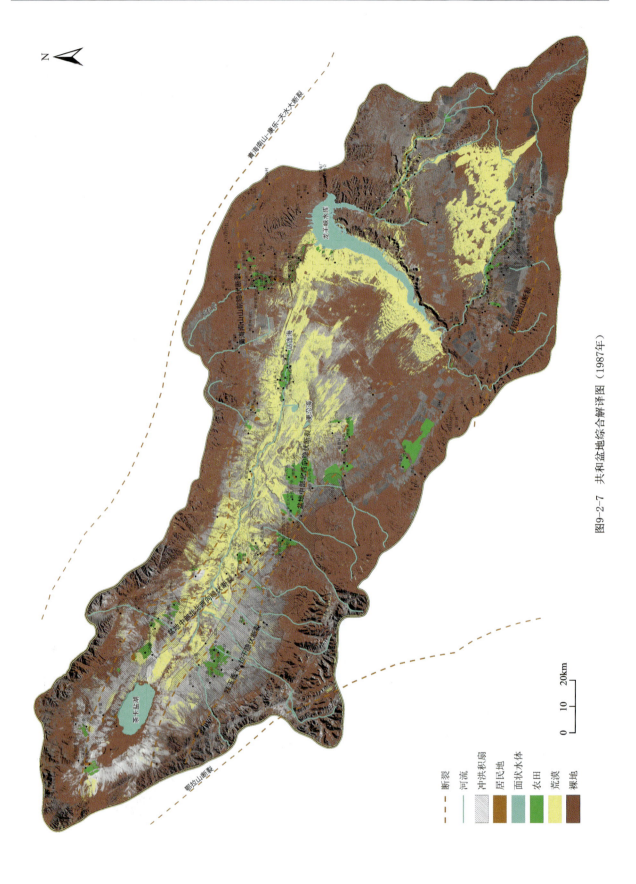

图9-2-7 共和盆地综合解译图（1987年）

第九章 主要环境地质问题

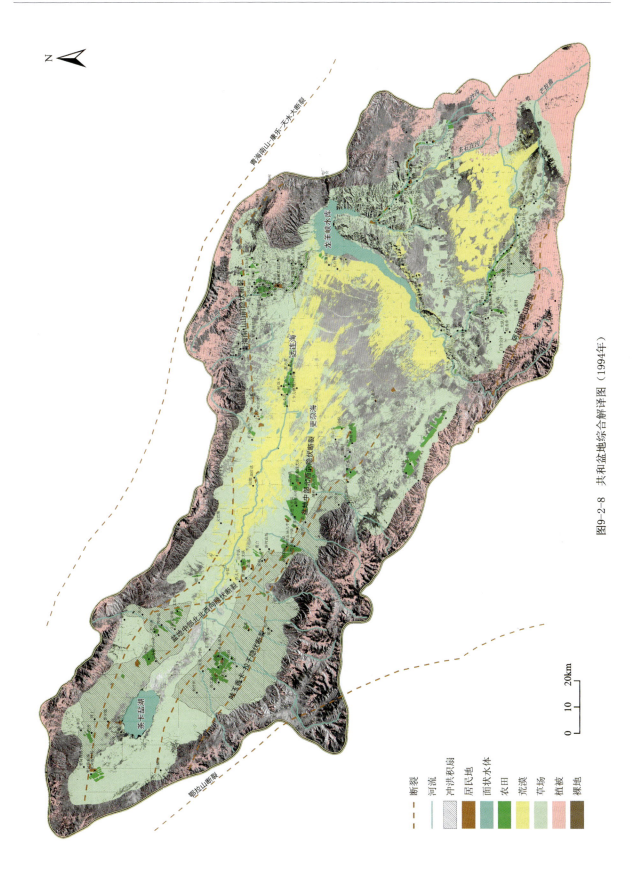

图9-2-8 共和盆地综合解译图（1994年）

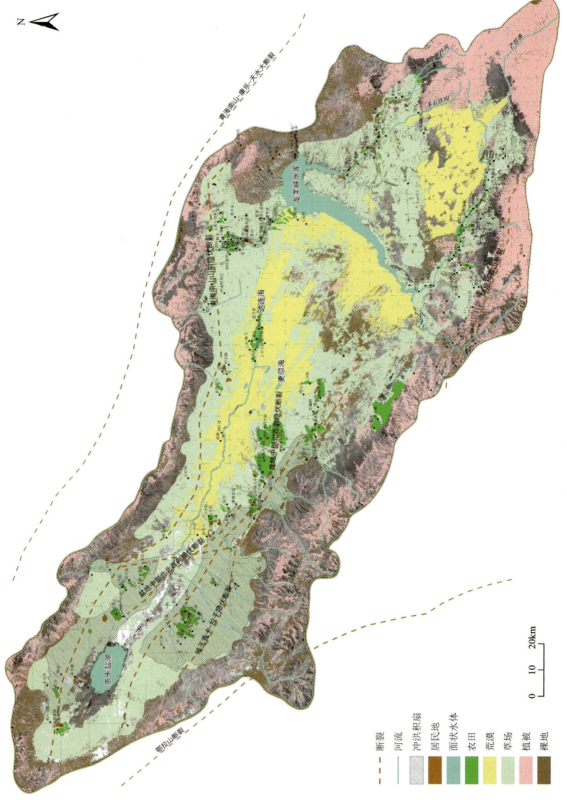

图9-2-9 共和盆地综合解译图（2003年）

第九章 主要环境地质问题

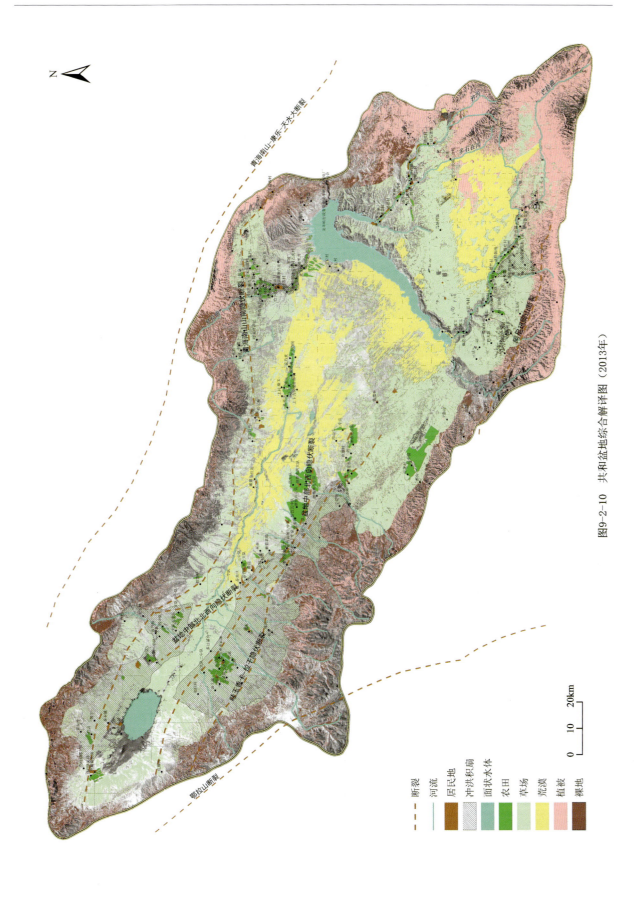

图9-2-10 共和盆地综合解译图（2013年）

第三节 环境地质问题历史演变特征

土地利用变化一直是环境变化研究的中心,由于人口的增长、资源超采、过度发展畜牧业等原因,自然环境不断恶化。土地是人类活动的场所和重要的自然资源,它的利用方式对环境的可持续发展有着重要的影响。本节以5期遥感影像的解译结果为主,通过对共和盆地多期遥感影像的沙漠、植被、草地、农田、面状水系的解译结果进行对比,分析共和盆地环境变化特征。

一、沙漠变化特征

单独提取共和盆地多期影像的沙漠分布图层,如图9-3-1所示。土地沙漠化地区主要集中在三块地区:一是共和盆地南部贵南县木格滩地区,沙漠化程度高;二是共和盆地共和县塔拉滩沿龙羊峡水库北侧北东至南西方向地区;三是共和盆地北部茶卡盐湖至沙珠玉乡之间沿沙珠玉河走向的狭长地段。

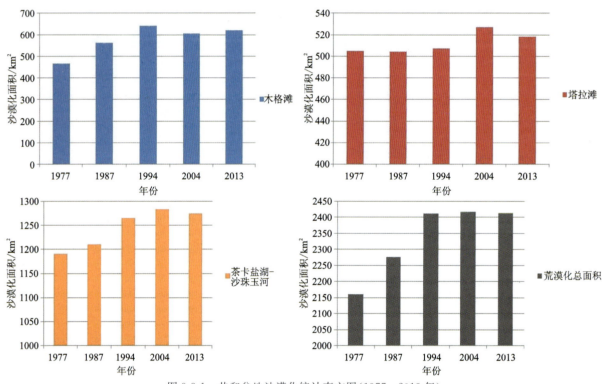

图9-3-1 共和盆地沙漠化统计直方图(1977—2013年)

根据统计结果(图9-3-2),1977年沙漠化土地面积为2160km²,占工作区总面积的10.72%,南部木格滩地区沙漠化总面积约465km²,塔拉滩地区沙漠化总面积504km²,茶卡盐湖-沙珠玉河地区沙漠化面积1190km²;1987年,沙漠化土地面积约2277km²,占工作区总面积的11.30%,南部木格滩地区沙漠化总面积563km²,塔拉滩地区沙漠化面积504km²,茶卡盐湖-沙珠玉河地区沙漠化面积1210km²;1994年沙漠化总面积约为2412km²,占工作区总面积的11.97%,南部木格滩沙漠化面积约为640km²,塔拉滩沙漠化面积约为507km²,茶卡盐湖-沙珠玉河地区沙漠化面积约为1265km²;2003年沙漠化总面积约为2418km²,占工作区总面积的12.00%,木格滩沙漠化面积607km²,塔拉滩沙漠化面积527km²,茶卡盐湖-沙珠玉河地区沙漠化面积1284km²;2013年沙漠化总面积约为2413km²,占工作区总面积约为11.98%,木格滩沙漠化面积约为620km²,塔拉滩沙漠化面积约为518km²,茶卡盐湖-沙珠玉河地区沙漠化面积1275km²。

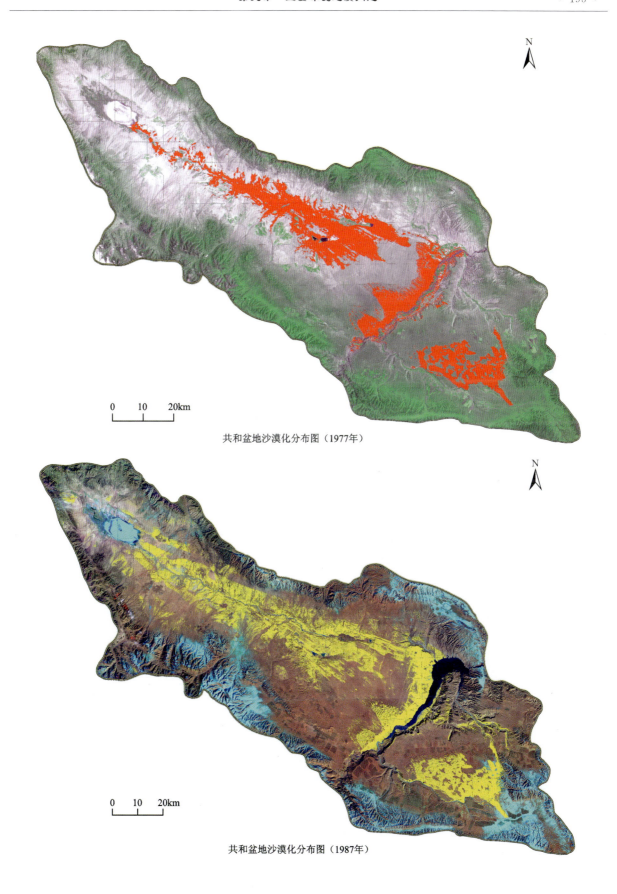

共和盆地沙漠化分布图（1977年）

共和盆地沙漠化分布图（1987年）

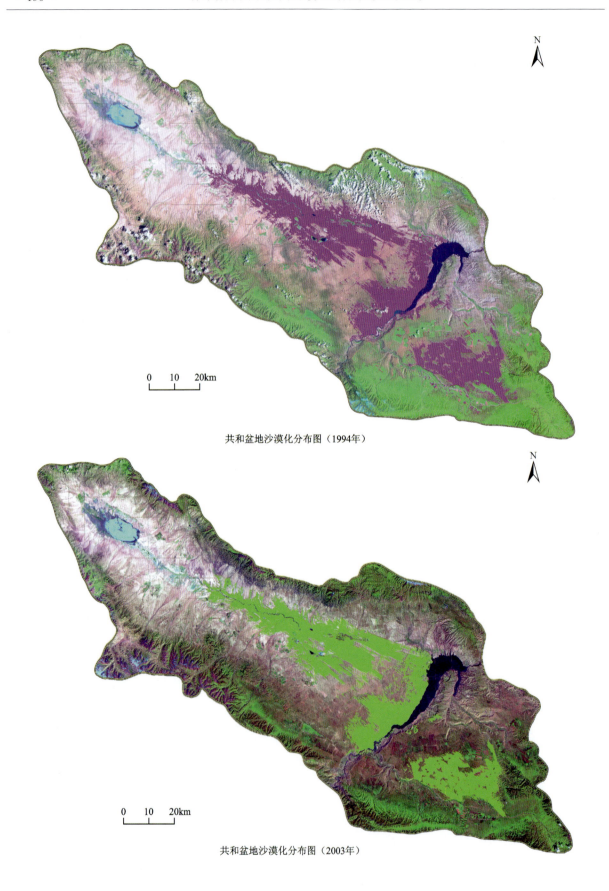

共和盆地沙漠化分布图（1994年）

共和盆地沙漠化分布图（2003年）

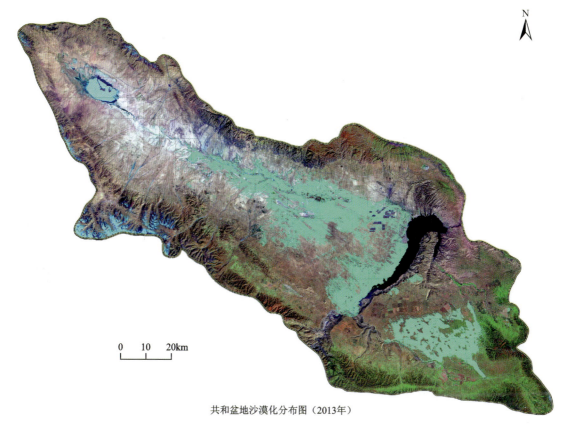

共和盆地沙漠化分布图（2013年）

图 9-3-2　共和盆地沙漠化分布图（1977—2013 年）

1. 土地沙漠化发展速率

将研究阶段末期沙漠化土地面积减去初期沙漠化土地面积，差值被初始面积相除，得到研究时段始末期的发展速率，然后以间隔年份相除可计算出年发展速率。表 9-3-1 列出了沙漠化土地在不同研究时段的年发展速率，正值表示该类型土地面积在增加，负值表示该类型土地面积在减少。

表 9-3-1　共和盆地各研究时段土地沙漠化发展速率表

年份	1977—1987 年	1987—1994 年	1994—2003 年	2003—2013 年
初期沙漠化面积/km²	2160	2277	2412	2418
末期沙漠化面积/km²	2277	2412	2418	2413
面积差值/km²	117	135	6	−5
发展速率/%	5.42	5.93	0.25	−0.21
年发展速率/%	0.49	0.74	0.02	−0.02

在 30 多年的研究期间，沙漠化土地发展速率主要为正，表明沙漠化土地面积在增加，但沙漠化的发展速率在不同的研究时段又有所不同，主要表现在 1977—1987 年沙漠化土地增加了 5.42%，年平均沙漠化发展速率 0.49%。1987—1994 年进一步加剧，年平均沙漠化发展速率增长至 0.74%。1994—2003 年期间，土地沙漠化增速减缓，年平均发展速率仅为 0.02%。而最近 10 年土地沙漠化发展出现了降低，降幅为年平均 0.02%，沙漠化土地出现了减少。

2. 变化趋势分析

沙漠化土地面积的变化可以反映研究区 30 多年来共和盆地沙漠化发展的总体态势。根据上述数据分析,共和盆地沙漠化土地变化的总体特征是:前期沙漠化发展较快,近期发展较为缓慢,最近 10 年出现了轻微减少。具体表现在木格滩地区沙漠化土地面积从 1977 年到 1994 年逐年增长,年增长约 1.4%;从 1994 年至 2004 年沙漠化有较为明显地改善,沙漠化土地年平均减少 0.52%,2004 年至 2013 年沙漠化土地轻微增加,年均增长 0.21%。塔拉滩地区 1977 年至 1994 年沙漠化发展程度基本无变化,1994 年至 2004 年年平均沙漠化土地面积增长速率 0.36%,2004 年至 2013 年有明显降低,沙漠化土地年平均减少 0.17%;茶卡盐湖-沙珠玉河地区 1977 年至 2004 年沙漠化持续增长,年平均增长率约 0.21%,2004 年至 2013 年有所减少,年平均减少 0.07%。

二、植被变化特征

单独提取植被多期影像的分布图层,在所获取的 5 期遥感影像中,由于 1987 年夏季数据质量较差,故选择了冬季的数据,无法进行植被解译,因此选择了其他 4 期遥感数据进行植被解译,解译结果见图 9-3-3。

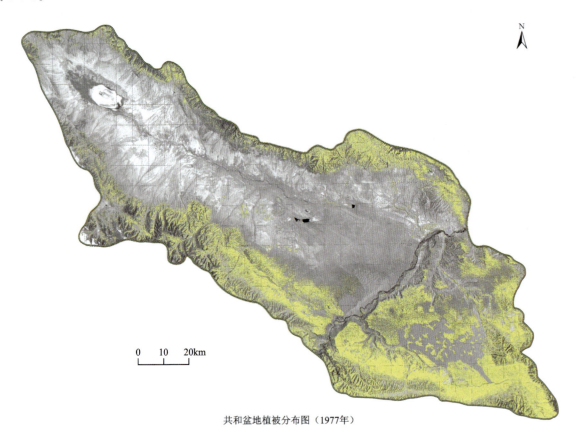

共和盆地植被分布图(1977年)

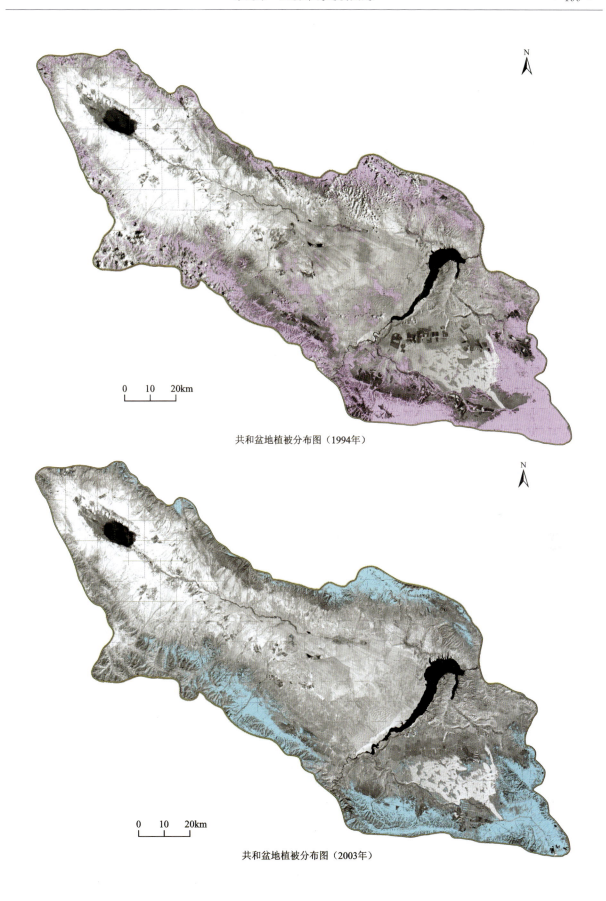

共和盆地植被分布图（1994年）

共和盆地植被分布图（2003年）

共和盆地植被分布图（2013年）

图 9-3-3　共和盆地植被分布图(1977—2013 年)

据共和盆地植被解译结果显示，共和盆地植被主要分布在盆地北侧、西侧以及南侧山区，木格滩沙漠区有零星分布。共和盆地 1977 年植被覆盖面积约为 5179km²，占工作区总面积的 25.70%；1994 年植被覆盖总面积为 4846km²，占工作区总面积的 24.05%；2003 年植被覆盖面积约为 3902km²，占工作区总面积的 19.36%；2013 年植被覆盖面积约为 3755km²，占工作区总面积的 18.63%。植被覆盖面积逐年呈递减的趋势，年平均减少 40km²（图 9-3-4）。

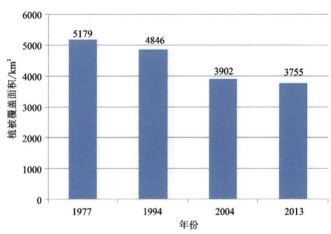

图 9-3-4　共和盆地植被覆盖面积统计图(1977—2013 年)

将研究阶段末期植被覆盖面积减去初期植被覆盖面积，差值被初始面积相除，从而得到研究时期末段的退化速率，然后以此速率除以研究阶段间隔年份便可计算出年平均植被退化率。表 9-3-2 表示植被在不同研究阶段的变化速率。

表 9-3-2 共和盆地各研究时段植被覆盖面积变化速率表

年份	1977—1994 年	1994—2003 年	2003—2013 年
初期植被覆盖面积/km²	5179	4846	3902
末期植被覆盖面积/km²	4846	3902	3755
面积差值/km²	−333	−944	−147
变化速率/％	−6.43	−19.48	−3.77
年变化速率/％	−0.36	−1.77	−0.38

在 30 多年的研究期间植被覆盖面积在各阶段均在不断减少,但是各阶段的变化速率不尽相同,主要表现为:1977—1994 年植被覆盖面积减少了 6.43％,年平均变化率为−0.36％;1994—2003 年期间,植被覆盖面积退化速率急剧升高,在此期间植被覆盖面积减少了 19.84％,年平均变化速率为−1.77％;2003—2013 年植被覆盖面积退化速率显著变慢,但是仍比第一阶段退化的快,在此期间植被覆盖面积减少了 3.77％,年平均变化率为−0.38％。

植被覆盖面积的变化可以反映出研究区 30 多年来共和盆地沙漠化发展的总体态势。从上述数据分析共和盆地植被覆盖面积变化的总体特征是:前期植被覆盖面积退化速率较慢,中期植被覆盖面积退化速率急剧增加,最近 10 年植被覆盖面积退化速率明显变慢,但退化速率仍然比前期要快。

三、草地变化特征

提取草场多期影像的分布图层,在所获取的 5 期遥感影像中,1987 年夏季数据较差,故选择冬季数据,无法进行草场的范围解译,因此选择其他 4 期遥感数据进行草场解译,解译结果见图 9-3-5。

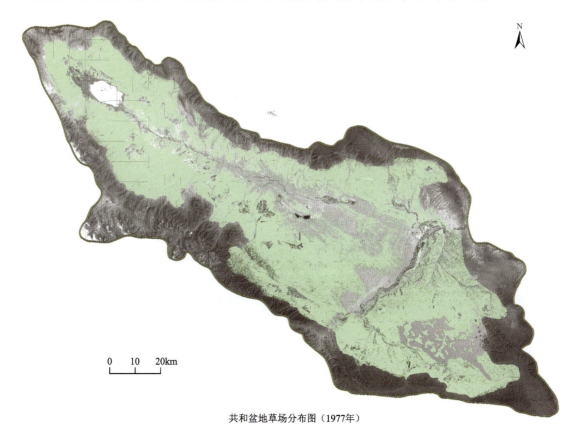

共和盆地草场分布图(1977年)

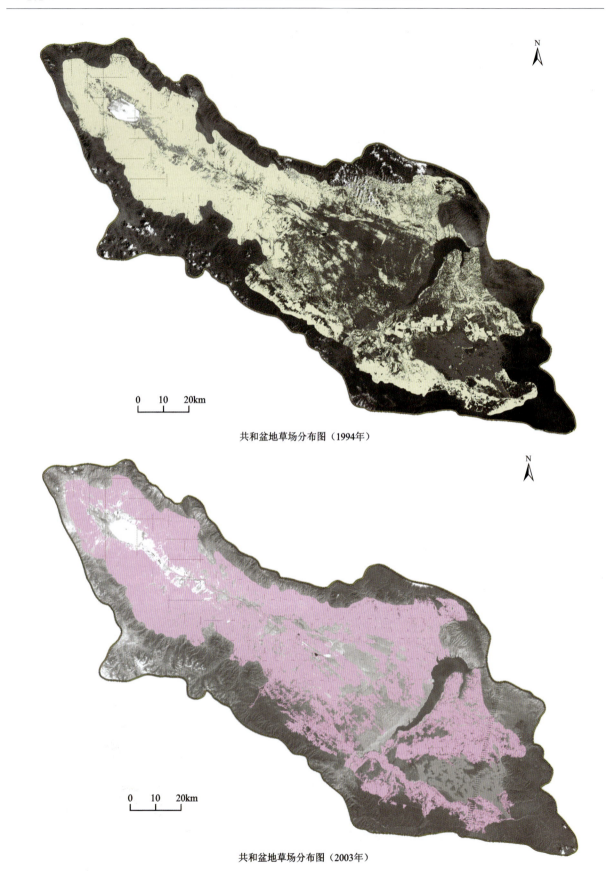

共和盆地草场分布图（1994年）

共和盆地草场分布图（2003年）

共和盆地草场分布图（2013年）

图 9-3-5 共和盆地草场分布图(1977—2013 年)

根据解译结果，共和盆地草地在全区覆盖面积较广，工作区茶卡盐湖北侧的茶卡冲洪积扇、大水桥冲洪积扇，南侧的哇玉河冲洪积扇均有草地覆盖，南部木格滩沙漠北侧、南侧也均有草地覆盖。共和盆地 1977 年草地覆盖面积约为 8602km², 占工作区总面积的 42.69%；1994 年草地覆盖总面积为 7990km², 占工作区总面积的 39.65%；2003 年草地覆盖面积约为 7873km², 占工作区总面积的 39.07%；2013 年草地覆盖面积约为 5360km², 占工作区总面积的 26.60%。统计结果见表 9-3-3，图 9-3-6。

在 30 多年的研究期间，草地覆盖面积在各阶段均在不断减少，但是各阶段的变化速率不尽相同，主要表现为：1977—1994 年草地减少了 7.11%，年平均变化率为 -0.40%；1994—2003 年期间，草地变化速率有轻微增长，在此期间草地减少了 1.46%，年平均变化速率为 -0.13%；2003—2013 年草地变化速率较快，在此期间草地减少了 31.92%，年平均变化速率为 -3.19%。

表 9-3-3 共和盆地各研究时段草地变化速率

年份	1977—1994 年	1994—2003 年	2003—2013 年
初期草地面积/km²	8602	7990	7873
末期草地面积/km²	7990	7873	5360
面积差值/km²	-612	-117	-2513
变化速率/%	-7.11	-1.46	-31.92
年变化速率/%	-0.40	-0.13	-3.19

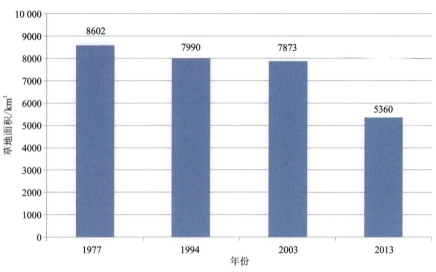

图 9-3-6　共和盆地草地面积统计图(1977—2013 年)

草地覆盖面积的变化可以反映出研究区 30 多年来共和盆地沙漠化发展的总体态势。从上述数据分析共和盆地草场变化的总体特征是,前期、中期草地变化速率较慢,最近 10 年草地变化速率明显变快。

四、农田变化特征

提取农田多期影像的分布图层,解译结果见图 9-3-7。

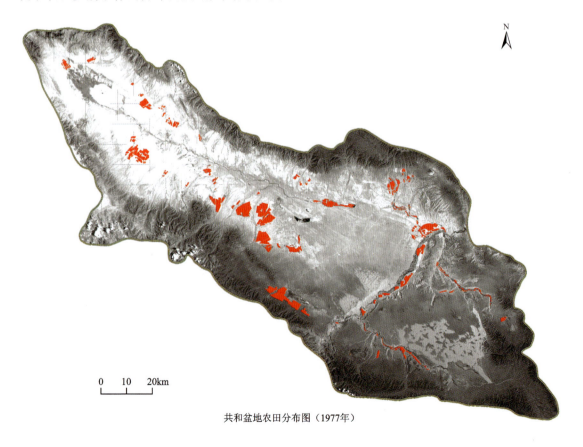

共和盆地农田分布图（1977年）

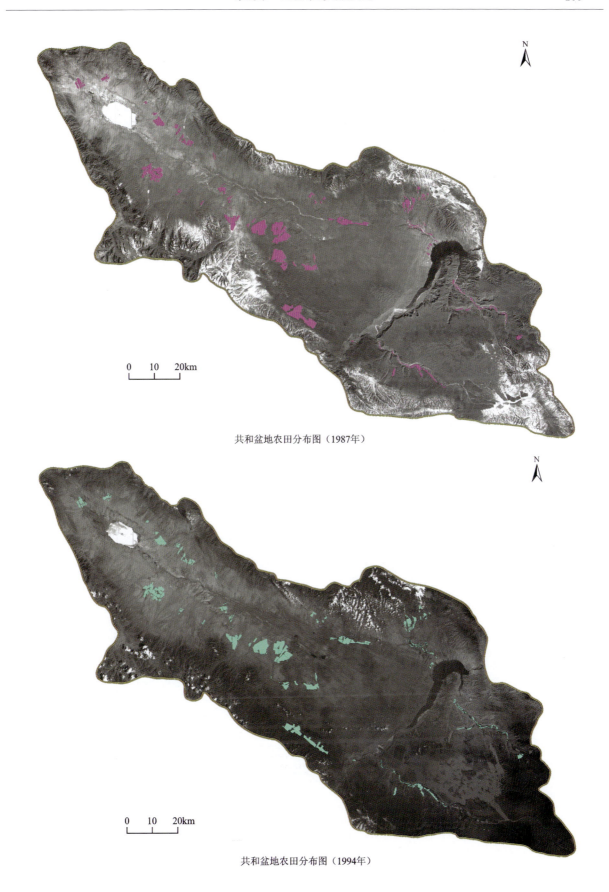

共和盆地农田分布图（1987年）

共和盆地农田分布图（1994年）

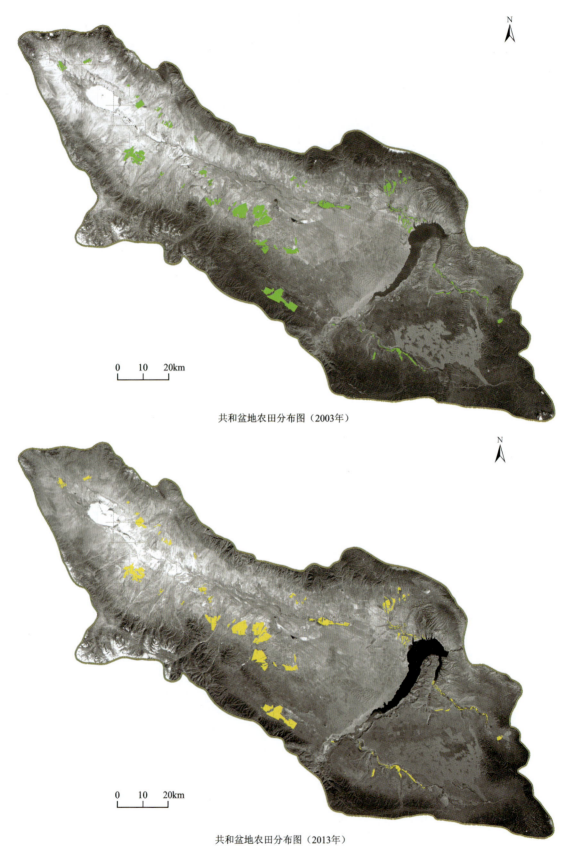

共和盆地农田分布图(2003年)

共和盆地农田分布图(2013年)

图 9-3-7 共和盆地农田分布图(1977—2013 年)

共和盆地农田主要位于几个大的乡镇人口聚集地附近,如茶卡镇、珠玉村、过马营镇、塘格木镇等地,盆地内较大的农场有哇玉香卡农场、新哲农场、巴仓农场、吴堡湾农场等。农场面积在几十年的研究时期里呈减少趋势:1977年全区农田面积为502.99km²;1987年农田面积减少到423.57km²;1994年继续减少到378.99km²;2003年有少量增长,为395.72km²;2013年继续减少,农田面积仅剩372.34km²(图9-3-8)。

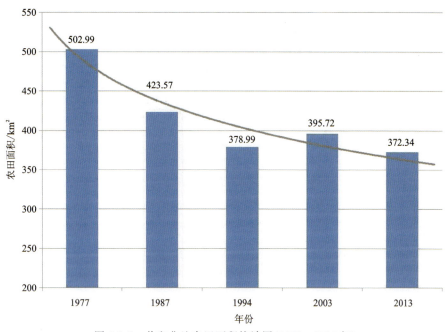

图9-3-8 共和盆地农田面积统计图(1977—2013年)

在30多年的研究期间,农田面积在各阶段的变化速率不尽相同,主要表现为1977—1987年农田减少了15.79%,年均减少1.44%;1987—1994年农田减少了10.52%,年均减少1.32%;1994—2003年农田面积有所增长,增加了4.41%,年均增长0.40%;2003—2013年减少了5.91%,年均减少0.59%(表9-3-4)。

表9-3-4 共和盆地各研究时段农田变化速率表

年份	1977—1987年	1987—1994年	1994—2003年	2003—2013年
初期农田面积/km²	502.99	423.57	378.99	395.72
末期农田面积/km²	423.57	378.99	395.72	372.34
面积差值/km²	−79.42	−44.58	16.73	−23.38
变化速率/%	−15.79%	−10.52%	4.41%	−5.91%
年变化速率/%	−1.44%	−1.32%	0.40%	−0.59%

通过对比不同时期的农田变化特征,发现导致农田退化的原因主要有几种:

(1)土地沙化。解译结果对比表明,农田减少的部分原因是土地的沙化(图9-3-9)。原本开垦的农田由于土地沙化而退化。

(2)龙羊峡水库范围不断扩大以及生态环境脆弱。龙羊峡水库处于黄河源区,属于高寒干旱与半干旱自然环境,是高寒地区较为典型的土地退化与草场沙漠化的发展区域,生态环境十分脆弱。通过5期遥感影像以及农田解译结果对比,可以看出龙羊峡水库周边的土地变化趋势:1977年还未修建龙羊峡水库,在河流两侧有大片农田耕种;1987年龙羊峡水库已经建成,占用了部分农田土地;1994龙羊峡水

图 9-3-9　土地沙化对比图

库处于连续多年枯水时段,蓄水量较少,周边土地利用类型变化不大;2003 年龙羊峡水库蓄水量上涨,水库面积扩大,对周边农田造成一定影响;2013 年水库面积进一步扩大,部分农田已被水库吞噬(图 9-3-10)。

图 9-3-10　龙羊峡水库周边农田变化图

五、水体变化特征

共和盆地位于青藏高原东北缘现代夏季风边缘区,区内水体主要有茶卡盐湖、更尕海、龙羊峡水库以及达连海(现已干涸)等。通过解译多期共和盆地影像,反映了近几十年共和盆地水体面积的变化情况。多期水体面积统计见图 9-3-11 与表 9-3-5。

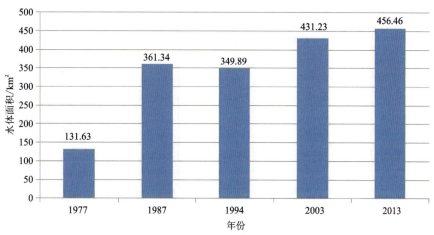

图 9-3-11 共和盆地各研究时段水体面积统计图

表 9-3-5 共和盆地各研究时段水体面积统计表　　　　　　　　　　　　　　单位:km²

年份	1977 年	1987 年	1994 年	2003 年	2013 年
龙羊峡水库	0	226.09	220.2	301.71	326.3
达连海	1.7	0.98	0.6	0.47	0
更尕海	2.31	2.41	1.18	1.32	1.9
更尕海绿地	4.77	2.44	4.21	2.77	4.45
茶卡盐湖	121.17	127.6	118.8	119.48	119.48
其他	1.68	1.82	4.9	5.48	4.33
合计	131.63	361.34	349.89	431.23	456.46

解译结果显示,共和盆地水体主要分布在盆地的北侧茶卡盐湖、沙珠玉乡东侧达连海、西南侧的更尕海,以及区内若干数量的水库,如龙羊峡水库、夏拉水库、娘堂水库、切吉水库等,其中龙羊峡水库面积最大,占工作区水体总面积的 60%~70%。共和盆地 1977 年水体总面积 131.63km²,1987 年增至 361.34km²,1994 年略有减少,为 349.89km²,2003 年继续增加,面积增长为 431.23km²,2013 年进一步增加到 456.46km²。

共和盆地水体变化特征较为明显,1977—1987 年出现了大幅增加,增加水体面积 229.71km²,增加幅度达到 175%;1987—1994 年有少量减少,减少面积 11.45km²,减少幅度为 3.17%;1994—2003 年增加水体面积 81.34km²,增加幅度为 23.25%;2003—2013 年继续增加,增加水体面积 25.23km²,增加幅度为 5.85%。分析原因,1977—1987 年出现的大幅增加,主要是由于建立了龙羊峡水库。其他年份的增长,主要是与茶卡盐湖、更尕海、达连海以及龙羊峡水库的水体变化相关,以下进行具体分析。

1. 茶卡盐湖

茶卡盐湖位于茶卡盆地的西部,盐湖的边缘呈放射状展布的茶卡河、莫河、小察汗乌苏河等河水入湖,在湖区东部泉水发育,以地下水的形式补给茶卡盐湖湖盆。茶卡盐湖历年水体变化如图 9-3-12 所示。

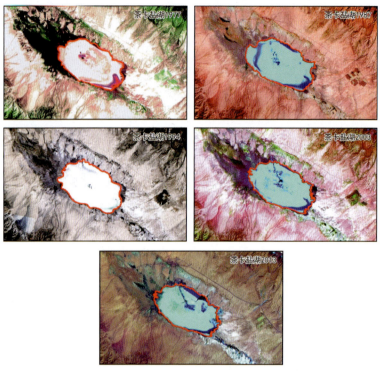

图 9-3-12　共和盆地茶卡盐湖变化图(1977—2013 年)

茶卡盐湖面积 5 期变化不大,仅 1987 年出现了显著增大,其他年份均保持了较为稳定的状态。该年份盐湖表现较为异常,总体可以认为茶卡盐湖多年来湖面较为稳定,未出现明显变化。

2. 达连海

达连海位于共和盆地共和县城以西约 30km,是沙珠玉河的终间封闭湖泊。达连海历年水体面积变化如图 9-3-13 所示。

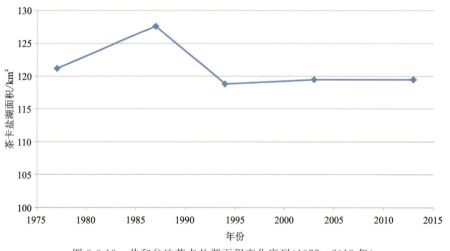

图 9-3-13　共和盆地茶卡盐湖面积变化序列(1977—2013 年)

从图 9-3-14 以及变化序列图 9-3-15 可见,达连海从 20 世纪 70 年代至今,面积一直减小,直至干涸消失。主要原因是 20 世纪中期以来流域内建立了多个水库,陆续断绝了下游水源补给。

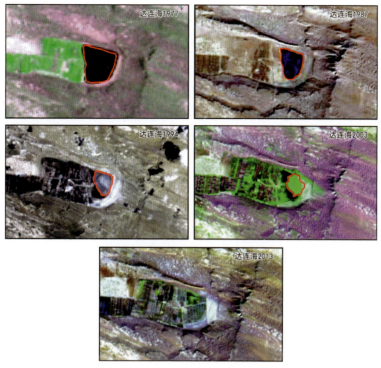

图 9-3-14　共和盆地达连海变化图(1977—2013 年)

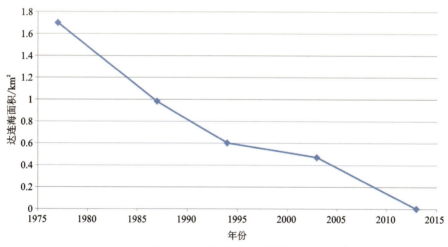

图 9-3-15　共和盆地达连海面积变化序列(1977—2013 年)

3. 更尕海

更尕海 5 期影像变化及面积变化如图 9-3-16 和图 9-3-17 所示。

从图 9-3-16 以及变化序列图 9-3-17 可见,更尕海在近 30 年时间内出现了波状变化,水面经历了减小→增大→减小→增大的过程,没有明显的变化趋势。

4. 龙羊峡水库

龙羊峡水库位于黄河上游青海省共和县和贵南县交界的龙羊峡谷,电站装机容量 $128×10^4$ kW,水库设计蓄水位 2600 m,总库容 $247×10^8$ m³,调节库容 $194×10^8$ m³,是一座具有多年调节性能的大型综合水利利用枢纽工程。龙羊峡水库面积变化如图 9-3-18 所示。

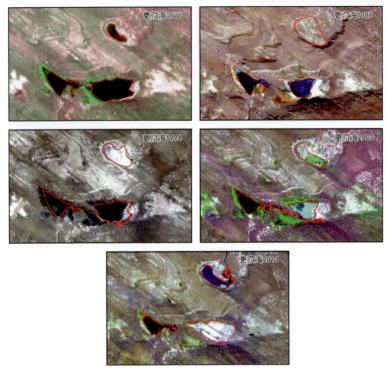

图 9-3-16　共和盆地更尕海变化图(1977—2013 年)

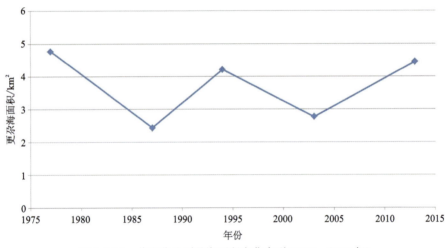

图 9-3-17　共和盆地更尕海面积变化序列(1977—2013 年)

龙羊峡水库 1977 年还未建设完成,保留了原始的河流形态,1987 年时已经修建完成,水库水面占地 226.09km²。1994 年与 1987 年相比,水库水面面积变化较小,占地面积为 220.2km²,这主要是由于连续多年枯水,龙羊峡水库常年处于低水位运行导致的;2003 年水库面积增长至 301.71km²,原因是上游流域降雨持续偏多,龙羊峡水库入库流量逐渐上涨,导致水位上升,2013 年龙羊峡水库面积进一步增长至 326.3km²,同样是由于蓄水量增加(图 9-3-19)。

综上所述,尽管不同水体呈现了不同的特点,比如茶卡盐湖保持平稳,达连海逐步消失,更尕海周期性增减,但由于基数较小,各类变化导致的总量变化也较小,对于区域水体变化特征不起决定性作用,而由于龙羊峡水库面积较大,总体上区域水体受到龙羊峡水库面积变化影响较大,整体呈现了增加的趋势。

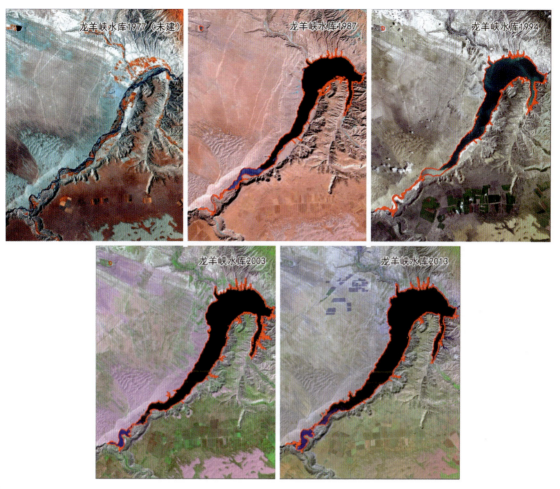

图 9-3-18 共和盆地龙羊峡水库变化图(1977—2013 年)

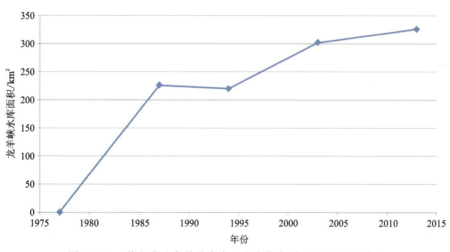

图 9-3-19 共和盆地龙羊峡水库面积变化序列(1977—2013 年)

第四节 沙漠化影响因素分析

共和盆地属高原大陆性气候，多年平均气温 1.69～4.27℃，大于 10℃ 的年活动积温达 1800℃ 以上；多年平均降水量为 314.3～414.8mm，降水主要集中在 5～9 月，占年总量的 80% 以上；年均蒸发量 1 378.5～1 692.1mm；年均风速 2.0～2.4m/s；本区多大风，年均大风日数 17～38d，最多可达 63d。每年霜期在 250d 以上，也可以说没有绝对无霜期。雨热同季，光照充足，四季气候区分不明显，冬长夏短。主要气象灾害有低温霜冻、干旱、风沙、冰雹、暴雨和雪灾等。

共和盆地沙漠化的成因研究，前人学者已经做过大量研究，通常认为沙漠化成因有两个方面，即自然因素与社会因素。本书从沙漠化的变化与上述各项资料的对比来分析沙漠化的成因。

一、自然因素

自然因素主要包括降水量与温度两方面。降水量方面，本次研究收集工作区茶卡、恰卜恰、兴海 3 个气象站的历年降水量数据，利用研究阶段末期的降水量减去初期的降水量，得到的差值再与初期降水量相除，便得到降水量在研究时段初末期的变化速率，然后以间隔年份相除便可计算出年平均变化率。表 9-4-1 表示不同研究时段降水量的年变化速率，正值表示该时段内年平均降水量在增加，负值便是该时段内年平均降水量在减少。

在研究的 30 多年期间，降水量变化速率不尽相同，主要表现为：前 17 年年降水量均有不同程度的增加，后 20 年年降水量一直在减少，在这几年间主要分为 4 个阶段，分别表现为：1977—1987 年年降水量增加了 40%，年平均变化率为 3.6%；1987—1994 年年降水量增加幅度减小，仅增加了 3.1%，年平均变化率为 0.38%；1994—2003 年年降水量减少了 8.14%，年平均变化速率为 -0.81%；2003—2013 年年降水量减少量增加到了 10%，年平均变化率为 -0.91%（表 9-4-1）。

表 9-4-1 各研究时段共和盆地降水量年变化速率表

年份	1977—1987 年	1987—1994 年	1994—2003 年	2003—2013 年
初期降水量/mm	1 034.0	1 447.9	1 492.3	1 370.9
末期降水量/mm	1 447.9	1 492.3	1 370.9	1 233.5
降水量差值/mm	413.9	44.4	-121.4	-137.4
变化速率/%	40	3.1	-8.14	-10
年平均变化速率/%	3.6	0.38	-0.81	-0.91

降水量的变化可以反映研究区 30 多年来，水量补给的总体态势。根据上述分析，共和盆地降水量的总体特征表现为前期降水量增加幅度很大，中前期降水量增加幅度急剧减少但是仍有增加，中后期降水量由增加变为减少，后期降水量的年减少量逐渐变大。由此认为降水量对土地沙漠化的直接影响较小，但也是有一定的影响。

从历年降水量的时间序列（图 9-4-1）可知共和盆地 3 个站点的年降水量围绕均值上下波动，其中，兴海站的年降水量整体呈上升趋势，茶卡站、恰卜恰站则较为稳定。年平均降水量从 20 世纪 70 年代至今基本经历了多→少→多→少的变化过程，最高降水量出现在 1975 年、1981 年、1989 年，最低值则出现在 1977 年、2000 年以及 2013 年。对 3 个气象站的年降水量数据进行 Daniel 检验，茶卡、恰卜恰和兴海的年降水量序列的关系系数分别为 0.136 2、0.090 6、0.220 6，显著性 Z 检验值分别为 0.876 7、0.173 9

和-0.3005,都小于$Z_{0.025}(1.96)$,所以共和盆地的年降水量序列是平稳的。

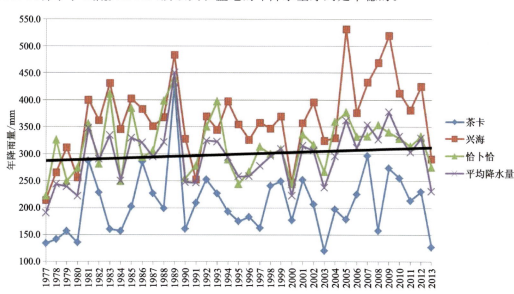

图 9-4-1　共和盆地 3 个主要气象站年降水量时间序列

自相关系数分析。茶卡、恰卜恰和兴海的年降水量序列的 1～12 个时滞的自相关系数,基本上都小于 2 个标准差的自相关系数(0.2982),所以共和盆地年降水量的时间序列是平稳的。

共和盆地年降水量序列的周期变化特征。经过傅里叶变换的时间序列的周期分析表明,在茶卡站、恰卜恰站和兴海站,时滞 $\tau=7.3$ 和 3 时,谐波振幅最大,所以进行显著性检验,3 个站的检验统计量(J)分别为 1.615、1.504 和 1.504,年降水量序列不存在周期。

总之,由于共和盆地年降水量序列平稳无周期,因此年降水量序列具有平稳性,降水量并不是共和盆地土壤沙漠化的决定因子。

温度方面,图 9-4-2 为共和盆地年平均气温变化曲线,可以看出,年平均气温拟合曲线的上升趋势是明显的,6 阶多项式拟合的年平均气温曲线反映出自 20 世纪 80 年代中期增暖以来,90 年代后期增暖到了最强,其中 1998 年气温达近 50 年来的最高值。

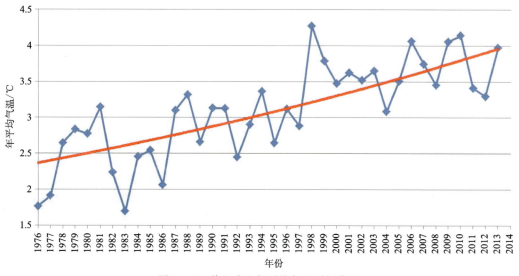

图 9-4-2　共和盆地年平均气温时间序列

计算共和盆地年、季各年代的平均气温(表 9-4-2),该地区年度和夏、秋、冬 3 季的平均气温各年代呈逐步递增的趋势,20 世纪 60~90 年代分别经历了一个"低→高"的年代际变化过程,春、夏、秋、冬 4 季明显升温出现在全球变暖的 90 年代,而最冷则出现在 60 年代;春季气温则为"低→高→低→高"的年代际变化过程。明显偏暖的 2001—2006 年春、夏、秋、冬 4 季和年平均气温比最冷的 20 世纪 60 年代普遍偏高了 1.1~3.3℃,春季 20 世纪 80 年代平均气温比 20 世纪 70 年代偏低了 0.4℃(图 9-4-3)。

表 9-4-2 共和盆地各年代气温平均值 单位:℃

年份	1977—1987 年	1987—1994 年	1994—2003 年	2003—2013 年
春季	5.6	5.2	6.2	6.2
夏季	14.5	14.5	15.2	15.7
秋季	3.4	3.8	4.5	5.1
冬季	−8.7	−8.1	−7.4	−6.3
多年平均	3.7	3.9	4.6	5.2

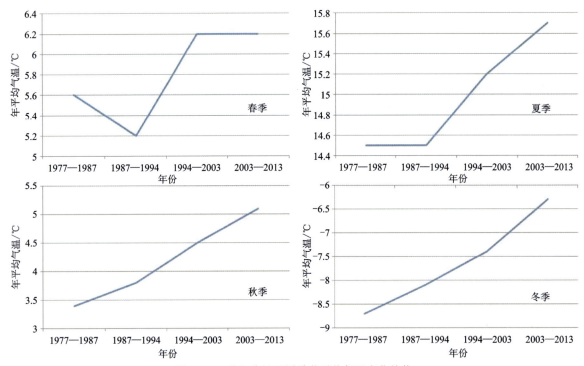

图 9-4-3 共和盆地不同季节平均气温变化趋势

将研究阶段末期的年平均温度减去初期的年平均温度,得到的差值被初始年平均温度相除,便得到研究时期内温度的变化率,然后再以此变化率除以研究阶段间隔年份便可计算出此段时间内温度的年平均变化率,表 9-4-3 列出了在不同研究阶段温度变化率。

在 30 多年的研究期间年平均温度在逐渐升高,但各阶段的变化速率不尽相同,1977—1987 年年平均温度升高了 60.57%,温度的年平均变化速率为 5.51%;1987—1994 年年平均温度升高值明显变小,为 8.19%,温度的年平均变化速率为 1.02%;1994—2003 年年平均温度升高值比上一阶段略有减少,为 7.24%,温度的年平均变化速率为 0.72%;2003—2013 年年平均温度升高值比上一阶段略有增加为 7.67%,温度的年平均变化速率为 0.70%。

表 9-4-3　共和盆地各研究时段温度变化速率

年份	1977—1987 年	1987—1994 年	1994—2003 年	2003—2013 年
初始年平均温度/℃	1.75	2.81	3.04	3.26
末期年平均温度/℃	2.81	3.04	3.26	3.51
年平均温度差值/℃	1.06	0.23	0.22	0.25
变化速率/%	60.57	8.19	7.24	7.67
年平均变化速率/%	5.51	1.02	0.72	0.70

根据上述分析，在研究的 30 多年间共和盆地温度变化的总体特征表现为前 10 年年平均温度增加较快，中前期温度增速减慢，中后期温度增加量略有减少，后 10 年温度增加量略有增加，总体趋势表现为温度增加量先减少后趋于平稳。由于共和盆地在全球变暖的情况下温度不断升高，20 世纪 90 年代的平均气温比 20 世纪 60 年代高了很多，从年代变暖幅度来看，共和盆地 20 世纪 90 年代平均最低气温的增温情况基本上与年平均气温相同，增温强度远远超过了 20 世纪 60 年代，由于温度的升高使本来就裸露的土地表面失墒严重，蒸发量进一步加大，因此温度的升高在一定程度上加剧了沙漠化的程度，再加上受人为因素的影响，沙漠化的程度也相应地在加快。

二、社会因素

人为因素主要包括农牧业人口、牲畜数量与农田变化 3 个方面，收集近几十年共和盆地农牧业人口、牲畜数量的数据（表 9-4-4）。

表 9-4-4　共和盆地各研究时段人为要素原始数据

年份	农牧业人口/人	牲畜数量/头	年份	农牧业人口/人	牲畜数量/头
1977	70 779	1 857 156	1996	97 277	2 022 800
1978	73 521	1 932 484	1997	100 000	2 024 700
1979	73 431	1 887 027	1998	99 400	2 362 200
1980	72 474	1 582 439	1999	101 400	2 476 500
1981	71 735	1 738 186	2000	105 000	2 556 400
1982	74 231	1 765 159	2001	107 200	2 495 300
1983	93 028	1 919 518	2002	114 900	2 118 000
1984	96 177	1 767 494	2003	119 400	2 133 600
1985	99 342	1 875 265	2004	120 800	2 757 000
1986	102 648	1 896 058	2005	114 000	2 658 500
1987	105 509	1 881 418	2006	115 000	2 544 800
1988	107 456	1 939 679	2007	117 000	2 694 000
1989	110 678	1 814 760	2008	119 000	2 257 000
1990	106 168	1 862 511	2009	121 000	2 161 000
1991	107 264	1 879 802	2010	125 000	2 053 000
1992	109 906	1 935 463	2011	124 000	2 394 000

续表 9-4-4

年份	农牧业人口/人	牲畜数量/头	年份	农牧业人口/人	牲畜数量/头
1993	108 684	1 890 712	2012	125 600	2 154 000
1994	109 478	1 951 096	2013	127 000	2 258 000
1995	110 957	1 884 357	2014	126 400	2 373 000

农牧业人口方面：农牧业人口在 1977 年约为 7.0 万人，到 1982 年增加到约 7.4 万人，1983 年急剧增长至 9.3 万人，之后持续增长至 1989 年的 11.0 万人，1990 年略有下降，为 10.6 万人，之后分别在 1996 年、2005 年出现过两次人口下降，其余时间保持稳定增长，到目前增长至 12.6 万人。农牧业人口在研究期的 30 多年间出现过 3 次较为明显的下降，其他年份主体保持增长趋势（图 9-4-4）。

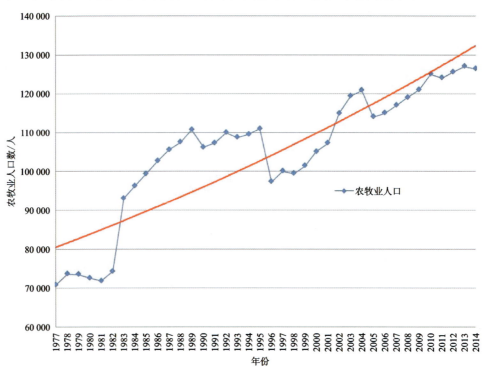

图 9-4-4 共和盆地农牧业人口时间序列

牲畜数量方面：近 30 多年变化特点较为明显，1977—1997 年之间较为平稳，牲畜数量在 190 万头左右波动，到 1997 年之后有较大起伏，1997—1998 年从 202 万头增至 236 万头，之后出现了较大波动，最多年份出现在 2004 年，约为 276 万头，1997 年后的牲畜数量最少年份出现在 2010 年，为 205 万头。牲畜数量虽然在 1997 年后出现了较大的波动，但总体趋势依然是呈现较为明显的增长状态（图 9-4-5）。

共和盆地农田面积在几十年的研究时期里呈减少趋势（图 9-4-6），1977 年全区农田面积 502.99 km^2，1987 年农田面积减少到 423.57 km^2，1994 年继续减少到 378.99 km^2，2003 年有少量增长，为 395.72 km^2，2013 年继续减少，农田面积仅剩 372.34 km^2。在 30 多年的研究期间农田面积在各阶段的变化速率不尽相同，主要表现为 1977—1987 年农田减少了 15.79%，年均减少 1.44%；1987—1994 年农田减少了 10.52%，年均减少 1.32%；1994—2003 年农田面积有所增长，增加了 4.41%，年均增长 0.40%；2003—2013 年减少了 5.91%，年均减少 0.59%。

综合以上分析，沙漠化发展趋势与温度升高、农牧业人口及牲畜数量的增长呈正相关，与耕地面积的减少呈负相关。共和盆地属典型的高寒干旱荒漠和半干旱草原区，平均海拔约 3200m，地表长期处于干燥、疏松状态，土地极易沙漠化。从 20 世纪 50 年代当地大规模的土地开垦，将大量的草场开垦为耕

第十二章　地下水资源合理开发利用区划

第一节　地下水资源供需分析

一、水资源概况

(一)地表水资源

共和盆地地表水资源主要指山前水库的水资源。共和盆地水库主要供应灌溉用水及人饮管道用水。共和盆地地表水资源见表 12-1-1、表 12-1-2。

表 12-1-1　共和盆地地表水资源量(行政区)

行政区	地表水资源量/($\times 10^4 \mathrm{m}^3 \cdot \mathrm{a}^{-1}$)
共和县	13 394.00
贵南县	11 990
茶卡镇	589.88

表 12-1-2　共和盆地重点区地表水资源量

重点区	地表水资源量/($\times 10^4 \mathrm{m}^3 \cdot \mathrm{a}^{-1}$)
恰卜恰镇	1 119.59
茫曲镇-塔秀乡	4 676.10
茶卡镇重点区	589.88
切吉镇	637.10

(二)地下水资源

共和盆地地下水资源是指潜水、承压水多年平均状态下的可开采资源量。共和盆地地下水资源量见表 12-1-3、表 12-1-4。

表 12-1-3　共和盆地地下水资源量

行政区	地下水资源量/($\times 10^4 \mathrm{m}^3 \cdot \mathrm{a}^{-1}$)
共和县	24 202.31
贵南县	10 242.50
茶卡镇	3 121.11

表 12-1-4　共和盆地重点区地下水资源量

重点区	地下水资源量/($\times 10^4 m^3 \cdot a^{-1}$)
恰卜恰镇	1 385.97
茫曲镇-塔秀乡	4 080.16
茶卡镇重点区	1 424.44
切吉镇	8 029.73

(三)水资源总量

共和盆地水资源总量为地表水与地下水资源量合计,见表 12-1-5、表 12-1-6。

表 12-1-5　共和盆地水资源总量

行政区	水资源总量/($\times 10^4 m^3 \cdot a^{-1}$)
共和县	37 569.31
贵南县	22 232.5
茶卡镇	3 710.99

表 12-1-6　共和盆地重点区水资源总量

重点区	水资源总量/($\times 10^4 m^3 \cdot a^{-1}$)
恰卜恰镇	2 505.56
茫曲镇-塔秀乡	8 756.26
茶卡镇重点区	2 014.32
切吉镇	8 666.83

二、水资源供需分析

共和盆地水资源量包括地表水资源量、地下水资源量,其中地下水资源量为潜水和承压水可开采资源之和。共和盆地水资源供需分析见表 12-1-7、表 12-1-8。共和盆地所有行政区水资源保证程度均大于 100%,未出现区域性水资源短缺。

表 12-1-7　共和盆地水资源供需分析

行政区	水资源量/($\times 10^4 m^3 \cdot a^{-1}$)	2013 年总用水量/($\times 10^4 m^3 \cdot a^{-1}$)	供需差/($\times 10^4 m^3 \cdot a^{-1}$)	保证程度/%
共和县	37 569.31	13 388.00	24 208.31	280.82
贵南县	22 323.5	2 945.04	19 287.46	754.91
茶卡镇	3 710.99	628.59	3 082.4	590.37

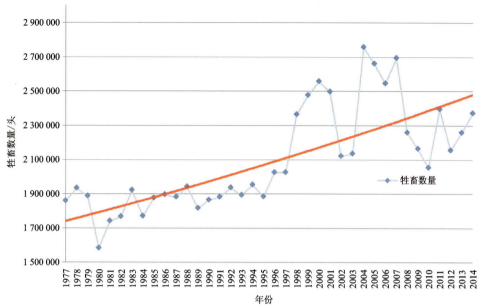

图 9-4-5　共和盆地牲畜数量时间序列

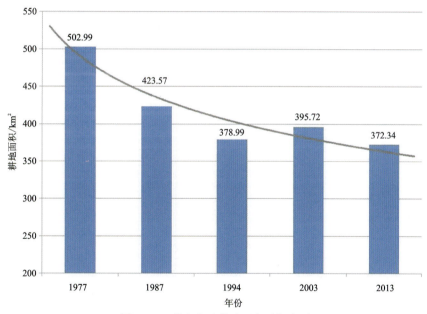

图 9-4-6　共和盆地耕地面积时间序列

地,由于地表原生植物和土层结构遭到破坏,土地的水源涵养功能下降、丧失,土地沙漠化速度明显加快,下风区的草地引发了流动和半流动沙丘。另外,超载放牧也是导致土地沙漠化的重要因素,牧草被过度啃食,再生能力和更新周期缓慢从而逐渐退化,最终导致草场的草种减少、植株变矮、覆盖度降低。

本书对共和盆地防治土地沙漠化有 3 个建议:①对易沙化的耕地退耕还草,对沙化严重的区域实施生态移民和农牧场整体搬迁,减少人类等社会因素对生态环境的破坏,同时控制人口和实施计划生育政策;②草原科学合理规划,对不同类型的草场进行载畜量测定和放牧控制,引导牧民优化牲畜结构,加大舍饲比例,减少草场载畜量,减轻草场负担,让草场得以休养生息;③国家和地方政府应该制订综合治理方案,实施多层次、全方位和大规模的综合治理工程。

第十章　农牧业与生态环境建设对水资源的需求

第一节　农牧业对水资源的需求

共和盆地主要以农牧业为主,共和县耕地主要分布在恰卜恰河谷、沙珠玉河中下游、塘格木农场-切吉乡南部山前地带,耕地面积 44.17 万亩;贵南县耕地主要分布在茫曲河河谷、沙沟河谷等地区,耕地面积 6.28 万亩;共和盆地涉及兴海县的河卡滩地,耕地面积 8.35 万亩;乌兰县茶卡镇耕地主要分布在茶卡镇-巴音村山前沿线和西部的莫河农场,耕地面积 4.41 万亩,共和盆地总耕地面积 63.21 万亩。

盆地地处青藏高原东北缘,多年平均降水量仅为 310.5mm,多年平均蒸发量高达 1 751.4mm,蒸发量为降水量的 5 倍多,气候干旱,降水少,无法满足农作物的需求,需要大力发展灌溉农业来支撑农作物稳定高产。依据青海省用水定额(青政办〔2009〕62 号),共和县小麦灌溉定额为 4350m^3/hm,青稞灌溉定额为 4125m^3/hm,按平均定额 4 237.5m^3/hm 计算出共和盆地农业灌溉需水总量为 $1.79 \times 10^8 m^3/a$,各镇耕地面积及需水量详见表 10-1-1。

表 10-1-1　共和盆地耕地灌溉需水量

县	乡镇	耕地面积/亩	需水量/($\times 10^4 m^3 \cdot a^{-1}$)
乌兰县	茶卡镇	44 145	1 247.10
兴海县	河卡镇	83 490	2 358.59
共和县	恰卜恰镇	47 085	1 330.15
共和县	沙珠玉乡	35 070	990.73
共和县	切吉乡	184 755	5 219.33
共和县	塘格木镇	162 300	4 584.98
共和县	铁盖乡	4200	118.65
共和县	龙羊峡镇	8250	233.06
贵南县	茫曲镇	7671	216.71
贵南县	茫拉乡	19 080	539.01
贵南县	塔秀乡	5985	169.08
贵南县	森多乡	555	15.68
贵南县	过马营镇	10 530	297.47
贵南县	沙沟乡	18 900	533.93

第二节　生态环境建设对水资源的需求

生态环境是社会经济发展的基础,也是人类赖以生存和发展的生命线。共和盆地地处黄河上游,是我国重度沙漠化地区之一,也是青海省沙漠化面积大、类型多、危害重的地区。严重土地沙漠化不仅对该地区生态环境造成极大的破坏,而且给当地人民群众的生产、生活造成威胁,严重制约了当地的经济发展。国家发展和改革委员会等有关部门将共和县确定为全国第一批生态环境建设重点地区,1998年启动国家项目"黄河上游生态工程-龙羊峡水库防风固沙护岸林建设项目,在共和盆地的风沙源头沙珠玉河上游、214国道沿线的东巴乡、龙羊峡库区北岸3个区域治理风沙危害、草地退化和土地荒漠化,目前已经建设防风固沙林2887hm^2,草地治理12 866hm^2,农田防护林带56km,龙羊峡库区北岸防护林建设714hm^2。另外,沿塘格木农场—沙珠玉一带营造长35km、宽500m的防风固沙林带,作为保护盆地的头道绿色屏障;在塔拉台地214国道两侧营造长35km、宽500m的防风固沙林带,作为保护盆地及龙羊峡水库的第二道绿色屏障。

根据《青海省共和盆地龙羊峡库区生态环境建设地下水资源勘查报告》(2002),共和县沙珠玉河上游防风固沙林地2887hm^2,需水量1 299.15×10^{4}m^3,龙羊峡北岸防护林带面积714hm^2,需水量321.3×10^{4}m^3,塘格木-沙珠玉及塔拉台地214国道沿线防风固沙林地面积4250hm^2,需水量2034×10^{4}m^3。龙羊峡库区生态环境建设总需水量为3 654.45×10^{4}m^3。

共和盆地现有草场803.9万亩,见表10-2-1。草地种类主要为克氏针茅、短花针茅等耐旱抗旱植被,据《青海共和盆地水分时空分异与水土资源生产力》(孙建光,2004),共和盆地牧草的水分耗散不仅与牧草种类特征有关,而且受到土壤供水能力的影响,盆地牧草的实际蒸散量从75~331mm,平均255mm,总体分布特征是山区低于盆地内的滩地和河谷,东南大于西北,河谷的实际蒸散量最高。共和

表10-2-1　共和县各乡镇草场面积一览表

县	乡镇	面积/km^2	面积/万亩
乌兰县	茶卡镇	737.35	110.60
兴海县	河卡镇	376.37	56.46
共和县	恰卜恰镇	270.75	40.61
	沙珠玉乡	93.19	13.98
	切吉乡	1 193.85	179.08
	塘格木镇	735.11	110.27
	铁盖乡	172.04	25.81
	廿地乡	153.95	23.09
	龙羊峡镇	16.27	2.44
贵南县	过马营镇	142.55	21.38
	沙沟乡	223.42	33.51
	茫曲镇	146.87	22.03
	茫拉乡	218.90	32.83
	森多乡	208.05	31.21
	塔秀乡	349.15	52.37
	贵南草业开发公司	321.53	48.23

盆地牧草的年实际蒸散量为 $41.7×10^8 m^3$，年降水量为 $52×10^8 m^3$，年降水量基本能满足牧草的实际生长的水分需求，盆地内实际蒸散的空间分布为：山区牧草的实际蒸散量小，约为 $7.3×10^8 m^3$，降水量为 $15.6×10^8 m^3$，能满足牧草的生长需求，水分并不是牧草生长的主要限制因子；盆地中部滩地的实际蒸散量为 $25.2×10^8 m^3$，降水量为 $27.8×10^8 m^3$，降水基本满足牧草的最低生长需求，但不能满足牧草的最优生长水分需求；盆地中河谷牧草的实际蒸散量为 $9.1×10^8 m^3$，降水量为 $8.6×10^8 m^3$，无法满足牧草的最低生长水分需求，水分在河谷成为牧草生长的主要限制因子。共和盆地河谷牧草主要分布在恰卜恰河谷西岸、沙珠玉河谷中下游沿岸及龙羊峡河谷西侧沿岸及塔拉台地、贵南沙沟河谷沿岸地带，总面积约472.2万亩，根据青海省用水定额（青海省水利厅，2009）茶卡—沙珠玉地区灌溉定额为 $2100\sim3600 m^3/hm^3$，按照 $200 m^3/$亩来计算，草地生态需水量约为 $6296×10^4 m^3/a$。

第三节　灌溉用水地下水开采方向

一、农业灌溉用水地下水开发利用方向

共和盆地分布在茶卡镇-巴音村山前沿线和西部的莫河农场、哇玉香卡、塘格木农场-切吉乡南部山前地带、沙珠玉河中下游、恰卜恰河谷、河卡滩地、茫曲河河谷、沙沟河谷等地，总耕地面积 $4.19×10^4 hm^2$。

各农业区需水量和可引地表水灌溉量见表 10-3-1，茶卡村-大水桥、哇玉香卡-切吉乡、沙珠玉乡和贵南地表水可引水灌溉量可以满足农业灌溉量的需求，建议在这些地区主要开发地表水进行农业灌溉，以下主要阐述地表水引水灌溉量无法满足农业灌溉需求地区的地下水开发利用方向。

表 10-3-1　各农业区需水量和可引地表水灌溉量

农业区	面积/hm^2	年需水量/($×10^4 m^3·a^{-1}$)	引水灌溉量/($×10^4 m^3·a^{-1}$)	剩余/缺水量/($×10^4 m^3·a^{-1}$)
莫河农场	811.87	334.90	170.35	164.55
塘格木农场	13 939.20	6 063.55	1 958.50	4 105.05
河卡滩地	5 565.60	2 421.04	0.00	2 421.04
恰卜恰河谷	3 948.44	1 717.57	551.20	1 166.37
铁盖乡	791.51	344.31	0.00	344.31
沙沟	1 963.73	854.22	848.78	5.44
茶卡村-大水桥	3 787.31	1 562.26	1 813.88	−251.62
哇玉香卡-切吉乡	6 419.06	2 647.86	3 973.92	−1 326.05
沙珠玉乡	2 375.91	1 033.52	2 069.90	−1 036.38
贵南县	2 206.71	959.92	1 750.40	−790.48

1. 莫河农场

莫河农场场部西南及西侧的乌啦剎滩、大察加奴沟，地貌上属山前冲洪积平原。潜水含水层岩性为中上更新统的泥质砂砾卵石及砂砾卵石层，岩性较单一，局部有亚砂土夹层，地层颗粒较粗，结构较松散，孔隙发育，透水性好，富水性强。静水位埋深 $7.75\sim77.03 m$，含水层厚度 $16.36\sim120.68 m$，单井换算涌水量 $530.50\sim4 149.09 m^3/d$，属中等-富水地区。

在莫河农场场部——莫河二水库,承压水与上部潜水构成双层结构。上部地层为上更新统砂砾石,下伏地层为下更新统冲湖积相的亚砂土、亚黏土、粉砂及细砂。潜水含水层岩性为砂砾石及粉砂,静水位埋深2.97m,单井涌水量533.59m³/d;承压水由亚黏土构成含水层顶板,含水层岩性为粉砂,厚度57.30m,承压水水头2.05m,单井涌水量1838.70m³/d,属水量丰富地区。

在莫河农场场部南侧5km,地貌上属冲湖积平原。承压水与上部潜水构成双层结构,具有承压自流性质。上部地层为上更新统砂砾石及含泥砂砾石,表层覆2~3m的亚砂土;下伏地层为上更新统冲湖积相的亚黏土、粉砂及含泥砂砾石。潜水含水层岩性为砂砾石、含泥砂砾石,静水位埋深1.89m,单井换算涌水量38.60m³/d;承压水由亚黏土构成含水层顶板,含水层岩性为粉砂及砂砾石,含水层厚52.20~120.10m,承压水水头20.50m,单井涌水量169.50m³/d,属水量中等地区。

莫河农场一带潜水水量中等-贫乏区,而承压水属于水量丰富-中等富水区,可适度加大地下水开发利用力度,满足农业用水需求。目前莫河农场农业灌溉年需水量334.90×10⁴m³,可引地表水灌溉量170.35×10⁴m³/a,农业灌溉用水需开发地下水164.55×10⁴m³/a。建议开采承压水进行农业灌溉,设计布设管井5眼,单孔出水量1000m³/d,宜井深度120m,井径300mm,预计出水量180×10⁴m³,满足农区灌溉用水需求。

2. 塘格木农场

塘格木农场区大量引用地表水进行灌溉,地下水开发利用程度低。该区为承压、半承压水分布区,含水层厚度大于60m,地下水位埋深大于100m,新哲农场三大队至塘格木农场九中队一线以北的中央平原地带,含水层为砂砾及中细砂,且由南向北地层颗粒变细。地下水来自叉叉沟、直亥买、切吉河的侧向补给,属水量中等带,控制性水样点的计算涌水量217~869m³/d。矿化度小于0.5g/L,属HCO_3-Ca型水,水位埋深43~109m,承压水位103~158m。该区域农业灌溉可加大地下水的开发利用力度。目前塘格木农场农业灌溉年需水量6063.55×10⁴m³,可引切吉水库地表水灌溉量1958.50×10⁴m³/a,根据本次工作实测,直买亥沟年流量3035.54×10⁴m³,建议由直买亥沟引水2800×10⁴m³/a,叉叉龙洼引水275.9×10⁴m³/a,农业灌溉用水需开发地下水1029.15×10⁴m³/a。设计布设管井36眼,单孔出水量100~1000m³/d,宜井深度200m,井径300mm,预计出水量1100×10⁴m³/a,满足农区灌溉用水需求。

3. 河卡滩地

河卡滩西部上部潜水水量贫乏,下部承压水含水层以泥质砂卵石为主,隔水层顶板为亚黏土。水位埋深在33.10m,单井涌水量大于1000m³/d,矿化度小于0.5g/L,水化学类型属HCO_3-Ca·Na·Mg型水,属水量丰富地段。该含水层因受黄河切深排泄的影响,往黄河方向逐渐变为负水头,河卡滩东部地下水转为无压水。该含水层过渡到无压水段,颗粒变细,富水性减弱。东部含水层岩性为含砾中细砂、泥质砂砾石。据该含水层黄河河谷排泄量分析,无压水段的水量应在100~1000m³/d之间,属水量中等地段,矿化度小于0.5g/L,属HCO_3-Na·Ca·Mg型水。建议河卡滩西部承压水区加大地下水开发利用强度,无压区可适度扩大开采地下水。目前河卡滩农业灌溉年需水量2421.04×10⁴m³,引用地表水灌溉量1100×10⁴m³/a,农业灌溉用水需开发地下水1321.04×10⁴m³/a。设计布设管井45眼,其中河卡滩西部富水区20眼,单井出水量1000m³/d,宜井深度100m,井径300mm,预计出水量730.00×10⁴m³/a;河卡滩东部中等富水区布设25眼,单井出水量500~800m³/d,宜井深度100m,井径300mm,预计出水量600.00×10⁴m³/a,共计出水量1300×10⁴m³/a,满足农区灌溉用水需求。

4. 恰卜恰河谷

恰卜恰河谷区由于地下水埋藏较浅,水量较大,易于开采,是共和西盆地目前地下水开发利用最高的地区。该区潜水埋深4~10m,含水层厚度一般小于10m,局部地段大于20m,中下游地段单井涌水量为100~1000m³/d,上游地区计算涌水量小于100m³/d,矿化度小于1g/L,该地区潜水具有一定的开采潜力,为可适度扩大开采潜水区。恰卜恰河谷中下游地区下更新统冲湖积层中还赋存有丰富的承压水,顶板埋深 50～100m,上、下他买地区含水层埋深大于 100m,单井涌水量 100～1000m³/d,矿化度在 1g/L 左右,是目前恰卜恰河谷区主要的地下水开采层,承压水开采接近其资源量,开采潜力不大。该区域农业灌溉用水应加大潜水的开发利用力度,控制承压水开发利用量。目前恰卜恰河谷农业灌溉年需水量 $1717.57 \times 10^4 m^3$,考虑共和县城有叉叉龙洼引水供城市用水项目实施,可引水量 $762.85 \times 10^4 m^3/a$,满足共和县城城市供水需要。原由沟后水库引用生活用水,叉叉陇洼供水后,沟后水库引水量可置换用于农业灌溉,可引地表水灌溉量 $1119.59 \times 10^4 m^3/a$,农业灌溉用水需开采地下水 $597.98 \times 10^4 m^3/a$。在恰卜恰中下游布设管井 25 眼,单井出水量 500～800m³/d,宜井深度 100m,井径 300mm,预计出水量 $600 \times 10^4 m^3/a$,满足农业区灌溉用水需求。

5. 铁盖乡

共和盆地早更新统含水岩组地下水由于被黄河深切割而直接裸露外泄,铁盖乡地区地表水不发育,东部近龙羊峡水库,耕地与水库水面高差大,提水灌溉困难。地下水埋藏深,开发利用难度大,导致本区农业灌溉用水困难。据已有钻孔资料,含水层厚度 120.30m,静止水位 120.30m。涌水量达 603.42m³/d。水化学类型属 $HCO_3 \cdot Cl \cdot SO_4\text{-}Na \cdot Ca$ 型水,矿化度 0.795g/L。可适当提高地下水开采强度。

目前,铁盖乡农业灌溉年需水量 $344.31 \times 10^4 m^3$,根据龙羊峡库区共和县移民安置区拖勒台灌区斗支渠改造工程,将在铁盖乡修建引库水灌溉工程,支渠流量 0.043m³/s,斗渠流量为 0.02m³/s。可引龙羊峡库区水灌溉量 $198.67 \times 10^4 m^3/a$,农业灌溉用水需开发地下水 $145.64 \times 10^4 m^3/a$。需布设管井 8 眼,单井出水量 500m³/d,宜井深度 300m,井径 300mm,预计出水量 $150.00 \times 10^4 m^3/a$,满足农区灌溉用水需求。

6. 沙沟

共和东盆地承压含水岩组赋存于下更新统冲湖积松散沉积物中,分布于沙沟地区。岩层富水性、水质、埋藏条件等具有较大差异。承压含水岩组之上均存在潜水含水岩组,两含水岩组之间以透水性较弱的亚砂土或亚黏土相隔,沿沙沟河两侧分布,含水层由粉细砂组成,总厚 37.09m,含水层间为相对隔水的亚砂土或亚黏土,其他孔的揭露情况与本孔类同。承压含水层顶板为通水性较弱的亚砂土,厚 24～50m,单井计算涌水量 32～273m³/d。矿化度小于 1g/L,属 $HCO_3\text{-}Na \cdot Ca \cdot Mg$ 型水或 $HCO_3 \cdot SO_4\text{-}Na$ 型水。可加大地下水开发利用力度。

目前,沙沟农业灌溉年需水量 $854.22 \times 10^4 m^3$,可引地表水灌溉量 $848.78 \times 10^4 m^3/a$,农业灌溉用水需开发地下水 $5.44 \times 10^4 m^3/a$。设计布设管井 2 眼,单井出水量 100m³/d,宜井深度 150m,井径 300mm,预计出水量 $7.3 \times 10^4 m^3/a$,满足农区灌溉用水需求。

二、草地灌溉用水地下水开发利用方向

共和盆地河谷牧草主要分布沙珠玉河谷中下游沿岸、龙羊峡河谷东侧沿岸及塔拉台地,总面积约 472.2 万亩,生态需水量约 $6296 \times 10^4 m^3/a$。

1. 沙珠玉河谷中下游沿岸

沙珠玉河沿岸潜水资源较贫乏,水质差,矿化度大于 1g/L,单井涌水量小于 100m³/d。下部承压、半承压水在中下游地段埋深小于 50m,含水层厚度在 60m 左右,单井涌水量 100～1000m³/d,矿化度小于 1g/L。目前已开发利用的地下水量为 $173.8 \times 10^4 m^3/a$,地下水利用率较低,具有较大的开发利用潜力,可适度加大地下水开采强度。建议林地灌溉加大该区域承压水开发利用力度。沙珠玉河谷中下游沿岸牧草灌溉需

水量 $2518.4\times10^4m^3/a$，可由娘塘水库引水 $496.86\times10^4m^3/a$，需开采地下水 $2021.54m^3/a$，设计布设管井 75 眼，单井出水量 $500\sim800m^3/d$，宜井深度 150m，井径 300mm，预计出水量 $2030.00\times10^4m^3/a$，满足灌溉用水需求。

2. 龙羊峡河谷西侧沿岸及塔拉台地

塔拉台地水文地质条件比较简单，因受东部黄河深切排泄的影响，水位埋深大于200m，属地下水深埋区。全新统风积层及上更新统冲洪积、洪积层被疏干，潜水含水层为下更新统冲湖积层，岩性为砂卵石、砂砾石、砂砾中粗砂、粉细砂。据黄河河谷剖面，自南往北含水层岩性由粗变细。地下水主要来自东部松散岩类孔隙水的侧向补给，多以泉的形式排泄于黄河。黄河Ⅰ、Ⅱ级阶地单泉流量一般大于 1L/s，最大泉群流量 300L/s，矿化度小于 1g/L，以 $HCO_3\cdot Cl-Na\cdot Ca$ 型水为主，因台地上水位埋藏过深，无抽水资料控制，含水层岩性又不均一，为水量贫乏地段。塔拉台地由于地广人稀，地下水埋深较大。目前该区的地下水还没有进行开发利用。由龙羊峡水库提水，结合开采塔拉台地地下水，解决龙羊峡河谷西侧沿岸及塔拉台地草地灌溉需水量是可行的。龙羊峡河谷西侧沿岸及塔拉台地牧草灌溉需水量 $2518.4\times10^4m^3/a$，计划在距离龙羊峡库区较近的地方，由龙羊峡提水灌溉，提水量 $2450.00m^3/a$，距离龙羊峡相对较远的地区，以地下水作为补充水源，设计布设管井 19 眼，单井出水量 $100m^3/d$，宜井深度 300m，井径 300mm，预计出水量 $70.00\times10^4m^3/a$，满足龙羊峡河谷西侧沿岸及塔拉台地灌溉草地需求。

三、林地灌溉用水地下水开发利用方向

根据《青海省共和盆地龙羊峡库区生态环境建设地下水资源勘查报告》(2002)，共和县沙珠玉河中上游防风固沙林地 $2887hm^2$，需水量 $1299.15\times10^4m^3$，龙羊峡北岸防护林带面积 $714hm^2$，需水量 $321.3\times10^4m^3$，塘格木-沙珠玉及塔拉台地 214 国道沿线防风固沙林面积 $4250hm^2$，需水量 $2034\times10^4m^3$。龙羊峡库区生态环境建设总需水量为 $3654.45\times10^4m^3$（图 10-3-1）。

1. 共和县沙珠玉河中上游防风固沙林地

沙珠玉河中上游地段，潜水含水层岩性为全新统及上更新统冲洪积砂砾、细砂、粉砂等。地下水位埋深小于 50m，单井涌水量小于 $100m^3/d$，由于含水层颗粒细，厚度薄（小于 10m），水量贫乏，矿化度小于 1g/L，属于 $HCO_3\cdot Cl-Na\cdot Ca$ 型水。下部承压含水层为冲湖积砂砾石、细砂、粉砂等。含水层颗粒细，透水性差，单井涌水量 $58.06m^3/d$，水量贫乏，水化学类型属 $Cl\cdot HCO_3\cdot SO_4-Na\cdot Ca\cdot Mg$ 型。沙珠玉河下部承压、半承压水在中下游地段埋深小于 50m，含水层厚度在 60m 左右，单井涌水量 $100\sim1000m^3/d$，矿化度小于 1g/L。目前已开发利用的地下水量为 $173.8\times10^4m^3/a$，地下水利用率较低，具有较大的开发利用潜力。该区域地表水资源匮乏，引用沙珠玉河河水较困难，防风固沙林地灌溉开发利用地下水是目前较为可行的方法。沙珠玉河上游防风固沙林地 $2887hm^2$，需水量 $1299.15\times10^4m^3$，设计布设管井 68 眼，其中沙珠玉河上游水量贫乏区，布设 27 眼井，单井出水量 $100m^3/d$，宜井深度 50m，井径 300mm，预计出水量 $100.00\times10^4m^3/a$；沙珠玉河中游水量中等丰富区，布设管井 41 眼，单井出水量 $500\sim800m^3/d$，宜井深度 50m，井径 300mm，预计出水量 $1200.00\times10^4m^3/a$，满足共和县沙珠玉河上游防风固沙林地灌溉用水需求。

2. 龙羊峡北岸防护林带

塔拉台地地区由于黄河的深切，导致地下水外泄，地下水深埋，无地表水体，形成干旱的台地。据本次地下水位统测数据，地下水位埋深 150.51m，上部晚更新世堆积物处于疏干状态，下部地层为早更新世河湖相细砂与黏性土互层。作为含水层顶底板的黏性土层、厚度不大，连续性差，多呈透镜体。含水层岩性为早更新世河湖相粉砂、细砂及砂砾石，水位埋深大于 100m，单井涌水量 $100\sim1000m^3/d$，矿化

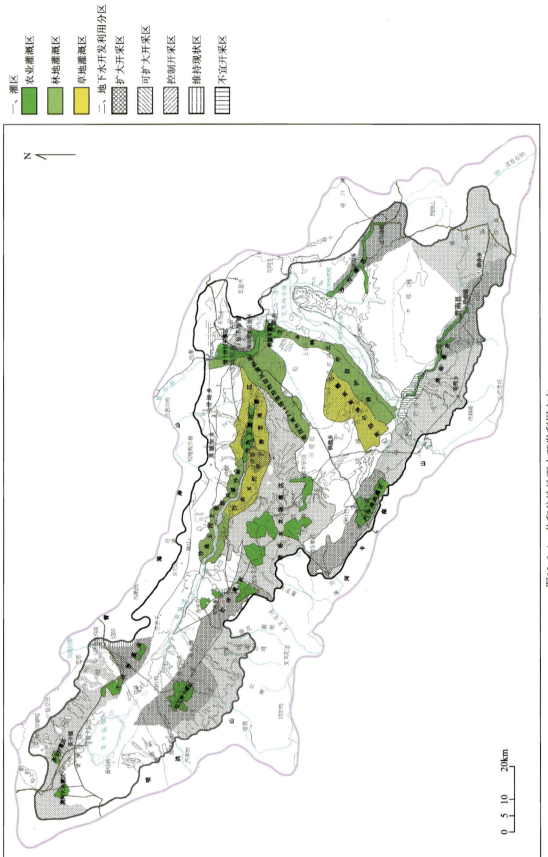

图10-3-1 共和盆地地下水开发利用方向

度小于1g/L,水化学类型属 HCO$_3$·Cl-Na·Ca 型,属水量中等地段。塔拉台地由于地广人稀,地下水埋深较大,目前该区的地下水还没有进行开发利用。由于水库提水灌溉难度较大,就地开发利用地下水是目前盆地生态环境建设灌溉用水唯一可行的方法,可扩大开发该区域地下水资源,龙羊峡北岸防护林带面积 714hm^2,需水量 321.3×10^{4}m^3,设计布设管井 15 眼,单井出水量 500~800m^3/d,宜井深度 200m,井径 300mm,预计出水量 330.00×10^{4}m^3/a,满足共和县沙珠玉河上游防风固沙林地灌溉用水需求。

3. 塘格木-沙珠玉及塔拉台地 214 国道沿线防风固沙林

沙珠玉河沿岸潜水资源较贫乏,水质差,矿化度大于 1g/L,单井涌水量小于 100m^3/d。下部承压水在中下游地段埋深小于 50m,含水层厚度在 60m 左右,单井涌水量 100~1000m^3/d,矿化度小于 1g/L;目前已开发利用的地下水量为 173.8×10^{4}m^3/a,地下水利用率较低,具有较大的开采潜力。

塔拉台地区上部晚更新世堆积物处于疏干状态,下部地层为早更新世河湖相细砂与黏性土互层。地下水位埋深 150.51m,含水层顶底板的黏性土层厚度不大,连续性差,多呈透镜体。含水层岩性为早更新世河湖相粉砂、细砂及砂砾石,水位埋深大于 100m,单井涌水量 100m^3/d,矿化度小于 1g/L,水化学类型属 HCO$_3$·Cl-Na·Ca 型。该地区地广人稀,地下水埋深较大,目前地下水基本还没有进行开发利用。作为地表水资源严重匮乏的地区,可就地适量开发利用地下水,作为生态环境建设灌溉补充水源。

塘格木-沙珠玉及塔拉台地 214 国道沿线防风固沙林面积 4250hm^2,需水量 2034×10^{4}m^3,建议由龙羊峡水库引水灌溉,引水量 1900×10^{4}m^3,其余地区以地下水作为补充水源,地下水开采量 134.00×10^{4}m^3,设计布设管井 13 眼,单井出水量 100~300m^3/d,宜井深度 200m,井径 300mm,预计出水量 135.00×10^{4}m^3/a,满足塘格木-沙珠玉及塔拉台地 214 国道沿线防风固沙林灌溉用水需求。

第十一章 水资源承载力评价概述

在水资源量原本就不丰富的北方地区,水资源、水环境、人口、经济发展之间的矛盾更加尖锐。研究区域水资源承载能力,对于提高水资源节约和保护意识,实现水资源开发利用、社会经济发展、环境保护协调统一,对水资源得到有效保护、合理开发以及高效利用具有十分重要的意义。水资源承载力研究作为可持续发展研究和水资源安全战略研究中的一个基础课题,已引起学术界高度关注,并成为当前水科学研究中的一个重点和热点问题,其研究的根本目的是为制订区域社会发展规划提供基本依据。

地处青海省海南藏族自治州的共和盆地,属于干旱半干旱气候带。地下资源相对稀缺,沙漠化问题突出等问题严重制约了国民经济建设和发展。开展共和盆地水资源优化配置的研究,对当地合理开发利用水资源和可持续发展有着重要的意义。

对水资源进行承载力计算分析和评价,科学提出适宜共和盆地的水资源承载力阈值,为共和盆地一个时期社会经济发展、经济结构布局、环境保护决策提供数据支撑。

由于共和盆地水资源空间与人口分布、经济发展分布矛盾突出,本次评价,在对共和县、贵南县、茶卡镇进行水资源承载力评价的基础上,对人口分布相对集中、城镇化发展较快的重点区域进行单独评价,重点区域包括恰卜恰镇(恰卜恰河谷)、茶卡镇(茶卡北部冲洪积扇)、切吉镇(哇洪河冲洪积扇)、贵南城茫曲镇-塔秀乡。

第一节 社会经济现状

共和盆地现辖共和县、贵南县和乌兰县茶卡镇。

据《海南藏族自治州统计年鉴》(2014),共和县海南藏族自治州的首府、县府、州府所在地——恰卜恰镇是全州的政治、经济、文化中心。2013年国民生产总值40.47亿元,同比增长12.4%,其中第一产业7.12亿元,同比增长5.7%;第二产业19.56亿元,同比增长15.8%;第三产业13.78亿元,同比增长10.6%。

贵南县2013年国民生产总值13.92亿元,同比增长9.1%,其中第一产业6.93亿元,同比增长5.2%;第二产业3.10亿元,同比增长18.6%;第三产业3.89亿元,同比增长8.1%。

茶卡镇社会经济增长指标缺乏统计数据,参考乌兰县数据。

第二节 水资源供需分析

一、水资源概况

(一)地表水资源

地表水资源指地表水中可以逐年更新的淡水量。共和盆地地表水资源主要指山前水库的淡水资源。共和盆地水库淡水资源主要供应灌溉用水及人饮管道用水。需要说明的是贵南县地表水资源为茫曲河测流流量,扣除河道生态需水量、输沙需水量,剩余地表水作为茫曲河地表水资源量。茫曲河地表水资源量见表11-2-1。茫曲镇-塔秀乡地表水资源按该区茫曲河河道长度占研究区河道长度折算,折算系数为0.39,地表水资源量为$4\ 676.10\times10^4\text{m}^3$。

表11-2-1　贵南县地表水资源量

茫曲河测流点	瞬时流量/($\times 10^4\cdot\text{s}^{-1}$)	径流量修正系数	年径流量/($\times 10^8\text{m}^3\cdot\text{a}^{-1}$)	河道生态需水量/($\times 10^8\text{m}^3\cdot\text{a}^{-1}$)	输沙需水量/($\times 10^8\text{m}^3\cdot\text{a}^{-1}$)	地表水资源量/($\times 10^8\text{m}^3\cdot\text{a}^{-1}$)
GN008	15.08	0.88	4.13	0.741	2.19	1.199

注:河道生态需水量、输沙需水量参考张颖等《青海共和盆地生态需水量研究与计算》(2010)。

共和盆地地表水资源见表11-2-2、表11-2-3。

表11-2-2　共和盆地地表水资源量

行政区	地表水资源量/($\times 10^4\text{m}^3\cdot\text{a}^{-1}$)
共和县	13 394.00
贵南县	11 990
茶卡镇	589.88

表11-2-3　共和盆地重点区地表水资源量

行政区	地表水资源量/($\times 10^4\text{m}^3\cdot\text{a}^{-1}$)
恰卜恰镇	1 119.59
茫曲镇-塔秀乡	4 676.10
茶卡镇重点区	589.88
切吉镇	637.10

(二)地下水资源

共和盆地地下水资源是指潜水、承压水多年平均状态下的可开采资源量。经评价,共和盆地地下水资源量见表11-2-4、表11-2-5。

表11-2-4　共和盆地地下水资源量

行政区	地下水资源量/($\times 10^4\text{m}^3\cdot\text{a}^{-1}$)
共和县	23 622.95
贵南县	10 242.50
茶卡镇	3 121.11

表11-2-5　共和盆地重点区地下水资源量

行政区	地下水资源量/($\times 10^4\text{m}^3\cdot\text{a}^{-1}$)
恰卜恰镇	1 344.99
茫曲镇-塔秀乡	4 080.16
茶卡镇重点区	1 424.44
切吉镇	8 029.73

(三)水资源总量

共和盆地水资源总量为地表水与地下水资源量合计,见表 11-2-6、表 11-2-7。

表 11-2-6 共和盆地水资源总量

行政区	水资源总量/($\times 10^4 m^3 \cdot a^{-1}$)
共和县	37 016.95
贵南县	22 232.5
茶卡镇	3 710.99

表 11-2-7 共和盆地重点区水资源总量

行政区	水资源总量/($\times 10^4 m^3 \cdot a^{-1}$)
恰卜恰镇	2 464.58
茫曲镇-塔秀乡	8 756.26
茶卡镇重点区	2 014.32
切吉镇	8 666.83

二、水资源供需分析

共和盆地水资源量包括地表水资源量、地下水资源量,其中地下水资源量为潜水和承压水可开采资源之和。共和盆地水资源供需分析见表 11-2-8、表 11-2-9。共和盆地所有行政区水资源保证程度均大于 100%,未出现区域性水资源短缺。

表 11-2-8 共和盆地水资源供需分析

行政区	水资源量/($\times 10^4 m^3 \cdot a^{-1}$)	2013年总用水量/($\times 10^4 m^3 \cdot a^{-1}$)	供需差/($\times 10^4 m^3 \cdot a^{-1}$)	保证程度/%
共和县	37 016.95	13 388.00	23 628.95	276.49
贵南县	12 841.7	2 945.04	19 287.46	754.91
茶卡镇	3 710.99	628.59	3 082.4	590.37

表 11-2-9 共和盆地重点区水资源供需分析

行政区	水资源量/($\times 10^4 m^3 \cdot a^{-1}$)	2013年总用水量/($\times 10^4 m^3 \cdot a^{-1}$)	供需差/($\times 10^4 m^3 \cdot a^{-1}$)	保证程度/%
恰卜恰镇	2 464.58	2 089.74	374.84	117.94
茫曲镇-塔秀乡	15 980.16	2 915.8	5 840.46	300.30
茶卡镇重点区	2 014.32	609.68	1 404.64	330.39
切吉镇	8 666.83	757.76	7 909.07	1 143.74

第三节 水资源承载力指标体系及指标标准研究

水资源系统是自然和社会相互作用的动态系统，其开发利用程度是随着社会需求的增长和经济技术水平的提高而不断增加的，但这种增加是有阈限的。区域水资源的开发总是在一定自然条件和社会经济技术水平的约束下进行的，在整个时间进程中，呈现出在阻尼因子作用下的增长模式。水资源开发的阈限是指在水资源整个开发过程中，水资源系统最终达到的最大供水能力，也就是说，在社会生产、经济技术水平都达到相当水平的条件下水资源系统可供给工农业生产、人民生活和生态环境的用水能力，即水资源开发的最大容量。在这个容量下，水资源能够自然循环、更新并不断地被利用，同时又不会造成生态环境的恶化。因此，对水资源开发阈限的评定是要在对本区水资源特征、保证程度、开发利用状况及工农业生产、人民生活和生态环境对水资源的需求程度等供需诸方面综合分析的基础上，经过多因素分析评价而得出结论。

水资源承载能力评价是一个涉及到水资源、社会、经济与环境所组成的复杂系统的课题，而对于一个复杂的系统来说，由于系统的各组成要素之间是相互联系、相互影响的，因此很难用单一的指标来刻画整个系统的全部信息、结构、特征和规律，需要用一系列的单项指标（即指标体系）综合起来进行描述。水资源承载能力指标体系就是由这一系列相互联系、相互制约的单项指标所构成的完整的、科学的总体。

构建水资源承载能力评价指标体系，需要对水资源系统、社会系统、经济系统与环境系统各自的特征进行必要的分析，然后结合相关的统计资料，建立一套全面的、科学的，并能够体现共和盆地水资源对社会、经济和环境的承载内容和承载过程的指标体系。

水资源承载能力评价指标体系的建立，除了要遵循以人为本，全面、协调与可持续发展的一般要求之外，还要考虑到单项指标的实用性、数据获取的难易程度等因素。归纳起来看，指标体系的建立过程中应当遵循以下几点原则：

（1）全面性原则。水资源承载能力评价指标体系既要能全面反映社会、经济、环境对水资源承载能力的影响，又要能够反映出水资源本身的状况对水资源承载能力的影响，还要反映出水资源对社会、经济、环境的反作用。

（2）层次性原则。水资源系统是一个复杂的巨系统，承载能力的影响因素众多，涉及面广。在建立水资源承载能力评价指标体系的时候，对于其涉及面及其影响因素都可以提出相应的表征指标。因此这些指标必然就存在着层次与归属问题，即指标间存在隶属和层次关系。对于不同的层次，要选取不同的指标来进行描述。

（3）动态性原则。随着社会、经济、科学技术水平的不断发展，人们对自然界的认识也会不断加深，水资源是自然界的组成部分，人们对其必然会产生一些新的看法和理论。因此，水资源承载能力评价指标体系也会不断变化。

（4）数量适中性原则。如果将所有影响水资源承载能力的因素均选入到指标体系中来，必然造成信息重复、数据确定困难、计算难度大、评价结果不易分析等弊端，但是指标数量过少，又可能不符合指标体系的全面性原则，导致评价结果的片面性。因此，所选取的指标数量必须适中。

（5）可操作性原则。对于选取的指标，要求定义清楚、概念明确，数据收集便利，同时还应该考虑在目前的技术条件下，所选取的指标是否具有可操作性。

一、指标选择

本文首先对共和盆地水资源时空分布特征、经济产业结构、人口结构、社会发展部署等项目进行了简要分析,然后借鉴国内外水资源承载能力评价指标的选取经验,并征询水资源研究专家相关建议,按照指标选取的相关原则和指标体系的结构,设计如下水资源承载能力评价指标体系(表11-3-1)。

表11-3-1 共和盆地水资源承载能力评价指标体系

指标准则	单项指标	指标计算方法
水资源系统	单位面积水资源量/($\times 10^4 m^3$)	区域水资源总量/区域面积
	水资源开发利用率/%	区域水资源总量/区域人口数
	人均水资源量/($\times 10^4 m^3$)	区域年用水量/水资源总量
社会系统	人口密度/(人·km^{-2})	一定时段内区域总人口数量/实际面积
	人口增长率/‰	年净增人数/年平均人数
	城镇化率%	城镇人口数/区域总人口数
	牲畜饲养密度/(头·km^{-2})	区域牲口总数/区域面积
经济系统	基本农田比例/%	基本农田面积/区域总土地面积
	牧业产值占GDP比例/%	区域牧业总产值/区域GDP总额
	工业产值占GDP比例/%	区域工业总产值/区域GDP总额
	GDP年增长率/%	本年度GDP增加值/上年度GDP总额
生态系统	草场、林地覆盖率/%	区域草场、林地覆盖面积/区域总面积
	沙漠化覆盖率/%	区域沙漠覆盖面积/区域总面积

二、评价指标分级确定

为了对水资源承载能力进行量化和评价,在建立指标体系之后,还需要对各单项指标进行具体研究,确定合理分级标准。参照各方面资料,本书将共和盆地水资源承载能力划分为Ⅰ级、Ⅱ级、Ⅲ级3种状态(图11-3-1),各单项指标也相应地划分为3种标准。为了便于计算共和盆地水资源承载能力,在划分出3种级别的指标取值范围的基础上,给各指标不同取值范围赋值(表11-3-2),以作为后文中的标准样本使用。

图11-3-1中,Ⅰ级范围表示承载能力最高,变化缓慢,该阶段水资源开发利用潜力巨大;Ⅱ级范围表示水资源处于规模开发利用阶段,在水资源承载力处于急速下降过程中,水资源仍有较大开发利用潜力,该阶段后期,应该更加注重用水质量的提高,转变水资源利用方式,实现从粗放型用水向集约型用水方式的转变;Ⅲ级表示承载能力最低,水资源已经接近其开发利用极限,进一步开发将会对水资源系统、生态环境等造成破坏,此阶段应采取调整用水结构,提高用水效率。

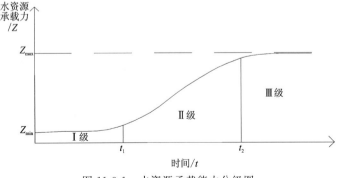

图11-3-1 水资源承载能力分级图

目前还没有统一的指标分级标准,也没有针对水资源承载能力的不同级别制订标准样本。因此,在进行水资源承载能力评价的过程中,一般需要自行制订一套合适的标准样本。当然,标准样本的制订需依据一定的原则,根据以下几点原则来确定共和盆地水资源承载能力评价指标体系分级标准。

首先,对于当前已存在普遍认可分级标准(例如国际社会通行的分级标准、国家或地区相关部门制订的分级标准等)的单项指标,其标准样本可依据这些标准进行设计和拟定。

其次,对于目前还没有公认分级标准的单项指标,先根据该单项指标的定义和内涵确定其理论取值范围,然后综合考虑国内外该指标的发展趋势,并结合共和盆地具体情况,合理设计和拟定其标准样本。

最后,对于本研究新提出来的单项指标,主要结合国家和区域政策对该指标相关参数的支撑程度以及国家和区域的发展特点,合理设计和拟定其标准样本。

下面主要依据共和盆地2013年水资源及社会经济数据对各单项指标标准样本的具体设计与拟定进行详细分析。

(一)水资源系统

1. 水资源系统单项指标标准样本的确定

1)单位面积水资源量($\times 10^4 m^3$)

单位面积水资源量反映了一个国家或地区水资源的稀缺状况。资料显示,世界平均单位面积水资源量约为$35.7 \times 10^4 m^3$。地理学研究发现,单位面积水资源量最小值应该达到$15 \times 10^4 m^3$。据2004年《中国水资源公报》显示,全国水资源总量为$24\ 129.6 \times 10^8 m^3$,全国平均单位面积水资源量$25.1 \times 10^4 m^3$。共和盆地水资源贫乏,多年平均水资源总量$5.41 \times 10^8 m^3$,单位面积水资源量为$4.48 \times 10^4 m^3$。

根据上述分析,指标单位面积水资源量标准样本确定如下:大于$50 \times 10^4 m^3$为Ⅰ级标准样本;$(10 \sim 50) \times 10^4 m^3$为Ⅱ级标准样本;小于$10 \times 10^4 m^3$为Ⅲ级标准样本。

2)人均水资源量($\times 10^4 m^3$)

人均水资源量是衡量国家可利用水资源量的程度指标之一。2012年世界人均水资源量$7500 m^3$,中国人均水资源量为$2100 m^3$,仅为世界人均水资源量的28%。共和盆地水资源总量为$53\ 569.64 \times 10^4 m^3$,人口21.27万人,人均水资源量为$2\ 518.55 m^3$。

根据上述分析,指标单位面积水资源量标准样本确定如下:大于$2100 m^3$为Ⅰ级标准样本;$600 \sim 2100 m^3$为Ⅱ级标准样本;小于$600 m^3$为Ⅲ级标准样本。

3)水资源开发利用率(%)

水资源开发利用率反映了一个国家或地区的水资源开发利用程度,一般认为,对一条河流的开发利用不宜超过该河流水资源总量的40%。当前我国平均水资源开发利用率为20%,但是不同的流域之间差异却比较悬殊,比如淮河、黄河、海河的水资源开发利用率都已经超过了50%,其中海河更是高达95%,已经远远地超过了国际上公认的合理开发利用限度(40%)。

据项目收集、调查数据显示,2013年共和盆地平均水资源开发利用率为33.49%。水资源开发利用程度相对较低。

根据上述分析,指标水资源开发利用率标准样本确定如下:小于20%为Ⅰ级标准样本;20%~60%为Ⅱ级标准样本;大于60%为Ⅲ级标准样本。

2. 社会系统

1)人口密度(人/km^2)

人口密度是反映地区人口密集程度的指标。统计显示,全球陆地面积约为$14\ 800 \times 10^4 km^2$,按全世界65亿人口计算,平均人口密度为44人/km^2。一般将一个地区的人口密度划分为以下几个等级:当人口密度大于100人/km²时,为人口密集区,例如中国、韩国、日本;当人口密度在25~100人/km²间时,为人口中等区,例如巴西、埃及;当人口密度在1~25人/km²间时,为人口稀少区,例如加拿大、蒙古;当人口密度小于1人/km²,为人口极稀区,例如格陵兰岛。

据《海南藏族自治州统计年鉴》(2014),2013年共和盆地人口密度17.45人/km²,全国人口密度约135人/km²。

根据上述分析,指标人口密度标准样本确定如下:小于50人/km²为Ⅰ级标准样本;50~300人/km²为Ⅱ级标准样本;大于300人/km²为Ⅲ级标准样本。

2)人口增长率(‰)

人口增长率反映地区人口增长速度。据联合国人口基金会《世界人口状况报告》(2014)统计显示,目前世界总人口为64.647亿人,人口增长率是12‰。

根据《海南藏族自治州统计年鉴》(2014)显示,共和盆地2013年人口年增长率约为4.13‰。

根据上述分析,指标人口增长率标准样本确定如下:小于3‰为Ⅰ级标准样本;3‰~10‰人为Ⅱ级标准样本;大于10‰为Ⅲ级标准样本。

3)城镇化率(%)

城镇化率反映一个地区的人口结构。从理论上分析,城镇化率取值范围为0~100%,城镇化率越高,经济越发达,但是考虑到社会三次产业的协调发展,必须保持城镇和农村的合理比例。据国家统计局2013年公布的数字,中国的城镇化率是53.7%。按照世界发达国家城镇化发展经验,城镇化水平应达到80%以上。

据《海南藏族自治州统计年鉴》(2014),2013年共和盆地城镇化率为41.62%,略低于全国平均水平,区内城镇化发展水平相差较大。

根据上述分析,指标城镇化率标准样本确定如下:小于40%为Ⅰ级标准样本;40%~80%为Ⅱ级标准样本;大于80%为Ⅲ级标准样本。

4)牲畜饲养密度(头/km²)

牲畜饲养密度反映牧区牲畜密集程度的指标。据《海南藏族自治州统计年鉴》(2014),2013年共和盆地牲畜饲养密度为62.41头/km²。

根据上述分析,指标人口密度标准样本确定如下:小于20头/km²为Ⅰ级标准样本;20~100头/km²为Ⅱ级标准样本;大于100头/km²为Ⅲ级标准样本。

3. 经济系统

1)基本农田比例(%)

农业用水一般在区域水资源利用中占有最大的份额,同时其用水又存在着自身独特的特点,基本农田所占的比例决定了区域农业用水的份额。对于共和盆地而言,农业用水是该区的主要用水量,因此提高灌溉水有效利用系数对提高区域水资源承载力意义重大。

据《海南藏族自治州统计年鉴》(2014),共和盆地耕地面积为94.81万亩,基本农田比例为5.22%。

根据上述分析,指标基本农田比例(%)标准样本确定如下:小于20%为Ⅰ级标准样本;20%~50%为Ⅱ级标准样本;大于50%为Ⅲ级标准样本。

2)牧业产值占GDP比例(%)

牧业产值占GDP比例反映了一个地区畜牧业发展水平。2013年共和盆地畜牧业占GDP比例为19.15%。

根据上述分析,指标工业产值占GDP比例标准样本确定如下:小于10%为Ⅰ级标准样本;10%~30%为Ⅱ级标准样本;大于30%为Ⅲ级标准样本。

3)工业产值占GDP比例(%)

工业产值占GDP比例反映了一个国家工业化发展水平。据世界银行2003年数据显示,低收入国家工业产值占GDP比例平均为27.4%,中等收入国家工业产值占GDP比例平均为36.2%,高收入国家工业产值占GDP比例平均为26.9%。2014年中国工业产值占GDP比例为35.82%。共和盆地共和县工业占GDP比例为48%,贵南县工业占GDP比例为22%,茶卡镇工业占GDP比例为59%。

根据上述分析,指标工业产值占GDP比例标准样本确定如下:小于20%为Ⅰ级标准样本;20%～50%为Ⅱ级标准样本;大于50%为Ⅲ级标准样本。

4)GDP年增长率(%)

GDP年增长率反映了一个国家或地区经济增长速度,一般说来,水资源需求量与GDP年增长率成正比关系。据国家统计局2013年资料显示,中国GDP年增长率为7.7%,世界发达国家,如美国、英国等,由于其经济基数大,GDP年增长率一般小于3%。据世界银行资料显示,2013年全球GDP年增长率约为2.2%。

据《海南藏族自治州统计年鉴》(2014),共和盆地2013年GDP年增长率为11.74%,增速明显高于全国增速。

根据上述分析,指标GDP年增长率标准样本确定如下:小于5%为Ⅰ级标准样本;5%～15%为Ⅱ级标准样本;大于15%为Ⅲ级标准样本。

4. 环境系统

1)草场、林地覆盖率(%)

草场、林地覆盖率,该指标反映了地区草场、林地面积占有情况或草场、林地资源丰富程度及实现绿化程度。草场、林地是共和盆地宝贵的自然资源,也是人类生存和发展的重要支柱和自然基础。据《海南藏族自治州统计年鉴》(2014),2013年共和盆地草场、林地覆盖率为12.13%。

根据上述分析,指标草场、林地覆盖率标准样本确定如下:大于30%为Ⅰ级标准样本;10%～30%为Ⅱ级标准样本;小于10%为Ⅲ级标准样本。

2)沙漠化覆盖率(%)

沙漠化覆盖率表征一个区域自然生态系统退化状态的一个指标。2013年共和盆地沙漠覆盖率为19.95%。

根据上述分析,指标沙漠化覆盖率标准样本确定如下:大于20%为Ⅰ级标准样本;5%～20%为Ⅱ级标准样本;小于5%为Ⅲ级标准样本。以上指标分级见表11-3-2。

表11-3-2 综合评价指标分级值表

指标准则	单项指标	Ⅰ级	Ⅱ级	Ⅲ级
水资源系统	单位面积水资源量/($\times 10^4 m^3$)	>50	10~50	<10
	水资源开发利用率/%	<20	20~60	>60
	人均水资源量/($\times 10^4 m^3$)	>2100	600~2100	<600
社会系统	人口密度/(人·km^{-2})	<50	50~300	>300
	人口增长率/‰	<3	3~10	>10
	城镇化率/%	<40	40~80	>80
	牲畜饲养密度/(头·km^{-2})	<20	20~100	>100
经济系统	基本农田比例/%	<20	20~50	>50
	牧业产值占GDP比例/%	<10	10~30	>30
	工业产值占GDP比例/%	<20	20~50	>50
	GDP年增长率/%	<5	5~15	>15

续表 11-3-2

指标准则	单项指标	Ⅰ级	Ⅱ级	Ⅲ级
环境系统	草场、林地覆盖率/%	>30	10～30	<10
	沙漠化覆盖率/%	<5	5～20	>20
	评价分值	0.95	0.5	0.05

第四节　水资源承载力等级划分

一、评价指标权重的确定

结合层次分析法和专家打分法原理，确定Ⅰ级指标和Ⅱ级指标的权重。共和盆地水资源承载力指标权重见表 11-4-1。

表 11-4-1　评价指标权重表

指标准则	指标权重	单项指标	指标权重
水资源系统	0.5	单位面积水资源量/($\times 10^4 m^3$)	0.4
		水资源开发利用率/%	0.3
		人均水资源量/($\times 10^4 m^3$)	0.3
社会系统	0.2	人口密度/(人·km^{-2})	0.4
		人口增长率/‰	0.1
		城镇化率/%	0.2
		牲畜饲养密度/(头·km^{-2})	0.3
经济系统	0.1	基本农田比例/%	0.3
		牧业产值占GDP比例/%	0.3
		工业产值占GDP比例/%	0.2
		GDP年增长率/%	0.2
生态系统	0.2	草场林地覆盖率/%	0.6
		沙漠化覆盖率/%	0.4

二、单项指标量化

将共和盆地共和县、贵南县、茶卡镇、茶卡镇重点区、切吉镇、恰卜恰镇、茫曲镇-塔秀乡单项指标量化，量化值见表 11-4-2。

三、指标评分

依据表 11-3-2，对上述各行政区指标进行评分，共和盆地各行政区指标评价分值见表 11-4-3。

表 11-4-2 共和盆地行政区各指标量化值

指标准则	单项指标	共和县	贵南县	茶卡镇	茶卡镇重点区	切吉镇	恰卜恰镇	茫曲镇-塔秀乡
水资源系统	单位面积水资源量/($\times 10^4 m^3$)	5.02	7.21	2.43	4.82	8.74	28.19	50.47
	水资源开发利用率/%	38.73	1.56	16.94	31.21	8.74	83.40	3.62
	人均水资源量/($\times 10^4 m^3$)	2 930.8	2 804.8	7 155.8	5 724.13	10 433.2	422.15	1 663.64
社会系统	人口密度/(人·km^{-2})	17.14	25.69	2.31	8.42	8.38	886.13	303.36
	人口增长率/‰	0.49	10.88	4.13	16.10	18.20	9.45	17.20
	城镇化率/%	44.65	33.18	46.28	0.46	11.05	0.68	0.50
	牲畜饲养密度/(头·km^{-2})	51.37	80.35	80.34	293.19	373.10	817.90	127.89
经济系统	基本农田比例/%	4.08	1.05	2.30	8.38	3.15	30.49	14.6
	牧业产值占GDP比例/%	17.54	37.49	8.43	0.11	45.86	2.35	5.36
	工业产值占GDP比例/%	48	22	59	64.53	18.65	56.96	38.75
	GDP年增长率/%	12.41	9.17	16.06	16.06	5.70	12.80	12.85
生态系统	草场、林地覆盖率/%	11.50	14.97	7.95	7.95	25.37	17.36	43.20
	沙漠化覆盖率/%	23.96	20.10	0	0.00	0.00	0.00	0.00

注:小牲口按饮水定额比转换为大牲口数量。

表 11-4-3 共和盆地各行政区指标评价分值

指标准则	单项指标	共和县	贵南县	茶卡镇	茶卡镇重点区	切吉镇	恰卜恰镇	茫曲镇-塔秀乡
水资源系统	单位面积水资源量/($\times 10^4 m^3$)	0.05	0.05	0.05	0.05	0.05	0.5	0.95
	水资源开发利用率/%	0.5	0.95	0.95	0.5	0.95	0.05	0.95
	人均水资源量/($\times 10^4 m^3$)	0.95	0.95	0.95	0.95	0.95	0.05	0.5
社会系统	人口密度/(人·km^{-2})	0.95	0.95	0.95	0.95	0.95	0.05	0.05
	人口增长率/‰	0.95	0.05	0.5	0.05	0.05	0.5	0.05
	城镇化率/%	0.5	0.95	0.5	0.5	0.95	0.5	0.5
	牲畜饲养密度/(头·km^{-2})	0.5	0.5	0.5	0.05	0.05	0.05	0.05
经济系统	基本农田比例/%	0.95	0.95	0.95	0.95	0.95	0.5	0.95
	牧业产值占GDP比例/%	0.5	0.05	0.95	0.95	0.05	0.95	0.95
	工业产值占GDP比例/%	0.5	0.5	0.5	0.5	0.5	0.05	0.5
	GDP年增长率/%	0.5	0.5	0.05	0.05	0.5	0.5	0.5
生态系统	草场林地覆盖率/%	0.5	0.5	0.05	0.05	0.5	0.5	0.95
	沙漠化覆盖率/%	0.05	0.05	0.95	0.95	0.95	0.95	0.95

四、水资源承载力等级划分

依据水资源承载力指标体系、指标权重、共和盆地各行政区单项指标评分,各项指标依据权重进行叠加得到综合评分,各行政区综合得分见表 11-4-4。

根据评价结果,共和盆地共和县、贵南县、茶卡镇得分分别为 0.50、0.55、0.57。

在对共和盆地进行水资源承载力评分的基础上,对共和盆地重点区——茶卡镇重点区、切吉镇、恰卜恰镇、茫曲镇-塔秀乡进行水资源承载力评分,各行政区综合得分见表 11-4-5。

表 11-4-4 共和盆地各行政区地水资源承载力综合得分

单项指标	共和县			贵南县			茶卡镇		
	V1	V2	V3	V1	V2	V3	V1	V2	V3
单位面积水资源量/($\times 10^4 m^3$)			0.2			0.2			0.2
水资源开发利用率/%		0.15			0.15			0.15	
人均水资源量/($\times 10^4 m^3$)	0.15			0.15			0.15		
人口密度/(人·km^{-2})	0.08			0.08			0.08		
人口增长率/‰	0.02					0.02		0.02	
城镇化率/%		0.04		0.04				0.04	
牲畜饲养密度/(头·km^{-2})		0.06			0.06			0.06	
基本农田比例/%	0.03			0.03			0.03		
牧业产值占 GDP 比例/%		0.03				0.03	0.03		
工业产值占 GDP 比例/%		0.02			0.02				0.02
GDP 年增长率/%		0.02			0.02				0.02
草场林地覆盖率/%		0.12			0.12				0.12
沙漠化覆盖率/%			0.08			0.08	0.08		
各等级指标值合计	0.28	0.44	0.28	0.45	0.22	0.33	0.52	0.12	0.36
最终评价分值		0.50			0.55			0.57	

表 11-4-5 重点区水资源承载力综合得分

单项指标	茶卡镇重点区			切吉镇			恰卜恰镇			茫曲镇-塔秀乡		
	V1	V2	V3	V1	V2	V3	V1	V2	V3	V1	V2	V3
单位面积水资源量/($\times 10^4 m^3$)			0.2			0.2			0.2			0.2
水资源开发利用率/%		0.15		0.15				0.15		0.15		
人均水资源量/($\times 10^4 m^3$)	0.15			0.15				0.15		0.15		
人口密度/(人·km^{-2})	0.08			0.08					0.08			0.08
人口增长率/‰			0.02			0.02		0.02				0.02
城镇化率/%		0.04		0.04				0.04			0.04	
牲畜饲养密度/(头·km^{-2})			0.06			0.06		0.06				0.06
基本农田比例/%	0.03			0.03					0.03	0.03		
牧业产值占 GDP 比例/%	0.03					0.03	0.03			0.03		
工业产值占 GDP 比例/%		0.02		0.02				0.02			0.02	
GDP 年增长率/%			0.02	0.02				0.02			0.02	

续表 11-4-5

单项指标	茶卡镇重点区			切吉镇			恰卜恰镇			茫曲镇-塔秀乡		
	V1	V2	V3	V1	V2	V3	V1	V2	V3	V1	V2	V3
草场林地覆盖率/%			0.12		0.12			0.12			0.12	
沙漠化覆盖率/%	0.08			0.08			0.08			0.08		
各等级指标值合计	0.37	0.19	0.44	0.55	0.14	0.31	0.11	0.43	0.46	0.61	0.23	0.16
最终评价分值		0.47			0.61			0.34			0.70	

茶卡镇重点区、切吉镇、恰卜恰镇、茫曲镇-塔秀乡资源承载力综合得分分别为0.47、0.61、0.34、0.70。

依据共和盆地各行政区及重点城镇水资源承载力综合得分,综合考虑各行政区水资源系统、社会系统、经济系统、环境系统及水文地质条件,确定共和盆地承载力等级划分标准:$\alpha<0.35$,水资源基本无承载潜力;$0.35\leqslant\alpha<0.55$,水资源尚具一定承载潜力;$0.55\leqslant\alpha<0.7$,水资源承载潜力较大;$\alpha\geqslant0.7$,水资源承载潜力大。

依据上述等级划分标准,共和盆地各行政区水资源承载潜力等级评价结果见表11-4-6。

表 11-4-6 共和盆地各行政区水资源承载力等级评价

行政区	承载力等级
共和县	尚具一定承载潜力
贵南县	承载潜力较大
茶卡镇	承载潜力较大

依据上述等级划分标准,共和盆地各重点城镇水资源承载力等级评价结果见表11-4-7。

表 11-4-7 共和盆地各重点城镇水资源承载力等级评价

重点城镇	承载力等级
恰卜恰镇	基本无承载潜力
茫曲镇-塔秀乡	承载潜力大
茶卡镇重点区	尚具一定承载潜力
切吉镇	承载潜力较大

第五节 区域水资源承载力评价

共和盆地属于干旱半干旱气候带,地下资源相对稀缺、沙漠化问题突出等问题严重制约国民经济建设和发展。开展共和盆地水资源优化配置的研究,对当地合理开发利用水资源和可持续发展有着重要的意义。对水资源进行承载力计算分析和评价,可为共和盆地一个时期社会经济发展、经济结构布局、环境保护决策提供数据支撑。

共和盆地地下水资源需优先保证城镇居民用水、农村居民生活用水,其次满足工业用水,再次保证牲畜用水,满足上述用水之后,优先评价共和盆地可支撑的耕地面积,再评价可支撑生态用水量(灌溉草场)。在此基础上,对共和盆地水资源承载力进行评价,分别提出近期(2022年)、远期(2030年)共和盆地可承载的灌溉面积、草场灌溉面积。

其中城镇居民用水、农村居民生活用水,在考虑行政区人口增长率的同时,还考虑生活水平提高后,用水定额的增加;工业用水量考虑工业增长率因素;耕地用水考虑节水灌溉面积增加等因素;生态用水定额保持不变。共和盆地用水定额见表11-5-1,共和盆地节水农业覆盖率、灌溉用水利用率见表11-5-2。

表11-5-1　共和盆地用水定额

用水项目	2013年定额	2022年定额	2030年定额
城镇/(L/d^{-1})	80	100	120
农村/(L/d^{-1})	70	90	110
牲畜用水/(L/d^{-1})	50	50	50
耕地灌溉定额/(m³/亩)	290	203	126.88
草场灌溉定额/(m³/亩)	180	180	180

注:2013年定额参考青海省水利厅2009年颁布的《青海用水定额》。

表11-5-2　共和盆地节水农业覆盖率、灌溉用水利用率

节水农业	2013年	2022年	2030年
节水农业覆盖率/%	0	10	50
灌溉用水利用率/%	35	50	80

注:以上数据依据《青海省人民政府办公厅关于贯彻国家农业节水纲要(2012—2020年)的实施意见》。

共和盆地耕地承载面积依据《海南藏族自治州统计年鉴》(2013),共和县、贵南县、茶卡镇,在水资源允许条件下,近期(2022年)水资源承载灌溉50%的旱地;远期(2030年)水资源承载灌溉100%的旱地;剩余水资源支撑草场灌溉。共和县水浇地、旱地面积见表11-5-3。

表11-5-3　共和盆地耕地面积

耕地类型	共和县	贵南县	茶卡镇
水浇地/万亩	25.56	4.88	5.26
旱地/万亩	20.27	38.85	0

一、共和盆地水资源需求分析

共和盆地水资源需求分析在考虑近期(2022年)、远期(2030年)人口自然增长率、居民生活用水定额的提高,工业增长率、农业节水灌溉覆盖率和灌溉用水率提高的基础上进行分析,以上指标见表11-5-4。

表11-5-4　共和盆地人口、工业增长率概况

需水项目	共和县		贵南县		茶卡镇	
	2022年	2030年	2022年	2030年	2022年	2030年
城镇人口/人	60 045	60 339	26 390	26 519	2684	3149
农村人口/人	68 675	69 010	53 147	53 406	3116	3655
工业增长率/%	12.41		9.17		16.06	

共和盆地水资源需求分析见表11-5-5。

表 11-5-5 共和盆地水资源需求分析

需水项目	共和县		贵南县		茶卡镇	
	2022 年	2030 年	2022 年	2030 年	2022 年	2030 年
水资源总量/($\times 10^4 \mathrm{m}^3 \cdot \mathrm{a}^{-1}$)	37 016.95		22 232.50		3 710.99	
城镇居民生活用水/($\times 10^4 \mathrm{m}^3 \cdot \mathrm{a}^{-1}$)	219.17	264.28	96.32	116.15	9.80	13.79
农村生活用水/($\times 10^4 \mathrm{m}^3 \cdot \mathrm{a}^{-1}$)	225.60	277.08	174.59	214.43	11.26	16.14
工业用水/($\times 10^4 \mathrm{m}^3 \cdot \mathrm{a}^{-1}$)	125.21	241.73	25.08	138.12	30.11	32.85
牲畜用水/($\times 10^4 \mathrm{m}^3 \cdot \mathrm{a}^{-1}$)	519.13	700.38	334.71	451.58	198.48	267.78
合计/($\times 10^4 \mathrm{m}^3 \cdot \mathrm{a}^{-1}$)	1 089.10	1 483.47	630.71	920.27	248.61	327.29

二、水资源承载力评价

共和盆地水资源承载力的评价原则:水资源优先保障城镇居民生活用水、农村生活用水,其次保障工业用水,再次保证牲畜用水。在此基础上,优先评价地下水资源可承载的耕地面积,其次考虑可承载草场面积。水资源承载力评价见表 11-5-6、图 11-5-1、图 11-5-2。

表 11-5-6 水资源承载力分析

承载项目	共和县		贵南县		茶卡镇	
	2022 年	2030 年	2022 年	2030 年	2022 年	2030 年
支撑耕地面积/万亩	35.70	45.83	24.30	43.73	5.26	5.26
农业灌溉需水量/($\times 10^4 \mathrm{m}^3 \cdot \mathrm{a}^{-1}$)	10 041.05	9 555.80	6 836.18	9 117.66	1 478.73	1 096.09
支撑草场面积/万亩	143.82	144.32	82.03	67.75	11.01	12.69
可用于灌溉草场水量灌溉需水量/($\times 10^4 \mathrm{m}^3 \cdot \mathrm{a}^{-1}$)	25 886.81	25 977.67	14 765.61	12 194.56	1 982.61	2 284.33

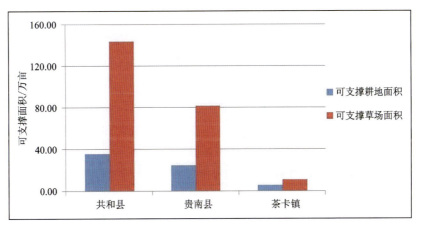

图 11-5-1 共和盆地 2022 年水资源承载力评价结果

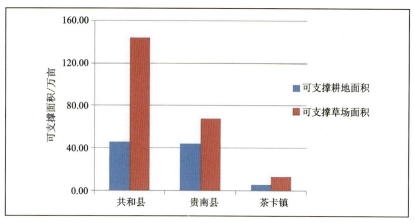

图 11-5-2　共和盆地 2030 年水资源承载力评价结果

共和县水资源承载力等级划分为尚具一定承载潜力。2022 年可承载耕地面积 35.70 万亩,可承载草场 143.82 万亩;2030 年可承载耕地面积 45.83 万亩,可承载草场 144.32 万亩。

贵南县水资源承载力等级划分为承载潜力较大。2022 年可承载耕地面积 24.30 万亩,可承载草场 82.03 万亩;2030 年可承载耕地面积 43.73 万亩,可承载草场 67.75 万亩。2030 年由于农业用水、牲畜用水和工业用水有大幅度增加,故草场面积有一定程度的下降。

茶卡镇水资源承载力等级划分为承载潜力较大。2022 年可承载耕地面积 5.26 万亩,可承载草场 11.01 万亩;2030 年可承载耕地面积 5.26 万亩,可承载草场 12.69 万亩。茶卡耕地面积总额为 5.26 万亩,故 2022 年、2030 年茶卡镇可承载耕地面积均为 5.26 万亩。

第六节　重点地区水资源承载力评价

在共和盆地水资源承载力评价的基础上,对共和盆地人口、工业密集分布区,地下水资源相对丰富的区域进行承载力评价,包括恰卜恰镇(恰卜恰河谷)、茶卡镇(茶卡北部冲洪积扇)、切吉镇(哇洪河冲洪积扇)、茫曲镇-塔秀乡。重点区城镇人口、农村人口、工业增长率见表 11-6-1。

表 11-6-1　共和盆地重点区人口、工业增长率概况

需水项目	恰卜恰镇		茶卡镇		切吉镇		茫曲镇-塔秀乡	
	2022 年	2030 年	2022 年	2030 年	2022 年	2030 年	2022 年	2030 年
城镇人口/人	43 149	47 405	2684	3149	1095	1311	29 635	35 145
农村人口/人	20 243	22 239	3116	3655	8810	10 551	29 672	35 189
工业增长率/%	12.08		16.06		5.7		12.85	

共和盆地重点区域水资源需求分析见表 11-6-2。

表 11-6-2　共和盆地重点区域水资源需求分析

需水项目	恰卜恰镇		茶卡镇		切吉镇		茫曲镇-塔秀乡	
	2022 年	2030 年	2022 年	2030 年	2022 年	2030 年	2022 年	2030 年
水资源总量 /($\times 10^4$ m$^3 \cdot$ a^{-1})	2 464.58		2 014.32		8 666.83		8 756.26	

续表 11-6-2

需水项目	恰卜恰镇		茶卡镇		切吉镇		茫曲镇-塔秀乡	
	2022 年	2030 年	2022 年	2030 年	2022 年	2030 年	2022 年	2030 年
城镇居民生活用水 /($\times 10^4 m^3 \cdot a^{-1}$)	157.50	207.63	9.80	13.79	4.00	5.74	108.17	153.94
农村生活用水 /($\times 10^4 m^3 \cdot a^{-1}$)	66.50	89.29	10.23	14.68	28.94	42.36	97.47	141.28
工业用水 /($\times 10^4 m^3 \cdot a^{-1}$)	125.21	241.73	30.11	32.85	0	0	25.08	138.12
牲畜用水 /($\times 10^4 m^3 \cdot a^{-1}$)	73.98	99.81	165.40	223.15	499.64	674.09	29.96	40.42
合计 /($\times 10^4 m^3 \cdot a^{-1}$)	423.18	638.46	214.51	281.19	534.23	724.70	260.69	473.76

共和盆地在满足城镇居民生活用水、农村生活用水、工业用水、牲畜用水的基础上，支撑耕地灌溉、草场灌溉。水资源承载力评价见表11-6-3，图11-6-1、图11-6-2。

表 11-6-3 水资源承载力分析

需水项目	恰卜恰镇		茶卡镇		切吉镇		茫曲镇-塔秀乡	
	2022 年	2030 年	2022 年	2030 年	2022 年	2030 年	2022 年	2030 年
支撑耕地面积/万亩	4.71	4.71	5.26	5.26	5.63	7.04	0.77	0.77
农业灌溉需水量 /($\times 10^4 m^3 \cdot a^{-1}$)	1 324.50	981.77	1 478.73	1 096.09	1 583.83	1 467.49	215.62	159.82
支撑草场面积/万亩	3.98	4.69	1.78	3.52	36.39	35.98	18.39	18.39
草场灌溉需水量 /($\times 10^4 m^3 \cdot a^{-1}$)	716.90	844.35	320.04	633.76	6 550.42	6 477.14	3 309.66	3 309.66

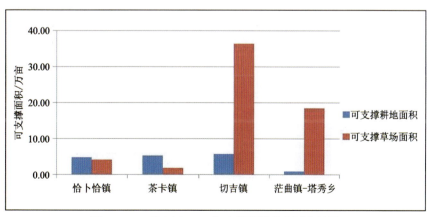

图 11-6-1 重点区 2022 年水资源承载力评价结果

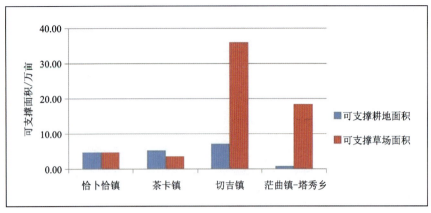

图 11-6-2 重点区 2030 年水资源承载力评价结果

恰卜恰镇水资源承载力等级划分为基本无承载潜力。2022 年可承载耕地面积 4.71 万亩,可承载草场 3.98 万亩;2030 年可承载耕地面积 4.71 万亩,可承载草场 4.69 万亩。恰卜恰镇在大力推广节水灌溉之后,除承载现有的 4.71 万亩耕地外,还可适度承载草场生态用水。

茶卡镇重点区水资源承载力等级划分为尚具一定承载潜力。2022 年可承载耕地面积 5.26 万亩,可承载草场面积 1.78 万亩;2030 年可承载耕地面积 5.26 万亩,可承载草场面积 3.52 万亩。茶卡镇重点区共有耕地面积 5.26 万亩,灌溉用水占用水总量比例较大,在实行节水灌溉之后,茶卡镇可支撑的草场面积大幅度增加。

切吉镇水资源承载力等级划分为承载潜力较大。2022 年可承载耕地面积 5.63 万亩,可承载草场面积 36.39 万亩;2030 年可承载耕地面积 7.04 万亩,可承载草场面积 35.98 万亩。切吉镇水资源丰富,人口、工业较少,可支撑大面积的耕地和草场用水。

茫曲镇-塔秀乡水资源承载力等级划分为承载潜力大。2022 年可承载耕地面积 0.77 万亩,可承载草场面积 18.39 万亩;2030 年可承载耕地面积 0.77 万亩,可承载草场 18.39 万亩。茫曲镇-塔秀乡地下水、地表水资源均非常丰富,该区共有耕地面积 0.77 万亩、草场 18.39 万亩,该区水资源除支撑耕地、草场外,尚有剩余。建议将茫曲镇-塔秀乡剩余水资源用于防沙绿化工程。近期、远期茫曲镇-塔秀乡水资源可支撑木格滩地防沙绿化面积见表 11-6-4。

表 11-6-4 茫曲镇-塔秀乡水资源承载防沙绿化工程概况

防沙绿化工程概况	承载力
2022 年可承载防沙绿化水资源/($\times 10^4 \mathrm{m}^3 \cdot \mathrm{a}^{-1}$)	4 970.30
2022 年草场绿化面积/万亩	27.61
2030 年可承载防沙绿化水资源/($\times 10^4 \mathrm{m}^3 \cdot \mathrm{a}^{-1}$)	4 813.02
2030 年草场绿化面积/万亩	26.74

表 12-1-8　共和盆地重点区水资源供需分析

行政区	水资源量 /(×10⁴m³·a⁻¹)	2013年总用水量 /(×10⁴m³·a⁻¹)	供需差 /(×10⁴m³·a⁻¹)	保证程度/%
恰卜恰镇	2 505.56	2 089.74	415.82	119.90
茫曲镇-塔秀乡	8 756.26	2 915.8	5 840.46	300.30
茶卡镇重点区	2 014.32	609.68	1 404.64	330.39
切吉镇	8 666.83	757.76	7 909.07	1 143.74

第二节　重点地区地下水开发利用方案数值模拟预测

一、恰卜恰河谷重点区地下水开发利用方案数值模拟预测

(一)方案设计

1. 需水量分析

参考《青海省人民政府办公厅关于贯彻国家农业节水纲要(2012—2020年)的实施意见》及《青海省畜牧业发展"十二五"规划》,计算出恰卜恰地区2022年及2030年的供水需求。与2013年相比,未来总需水量变化不大,但用水结构有一定变化(表12-2-1)。其中一般工业用水需求增加幅度最大,其次为生活用水和畜牧用水;农业和林业用水需求有一定幅度的减小。

表 12-2-1　恰卜恰地区需水量预测　　　　　　　　单位:×10⁴m³/a

年份		2013年	2022年	2030年
生活用水	城镇生活需水量	118.00	148.48	179.87
	农村生活需水量	41.50	53.71	66.27
	小计	159.50	202.19	246.14
一般工业		79.00	125.21	241.73
牲畜用水	大牲畜	64.70	79.79	107.65
	小牲畜	142.90	176.23	237.76
	小计	207.60	256.02	345.40
农业		889.00	800.10	711.20
林业		575.00	517.50	460.00
需水量合计		1 910.10	1 901.01	2 004.47

2. 地表水供水能力分析

目前恰卜恰地区正在使用的水库有沟后水库和恰让水库。其中沟后水库95%水文保证率条件下的供水能力为980.0×10⁴m³/a;恰让水库供水能力为129.9×10⁴m³/a。另外,规划中的切吉乡切吉水源地供水能力为365.0×10⁴m³/a,2022年以后水源地地下水通过管道引至恰卜恰地区。总供水能力不能满足恰卜恰地区现状及未来的供水需求,需开采地下水来保障供水需求。

3. 供水方案设计

针对规划中的切吉水源地是否可按时供水，制订了两种地下水开采方案。第一种方案假设2022年后切吉水源地外来水能够按时供水；第二种方案假设2022年后切古水源地外来水不能按时供水。切古水源地外来水不能按时供水的情况下，需水缺口由恰卜恰地下水供给。随着工业和城镇化发展，地下水开采量呈增加趋势。方案一和方案二最大地下水开采量分别是现状开采量的1.49倍和1.69倍（表12-2-2）。

表12-2-2 供水方案汇总表　　　　　　　　　　　　　单位：$\times 10^4 \mathrm{m}^3/\mathrm{a}$

供水方式		方案			
		方案一		方案二	
		2022年	2030年	2022年	2030年
地表水	沟后水库	980.0	980.0	980.0	980.0
	恰让水库	129.9	129.9	129.9	129.9
外来地下水	切吉水源地		365.0		
小计		1109.9	1474.9	1109.9	1109.9
地下水	潜水	53.7	66.3	53.7	66.3
	承压水	737.4	463.3	737.4	828.3
	小计	791.1	529.5	791.1	894.5
总计		1901.0	2004.5	1901.0	2004.5

4. 供水方案预测

以模拟的现状条件下的稳定流流场作为预测期的初始流场。利用建立好的模型预测分析在给定供水方案条件下地下水流场、水位降深及地下水均衡的变化情况。

（二）水位变化预测

1. 方案一

图12-2-1和图12-2-2分别是模拟方案一条件下2022年潜水及承压水含水层地下水流场图。与现状条件相比，潜水含水层流场基本没有变化，承压水含水层流场整体形态也没有明显变化，仅在承压水开采量较大的共和县城附近形成了局部降落漏斗。至2030年，地下水总开采量减小，潜水含水层流场仍然没有明显变化（图12-2-3），承压水降落漏斗范围则明显缩小（图12-2-4）。

从水位变幅图可以看出，2022年潜水水位有一定程度的上升，最大上升幅度小于0.3m，多数地区上升幅度小于0.1m（图12-2-5），这主要是由于2022年潜水开采量小于现状开采量。而承压水水位下降较明显，特别是在共和县城附近最大降深约为12m，形成了一个沿河谷方向分布的降落漏斗，恰卜恰河谷下游地区水位降深一般小于1m，水位下降不明显（图12-2-6）。共和县城附近是城镇生活用水和工业用水集中开采的地方，且主要开采承压水，这是导致该区承压水水位下降相对明显的主要原因。至2030年，随着潜水开采量的增加，潜水水位基本恢复至现状水平，与现状条件相比，潜水水位变幅小于0.1m（图12-2-7）。至2030年，承压水开采量有所减少，导致承压水水位略有上升，最大上升幅度约为7m，位于共和县城附近及其上游地区。其他地区水位与现状条件相差不多（图12-2-8）。

整体来讲，方案一对潜水水位的影响较小，对承压水水位有一定影响。随着2022—2030年开采量的减小，地下水水位基本能够恢复至现状水平，甚至略有上升。

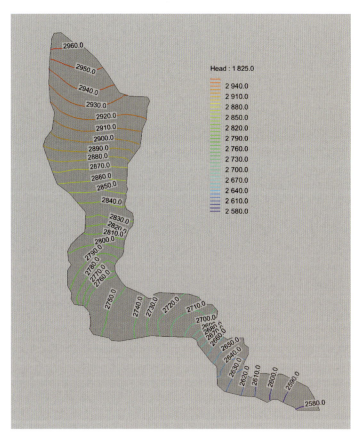

图 12-2-1　模拟的潜水流场(方案一,2022 年)

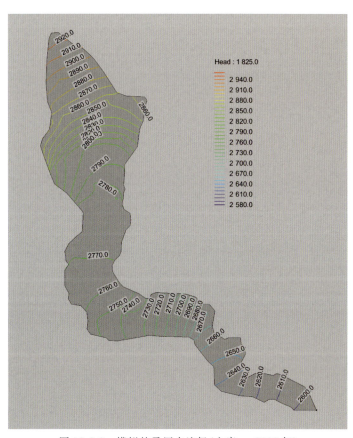

图 12-2-2　模拟的承压水流场(方案一,2022 年)

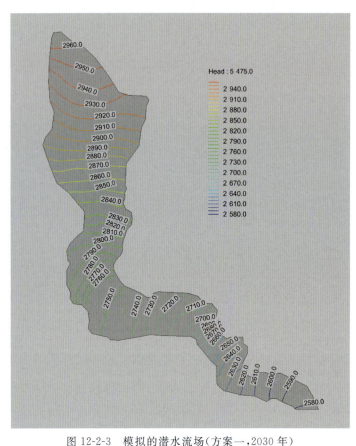

图 12-2-3　模拟的潜水流场(方案一,2030 年)

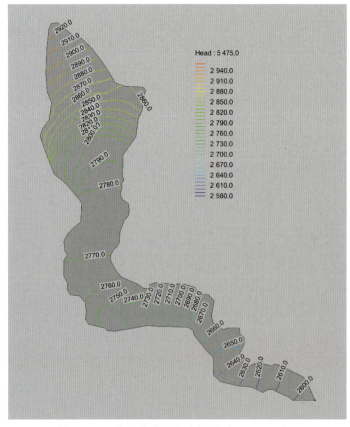

图 12-2-4　模拟的承压水流场(方案一,2030 年)

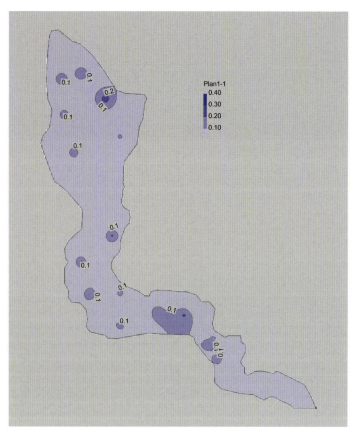

图 12-2-5　潜水水位变幅(方案一,2022 年)

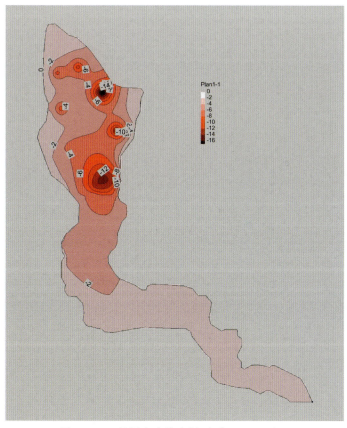

图 12-2-6　承压水水位变幅(方案一,2022 年)

图 12-2-7　潜水水位变幅(方案一,2030 年)

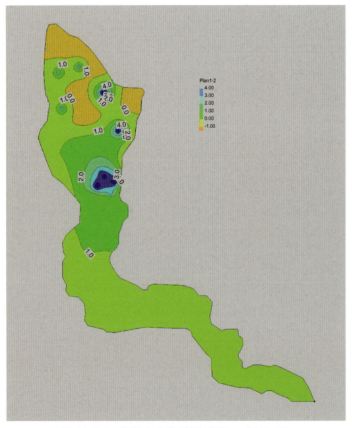

图 12-2-8　承压水水位变幅(方案一,2030 年)

2. 方案二

方案二现状年至 2022 年的地下水开采量与方案一完全一致,流场及降深变化情况可参考方案一中的论述。图 12-2-9 和图 12-2-10 分别模拟方案二条件下 2030 年潜水及承压水含水层流场图。可以看出,与现状条件相比,潜水含水层流场基本没有变化,承压水含水层流场整体总体形态也没有太大变化,只有在承压水开采量较大的共和县城附近形成了局部降落漏斗,周围地下水呈现出向漏斗中心汇流的趋势。

从水位变幅图中可以看出,2030 年潜水位变化情况与方案一基本一致,最大水位变幅小于 0.1m(图 12-2-11)。而承压水水位下降更为明显,共和县城附近最大降深约为 37m,降落漏斗沿河谷方向分布,并且呈现出向上游扩展的趋势。城镇生活用水和工业用水量的增加仍然是该区地下水位下降的主要原因。恰卜恰河谷下游地区水位降深一般都小于 5m,水位降幅相对较小(图 12-2-12)。

整体来讲,与方案一相比,方案二对地下水水位的影响更明显,且主要表现为对承压水水位的影响。

(三)补排量变化预测

1. 方案一

表 12-2-3 是 2022 年方案一条件下地下水补排量与现状条件下的对比表。从中可以看出,人工开采量的增加不仅促使侧向补给量的增加,而且造成储存量及侧向流出量的减少。其中侧向补给量的增加量为 $130.37 \times 10^4 m^3/a$,占新增开采量的 53.69%;其次为储存量的减少量,为 $97.18 \times 10^4 m^3/a$,占新增开采量的 40.02%;对侧向流出量的影响最小,减少量只占新增开采量的 7.58%。条带状的含水层分布特征导致含水层边界离地下水开采区很近,这是造成侧向补给量增加较大的主要原因。

由于地表水的开发利用,2022 年至 2030 年方案一地下水开采总量与现状条件相比有所减少,减少量为 $84.86 \times 10^4 m^3/a$。地下水储存量得以恢复,地下水处于正均衡状态,均衡差为 $23.19 \times 10^4 m^3/a$。其中侧向补给量的减少量为 $55.19 \times 10^4 m^3/a$。侧向排泄量的增加量 $6.37 \times 10^4 m^3/a$。可以看出,地下水人工开采量的减小对地下水均衡的影响主要表现为侧向补给量的减小。

表 12-2-3 补排量变化对比(方案一,2022 年)

均衡项		现状		2022 年	
		水资源量/($\times 10^4 m^3 \cdot a^{-1}$)	比例/%	水资源量/($\times 10^4 m^3 \cdot a^{-1}$)	比例/%
补给项	侧向补给	1 118.85	71.68	1 249.22	73.86
	降水入渗	133.56	8.56	133.56	7.90
	灌溉入渗	191.22	12.25	191.22	11.31
	泉水补给	41.72	2.67	41.72	2.47
	自流井补给	75.51	4.84	75.51	4.46
	小计	1 560.86	100.00	1 691.23	100.00
排泄项	地下水开采	−594.45	38.09	−837.30	46.82
	蒸发排泄	−361.83	23.18	−364.98	20.41
	侧向排泄	−234.18	15.00	−215.78	12.07
	自流井排泄	−370.35	23.73	−370.35	20.71
	小计	−1 560.81	100.00	−1 788.41	100.00
均衡差				−97.18	

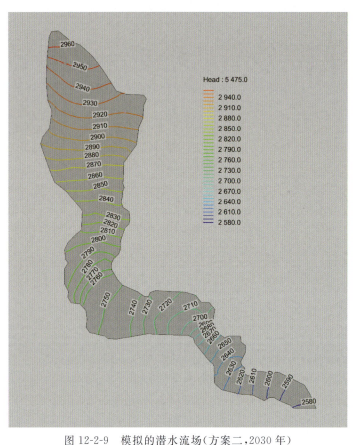

图 12-2-9　模拟的潜水流场(方案二,2030 年)

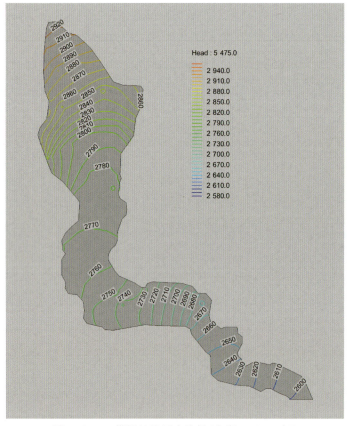

图 12-2-10　模拟的承压水流场(方案二,2030 年)

第十二章 地下水资源合理开发利用区划

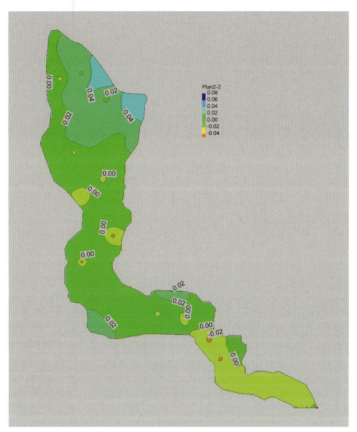

图 12-2-11 潜水水位变幅(方案二,2030 年)

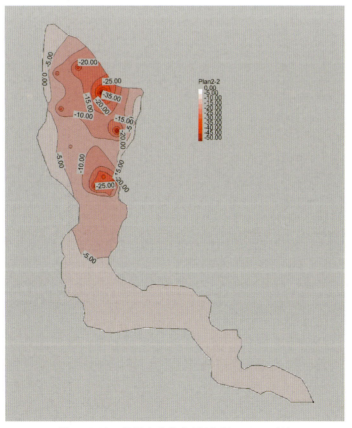

图 12-2-12 承压水水位变幅(方案二,2030 年)

表 12-2-4 补排量变化对比(方案一,2030 年)

均衡项		现状		2022 年	
		水资源量/($\times 10^4 m^3 \cdot a^{-1}$)	比例/%	水资源量/($\times 10^4 m^3 \cdot a^{-1}$)	比例/%
补给项	侧向补给	1 118.85	71.68	1 063.66	70.64
	降水入渗	133.56	8.56	133.56	8.87
	灌溉入渗	191.22	12.25	191.22	12.70
	泉水补给	41.72	2.67	41.72	2.77
	自流井补给	75.51	4.84	75.51	5.02
	小计	1 560.86	100.00	1 505.67	100.00
排泄项	地下水开采	−594.45	38.09	−509.59	34.37
	蒸发排泄	−361.83	23.18	−361.99	24.42
	侧向排泄	−234.18	15.00	−240.55	16.23
	自流井排泄	−370.35	23.73	−370.35	24.98
	小计	−1 560.81	100.00	−1 482.48	100.00
均衡差				23.19	

2. 方案二

方案二现状年至 2022 年的开采量与方案一完全相同,补排量的变化情况可参考方案一。2022 年至 2030 年,因切吉水源地无法正常运行,地下水开采量较 2022 年进一步增加。与方案一类似,人工开采不仅促使侧向补给量增加;同时造成储存量和侧向流出量的减少(表 12-2-5)。其中侧向补给量的增加量为 $218.63\times 10^4 m^3/a$,占新增开采量的 78.04%;其次为储存量及侧向流出量的减少量,分别占新增开采量的 12.98% 和 9.02%。

表 12-2-5 补排量变化对比(方案二,2030 年)

均衡项		现状		2022 年	
		水资源量/($\times 10^4 m^3 \cdot a^{-1}$)	比例/%	水资源量/($\times 10^4 m^3 \cdot a^{-1}$)	比例/%
补给项	侧向补给	1 118.85	71.68	1 337.48	75.16
	降水入渗	133.56	8.56	133.56	7.51
	灌溉入渗	191.22	12.25	191.22	10.75
	泉水补给	41.72	2.67	41.72	2.34
	自流井补给	75.51	4.84	75.51	4.24
	小计	1 560.86	100.00	1 779.49	100.00
排泄项	地下水开采	−594.45	38.09	−874.59	48.16
	蒸发排泄	−361.83	23.18	−361.99	19.93
	侧向排泄	−234.18	15.00	−208.92	11.51
	自流井排泄	−370.35	23.73	−370.35	20.40
	小计	−1 560.81	100.00	−1 815.85	100.00
均衡差				−36.36	

虽然2030年地下水开采量比2022年大,但经过长期的开采,地下水正逐步向新的均衡方向发展,均衡差呈逐渐缩小的趋势,2030年均衡差为$-36.36\times10^4\mathrm{m^3/a}$,相比2022年均衡差减小了$60.82\times10^4\mathrm{m^3/a}$。根据水均衡原理,均衡差的减小将导致补给量进一步增加和排泄量进一步减小。其中侧向补给量的增加最为明显。这与上述计算结果是一致的。

(四)方案对比分析

根据以上开采方案的预测分析可以看出,总体来讲,两个地下水开采方案对区域流场的影响较小,但在承压水开采量较大的地区,局部流场形态仍有一定变化。造成承压水水位下降的主要原因是工业开采量及城镇生活用水量的增加。

受切吉水源地不能按时运行的影响,方案二条件下地下水位降深大幅增加,且增加幅度远大于开采量的增加幅度,地下水位降深过大可能给地下水开采带来一定困难。另一方面,从均衡的角度上讲,地下水开采促使的补给增量主要为侧向补给量,具体为区域侧向补给量,这一补给途径是否具有充足的补给水源仍需进一步调查研究。综上所述,方案一优于方案二,更具可持续性。

二、茶卡盆地北缘冲洪积扇重点区地下水开发利用方案数值模拟预测

(一)方案设计

1. 需水量分析

参考《青海省人民政府办公厅关于贯彻国家农业节水纲要(2012—2020年)的实施意见》及《青海省畜牧业发展"十二五"规划》,计算出茶卡地区2022年及2030年的供水需求。与2013年相比,未来总需水量有较大变化,主要体现在草场用水量的增加(表12-2-6)。生活用水、一般工业用水变化不大;牲畜用水量有一定幅度增加;农业用水量有一定幅度减少。

表12-2-6 茶卡地区需水量预测　　　　　　　　　　　单位:$\times10^4\mathrm{m^3/a}$

年份		2013年	2022年	2030年
生活用水	城镇生活需水	7.01	7.94	8.90
	农村生活需水	8.40	9.66	10.97
	小计	15.41	17.60	19.88
一般工业		27.38	30.11	32.85
牲畜用水	大牲畜	30.42	37.52	50.61
	小牲畜	103.70	127.89	172.54
	小计	134.12	165.40	223.15
农业		1 648.69	1 483.82	1 318.95
草场		0.00	1 089.69	1 162.34
需水量合计		1 825.60	2 786.63	2 757.17

2. 供水方案设计

根据不同的地表水供水保证率情况,制订了两种供水方案。第一种方案假设地表水的供水保证率为

75%,供水量为 2 227.23×10⁴m³/a;第二种方案假设地表水的供水保证率为 95%,供水量为 1 756.46×10⁴m³/a。需水缺口由地下水补充。其中,方案一 2022 年和 2030 年需开采地下水量分别为 559.40×10⁴m³/a 和 529.95×10⁴m³/a;方案二 2022 年和 2030 年需开采地下水量分别为 1 030.17×10⁴m³/a 和 1 000.71×10⁴m³/a。与现状条件相比,地下水开采量明显增加。

表 12-2-7 供水方案汇总表　　　　　　　　　　　　　　单位:×10⁴m³/a

供水方式	方案			
	方案一		方案二	
	2022 年	2030 年	2022 年	2030 年
地表水	2 227.23	2 227.23	1 756.46	1 756.46
地下水	559.40	529.95	1 030.17	1 000.71
总计	2 786.63	2 757.17	2 786.63	2 757.17

3. 供水方案预测

以模拟的现状条件下的稳定流流场作为预测期的初始流场。预测分析在给定供水方案条件下地下水流场、水位降深及地下水均衡的变化情况。

(二)水位变化预测

1. 方案一

图 12-2-13 和图 12-2-14 是模拟的开采方案一条件下 2022 年及 2030 年地下水流场图。从中可以看出,与现状条件相比,地下水流场整体形态并未发生明显变化,这是由于模拟区新增的地下水开采量主要为草场用水量,并且开采呈面状分布。从水位变幅图可以看出,方案一 2022 年地下水位降深最大值为 1.2m;绝大部分地区水位降深介于 0.4~0.6m 之间;在没有草场分布的地区,水位降深小于 0.2m (图 12-2-15)。至 2030 年,地下水位继续下降,最大降深为 1.8m,降深分布规律与 2022 年基本相同,但在茶卡镇东部及大水河冲洪积扇中部分别形成了较为明显的两个降落漏斗(图 12-2-16)。总体来讲,方案一条件下地下水流场变化不大,地下水位降深不明显。

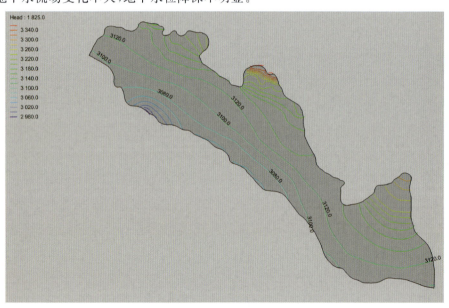

图 12-2-13　预测的地下水流场(方案一,2022 年)

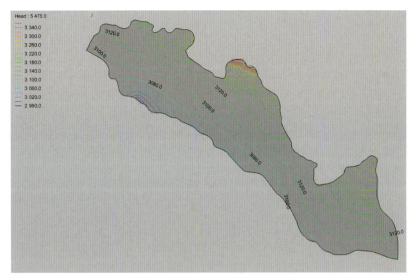

图 12-2-14　预测的地下水流场(方案一,2030 年)

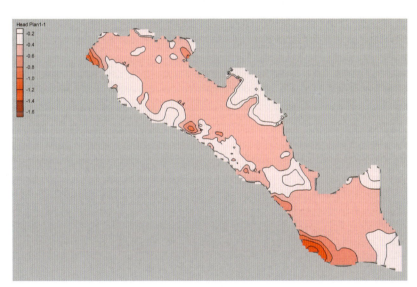

图 12-2-15　地下水水位变幅(方案一,2022 年)

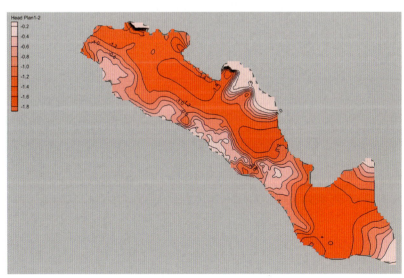

图 12-2-16　地下水水位变幅(方案一,2030 年)

2. 方案二

图 12-2-17 和图 12-2-18 模拟了开采方案二条件下 2022 年及 2030 年地下水流场图。从中可以看出,与现状条件相比,地下水流场整体形态仍未发生明显变化,开采方式仍是地下水流场并未发生明显变化的主要原因。从水位变幅图可以看出,方案二 2022 年地下水位降深最大值为 2.2m;绝大部分地区水位降深介于 0.8~1.0m 之间;在没有草场分布的地区,水位降深基本小于 0.4m(图 12-2-19)。至 2030 年,虽然地下水开采量少量减小,但地下水位却继续下降,最大降深为 3.2m,降深幅度明显大于 2022 年(图 12-2-20)。可以预见,若继续采用设定的开采方案,地下水位将继续下降。

图 12-2-17　预测的地下水流场(方案二,2022 年)

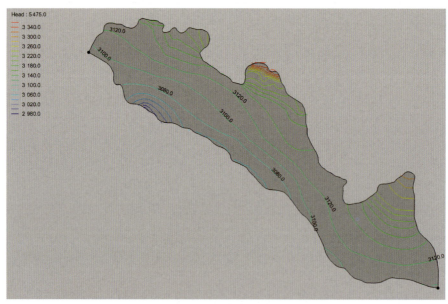

图 12-2-18　预测的地下水流场(方案二,2030 年)

图 12-2-19　地下水位变幅(方案二,2022 年)

图 12-2-20　地下水位变幅(方案二,2030 年)

(三)补排量变化预测

1. 方案一

表 12-2-8 是给定方案一条件下 2022 年地下水补排量与现状条件下的对比表。从中可以看出,人工开采量的增加将造成蒸发量和侧向流出量的减少,同时造成均衡差明显增大。其中均衡差为 $-456.75\times 10^4 \mathrm{m}^3/\mathrm{a}$,占新增开采量的 84.64%,蒸发量减少 $13.59\times 10^4 \mathrm{m}^3/\mathrm{a}$,占新增开采量的 13.59%,侧向排泄量只减小 $8.96\times 10^4 \mathrm{m}^3/\mathrm{a}$,仅占开采量增加量的 1.66%。说明新增开采量主要消耗的是储存资源量,其次为袭夺的蒸发量。

至 2030 年,虽然开采量有所减少,但减小幅度不大,地下水仍处于负均衡状态,均衡差为 $-368.70\times 10^4\mathrm{m}^3/\mathrm{a}$(表 12-2-9)。与 2022 年相比,均衡差有较明显的减小,而蒸发量与侧向排泄量并没有较明显的变化,这说明,新增开采由主要消耗储存资源量向袭夺蒸发量和侧向排泄量转化。2030 年,蒸发量和开采量的减少量分别占新增开采量的 24.05% 和 3.56%。

表 12-2-8　补排量变化对比(方案一,2022 年)

均衡项		现状		2022 年	
		水资源量/($\times 10^4\mathrm{m}^3\cdot\mathrm{a}^{-1}$)	比例/%	水资源量/($\times 10^4\mathrm{m}^3\cdot\mathrm{a}^{-1}$)	比例/%
补给项	山前侧向流入	594.19	31.63	594.19	31.63
	降水入渗	847.17	45.09	847.17	45.09
	灌溉入渗	84.84	4.52	84.84	4.52
	泉水入渗补给	21.26	1.13	21.26	1.13
	山前洪流入渗	331.19	17.63	331.19	17.63
	小计	1 878.64	100.00	1 878.64	100.00
排泄项	人工开采	−19.79	1.05	−559.40	23.95
	蒸发	−1 057.74	56.32	−984.42	42.15
	侧向排泄	−800.52	42.63	−791.56	33.89
	小计	−1 878.05	100.00	−2 335.39	100.00
均衡差				−456.75	

表 12-2-9　补排量变化对比(方案一,2030 年)

均衡项		现状		2030 年	
		水资源量/($\times 10^4\mathrm{m}^3\cdot\mathrm{a}^{-1}$)	比例/%	水资源量/($\times 10^4\mathrm{m}^3\cdot\mathrm{a}^{-1}$)	比例/%
补给项	山前侧向流入	594.19	31.63	594.19	31.63
	降水入渗	847.17	45.09	847.17	45.09
	灌溉入渗	84.84	4.52	84.84	4.52
	泉水入渗补给	21.26	1.13	21.26	1.13
	山前洪流入渗	331.19	17.63	331.19	17.63
	小计	1 878.64	100.00	1 878.64	100.00
排泄项	人工开采	−19.79	1.05	−529.95	23.58
	蒸发	−1 057.74	56.32	−935.04	41.61
	侧向排泄	−800.52	42.63	−782.35	34.81
	小计	−1 878.05	100.00	−2 247.34	100.00
均衡差				−368.70	

2. 方案二

表 12-2-10 是给定方案二条件下 2022 年地下水补排量与现状条件下的对比表。从中可以看出,人工开采量的增加同样将造成蒸发量和侧向流出量的减少,同时造成均衡差明显增大。其中均衡差为 $-862.23\times 10^4\mathrm{m}^3/\mathrm{a}$,占新增开采量的 85.34%,蒸发量减少 $131.09\times 10^4\mathrm{m}^3/\mathrm{a}$,占新增开采量的

12.97%,侧向排泄量只减小 16.48×10⁴m³/a,仅占开采量增加量的 1.63%。说明新增开采量仍然主要消耗的是储存资源量,其次为袭夺的蒸发量。

至2030年,虽然开采量有所减少,但减小幅度不大,地下水仍处于负均衡状态,均衡差为−728.05×10⁴m³/a(表 12-2-11)。与 2022 年相比,均衡差有较明显的减小,而蒸发量与侧向排泄量并没有较明显的变化,这说明,新增开采由主要消耗储存资源量向袭夺蒸发量和侧向排泄量转化。2030 年,蒸发量和开采量的减少量分别占新增开采量的 22.22% 和 3.49%。整体来讲,方案二与方案一的均衡差具有相同的变化规律。

表 12-2-10 补排量变化对比(方案二,2022 年)

均衡项		现状		2022 年	
		水资源量/(×10⁴m³·a⁻¹)	比例/%	水资源量/(×10⁴m³·a⁻¹)	比例/%
补给项	山前侧向流入	594.19	31.63	594.19	31.63
	降水入渗	847.17	45.09	847.17	45.09
	灌溉入渗	84.84	4.52	84.84	4.52
	泉水入渗补给	21.26	1.13	21.26	1.13
	山前洪流入渗	331.19	17.63	331.19	17.63
	小计	1 878.64	100.00	1 878.64	100.00
排泄项	人工开采	−19.79	1.05	−1 030.17	37.59
	蒸发	−1 057.74	56.32	−926.65	33.81
	侧向排泄	−800.52	42.63	−784.04	28.61
	小计	−1 878.05	100.00	−2 740.86	100.00
均衡差				−862.23	

表 12-2-11 补排量变化对比(方案二,2030 年)

均衡项		现状		2030 年	
		水资源量/(×10⁴m³·a⁻¹)	比例/%	水资源量/(×10⁴m³·a⁻¹)	比例/%
补给项	山前侧向流入	594.19	31.63	594.19	31.63
	降水入渗	847.17	45.09	847.17	45.09
	灌溉入渗	84.84	4.52	84.84	4.52
	泉水入渗补给	21.26	1.13	21.26	1.13
	山前洪流入渗	331.19	17.63	331.19	17.63
	小计	1 878.64	100.00	1 878.64	100.00
排泄项	人工开采	−19.79	1.05	−1 000.71	38.39
	蒸发	−1 057.74	56.32	−839.74	32.21
	侧向排泄	−800.52	42.63	−766.24	29.40
	小计	−1 878.05	100.00	−2 606.69	100.00
均衡差				−728.05	

(四)方案对比分析

根据以上开采方案的模拟分析可以看出,两种供水方案都会对地下水产生影响,但影响幅度很有限,即使新增开采量较大的方案二,最大水位降深也只有 3.2m。然而,水位下降的范围却很大,这主要是由新增开采量的开采方式决定的。总体来讲,模拟期内两种供水方案对地下水流场的影响是较小的。

从均衡的角度讲,两个方案对均衡的影响趋势是一致的,模拟期内新增开采主要消耗的是储存资源量,其次为袭夺的潜水蒸发量和侧向排泄量。

综上所述,两个地下水开采方案均是可行的。但数值模型的均衡结果显示,模拟期内地下水开采消耗的主要是储存资源量,因此开采方案是否具有长期可持续性仍需进一步研究。

第三节　地下水资源合理开发利用区划与可持续利用对策

一、区域地下水合理开发利用区划

综合考虑不同地区地下水资源量及其分布、含水层富水程度、地下水开采潜力、供水及灌溉用水需求等因素,进行盆地区域地下水开发利用区划(图 12-3-1)。

(一)共和东盆地地下水开发利用区划

共和东盆地第四系松散沉积物分布广泛,有冰碛-冰水相、冲积相、冲洪积相等。沉积物以粗颗粒为主,储水空间大。第四系初期堆积了巨厚的早更新世河湖相地层,沉积物颗粒从盆地边缘往中心由粗变细,粗细相间带为承压水的形成创造了条件。

茫什多滩-塔秀河冲洪积扇地区含水层岩性主要为砾卵石、含泥砂卵石,含水层由山前至茫什拉河增厚,水位埋深由山前至茫拉河变浅。贵南县城附近,南起塔秀沟口,北到茫什拉河谷,扇形展布,面积 128.6km^2。含水层岩性主要为砾卵石,含泥砂卵石,厚 20~55m,单井计算涌水量 1231~2707m^3/d,其水质良好,属 HCO$_3$-Ca·Mg 型水,矿化度小于 0.5g/L,属于地下水富水区,可作为贵南县城及其周边地下水主要开采水源地。根据地区发展对地下水资源的需求,在地下水开发利用分区中,将上述地区划为扩大开采区。

巴洛滩河地区,含水层岩性主要为泥质卵砾石,含水层厚度 10~100m,由山前到茫曲河谷逐渐增厚;水位埋深自山前到茫拉河谷变浅,山前最大深度在 50m 左右,茫拉河谷有泉水溢出。单井涌水量 100~1000m^3/d,水质好,矿化度小于 0.5g/L,属 HCO$_3$-Ca·Mg 型水;该段补给条件较好,南部山区溪流、洪流出山后垂直渗漏补给地下水,属水量中等地段。木格滩东南角,即达布江以北地段,风积物之下的砂砾石层中有大量泉水溢出,单泉流量一般大于 1L/s,泉群流量达 69.0L/s。矿化度小于 0.5g/L,属 HCO$_3$-Ca·Mg(Na·Ca)型水。根据含水层岩性及泉流量推测,属水量中等地段。上述地区为贵南县农牧业主要聚集地,将该区划分为地下水可适度扩大开采区。

木格滩地区水文地质条件比较简单,因受西部黄河深切排泄的影响,水位埋深大于 200m,属地下水深埋区。全新统风积层及上更新统冲洪积、洪积层被疏干,潜水含水层为下更新统冲湖积层,岩性为砂卵石,砂砾石,砂砾中粗砂、粉细砂。据黄河河谷剖面,自南往北含水层岩性由粗变细。因滩地上水位埋藏过深,含水层岩性又不均一,将该区划为地下水不宜开采区。

第十二章 地下水资源合理开发利用区划

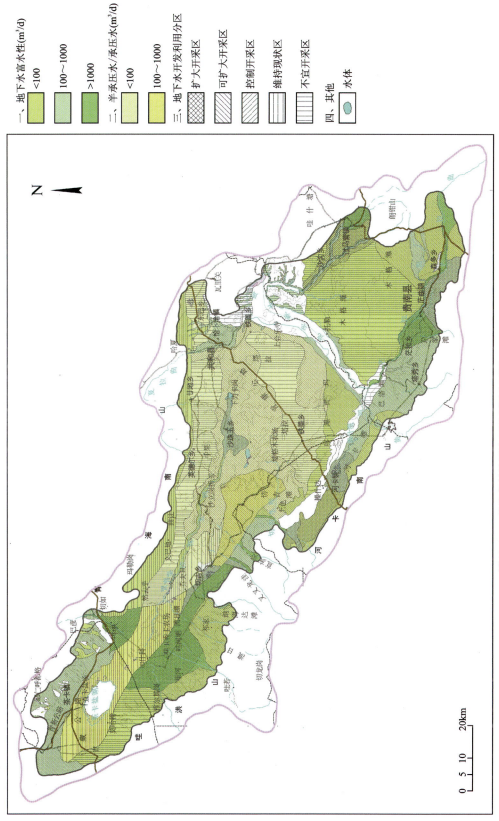

图12-3-1 共和盆地地下水开发利用分区图

(二)共和西盆地地下水开发利用区划

共和西盆地山前平原、河谷平原、尕海滩地区以及盆地的大片中央平原,主要分布着第四系松散岩类孔隙水,由于补给条件和地层岩性的不同,不同地貌单元地下水赋存条件差异较大。

恰卜恰河上游地段,含水层岩性为全新统及上更新统冲洪积砂卵砾石、细砂,厚度 3～66m,水位埋深小于 5m,单井涌水量 10～100m³/d,水量贫乏。潜水水化学类均为 $HCO_3 \cdot Cl-Na \cdot Ca$ 型水。矿化度小于 0.5g/L。

河谷内有全新统砂、砂砾石层潜水分布。揭露厚度 5～32m 不等。垂向上由顶部至底部,含水层颗粒逐渐变细,含水层上部为冲积砂砾卵石,下部为中粗砂-粉细砂。同时受河谷沉积环境及构造运动的影响,河谷不同地段含水层的埋藏和分布不尽相同。由现代河床向两岸表现出了含水层厚度逐渐变薄、潜水埋深逐渐增加的特征。含水层厚度一般小于 10m,局部地段大于 20m,水位埋深 4～10m,单井涌水量 100～1000m³/d,属中等富水区。

恰卜恰河谷中游及阿乙亥河谷中游地段,上部潜水水量贫乏;下部承压含水层为早更新世冲湖积中细砂、砂砾石、含砾中粗砂,单井计算涌水量 100～1000m³/d。水头高出地面 6～11m。在上游地段为负水头,含水层顶板埋深 50～100m,矿化度大于 1g/L,属水量中等地段。恰卜恰河漫滩、Ⅰ级阶地、Ⅱ级阶地、上塔买北部Ⅳ级阶地及大沟陇干、尕巴达连沟等地势低洼的沟谷中。主要含水层为下更新统上段粉细砂和中段中粗砂,含水层顶板埋深 28.3～95.65m,厚度 100～207m,隔水层为亚黏土,厚度一般为 18～25m。计算涌水量 960.1～7603.5m³/d,属水量丰富地段。水质较好,矿化度 0.326～0.654g/L,属 $Cl \cdot HCO_3 \cdot SO_4-Na$ 型水或 $HCO_3-Na \cdot Ca$ 型水

恰卜恰河谷淡水可开采资源量 $1385.97 \times 10^4 m^3/a$,地下水开采量 $594.45 \times 10^4 m^3/a$,开采程度 42.89%。主要开采层为承压含水层,开采程度较高,潜力评价结果为潜力一般区;潜水开发利用程度较低,潜力评价结果为潜力大;综合考虑潜水开采潜力、承压水开采潜力、承压水与潜水开采比例,建议恰卜恰河谷潜水可扩大开采,控制开采承压水,总体把恰卜恰河谷区划分为地下水控制开采区。

塔拉台地水文地质条件比较简单,因受东部黄河深切排泄的影响,水位埋深大于 200m,属地下水深埋区。全新统风积层及上更新统冲洪积、洪积层被疏干,潜水含水层为下更新统冲湖积层,岩性为砂卵石、砂砾石、砂砾中粗砂、粉细砂。地下水主要来自山前松散岩类孔隙水的侧向补给,多以泉的形式排泄于黄河。单井涌水量小于 100m³/d,以 $HCO_3 \cdot Cl-Na \cdot Ca$ 型水为主,为水量贫乏地段。塔拉台地由于地广人稀,地下水埋深较大,该区的地下水还没有进行开发利用,但是地下水是目前盆地生态环境建设灌溉用水唯一可行的地下水水源地,因此,将龙羊峡水库西岸、恰卜恰河谷西岸周边以及沙珠玉河中下游周围塔拉台地划分为地下水可适度扩大开采区,其余塔拉台地为不宜开采区。

沙珠玉河谷潜水呈带状分布,含水层颗粒较细,厚度不大。沙珠玉河谷的上游地段含水层为砂砾、细砂、粉砂等,为沙珠玉河冲积层。由于含水层颗粒细,厚度薄(小于 10m),水量小。钻孔计算涌水量 12.55m³/d,水量贫乏,矿化度小于 1g/L。属于 $HCO_3 \cdot Cl-Na \cdot Ca$ 型水;沙珠玉河谷的下游地段含水层为下更新统上段冲湖积粉砂、粉细砂、砂砾石,厚度及水位埋深变化较大,河谷厚度 60m 左右,水位埋深小于 30m,单井涌水量 100～1000m³/d,属中等富水区,矿化度小于 0.8g/L。

沙珠玉河谷的下游承压水含水组由下更新统冲湖积黏性土、细砂、砂砾构成。大致可分为两组:上部组半承压水顶板埋深小于 50m,半承压水位高于或接近地表;下部组半承压水顶板埋深近 100m,半承压水头也高于地表。计算涌水量 217～869m³/d,属水量中等带,矿化度小于 0.5g/L,属 HCO_3-Ca 型水。

沙珠玉河谷及两岸地段是牧草及防风固沙林灌溉的主要水源地,该区域划分为可适度扩大开采区,在沙珠玉河中下游沙珠玉乡,地下水资源为主要的生活和农业生产用水水源,属中等富水区。目前,沙珠玉地下水可开采资源 $1396.24 \times 10^4 m^3/a$,地下水开采量仅为 $98.82 \times 10^4 m^3/a$,地下水开发利用潜力

大,划分为扩大开采区。

塘格木农场区大量引用地表水进行灌溉,地下水开发利用程度低,该区为半承压水分布区,含水层厚度大于60m,地下水位埋深大于100m,单井涌水量$100\sim1000m^3/d$,属水量中等带,矿化度小于0.5g/L,属HCO_3-Ca型水,水位埋深$43\sim109m$,承压水位$103\sim158m$。农业灌溉用水需求大,将该区域划分为地下水开发利用可适度扩大开采区,建议加大地下水的开发利用力度。

河卡滩西部上部潜水水量贫乏;下部承压水含水层以泥质砂卵石为主,隔水层顶板为亚黏土。水位埋深约30m,单井涌水量大于$1000m^3/d$,矿化度小于0.5g/L,水化学类型属HCO_3-Ca·Na·Mg型水,属水量丰富地段。该含水层因受黄河切深排泄的影响,由西向东至黄河逐渐变为负水头,河卡滩东部地下水转为无压水,颗粒变细,富水性减弱。东部含水层岩性为含砾中细砂、泥质砂砾石。据该含水层黄河河谷排泄量分析,无压水段的水量应在$100\sim1000m^3/d$之间,属水量中等地段,矿化度小于0.5g/L,属HCO_3-Na·Ca·Mg型水。将河卡滩西部承压水区划分为扩大开发利用区,无压区划分为可适度扩大开采区,该地区应加大地下水的开发利用力度。

大水河和哇洪河冲洪积扇中上部,含水层为砂卵石,地下水埋藏较深,随地势由高变低而有规律的变浅。倾斜平原前缘水量大,后缘水量小。洪积扇轴部和山前倾斜平原前半部强富水带,单井涌水量大于$1000m^3/d$,属水量丰富区。区域地下水埋深小于150m,含水层为砂卵石和泥质砂卵石层,矿化度小于1g/L,地下水水化学类型复杂,有HCO_3-Ca、HCO_3·SO_4-Ca·Na、Cl·SO_4-Na·Ca等类型。农业灌溉用水及恰卜恰城市供水需求大,将该区域划分为扩大开采区,加大地下水的开发利用力度。

共和西盆地中部,沙珠玉河谷的上游南部地段含水层为砂砾、细砂、粉砂等,为沙珠玉河冲积层。由于含水层颗粒细,厚度薄(小于10m),地下水位埋深浅,水量小,属水量贫乏区。该地区属于牧区,地下水资源需求较小,划分为维持现状开采区。

共和西盆地北侧,然去乎、文巴地、龙古塘一带山前倾斜平原,水位大于150m。该区域北侧山体汇水面积小,补给量不充足,单井涌水量$10\sim100m^3/d$,为水量贫乏带,划分为不宜开采区。

(三)茶卡盆地地下水开发利用区划

茶卡盆地属新生代断陷盆地,区内沉积了千余米的第四系松散堆积物,岩性为中、上更新统冰碛冰水相、冲洪积相松散堆积物泥质砂砾石、含泥砂砾卵石层,地层颗粒粗大、结构较松散、孔隙发育、透水性强,其间赋存有丰富的松散岩类孔隙水。工作区在不同地段或在同一地段不同地貌单元,地层结构不尽相同。从山前冲洪积平原顶部至前缘,含水层颗粒由粗变细,结构由单层变为双(多)层。

大水河和哇洪河轴线以西地带。含水层岩性为中上更新统的泥质砂砾卵石及砂砾卵石层,岩性较单一,局部有亚砂土夹层,地层颗粒较粗,结构较松散,孔隙发育,透水性好,富水性强。静水位埋深$7.94\sim77.03m$,含水层厚度$30.02\sim120.68m$,单井换算涌水量$1006.40\sim4149.09m^3/d$,

莫河农场西侧的乌啦利滩、大察加奴沟、茶卡镇东部的巴勒和坦地带及大水桥冲洪积扇西部,富水地区两侧,地貌上属山前冲洪积平原翼部。含水层岩性为上、中更新统洪积,冰水堆积的砂卵砾石及泥质砂卵砾石,地层颗粒较粗,透水性较好,但因补给条件较差,富水性中等。含水层厚度$16.36\sim73.88m$,静水位埋深$7.75\sim67.64m$,单井涌水量$530.50\sim963.60m^3/d$,属中等富水地区。该冲洪积扇是该地区居民生活及农业用水的主要地下水源地,将该地区划分为可适度扩大开采区。

在山前冲洪积平原中部-前缘地带,因沉积岩相的变化,由单一的冲洪积砂砾石层过渡到冲湖积砂层间夹亚砂土及亚黏土层,亚砂土及亚黏土构成比较稳定的隔水层,改变了地下水的赋存条件,上部为潜水,下部为承压水,上部地层为上更新统砂砾石,下伏地层为下更新统冲湖积相的亚砂土、亚黏土、粉砂及细砂,呈环状分布于茶卡盐湖外围的冲湖积平原地带。地下水位埋深小于10m,潜水富水性属中等富水-贫乏区,承压水属富水-中等富水区。该地区人口稀少,水资源需求不大,考虑维持茶卡盐湖生态环境现状,将该区在地下水开发利用分区中划分为维持现状开采区。

茶卡盆地南部山前冲洪积平原,由于山前汇水面积小,山前汇流补给地下水资源量也较小,地下水水位埋深较大,将该地区划分为不宜开采区。

二、重点区地下水开发利用规划

(一)贵南重点区地下水开发利用规划

1. 规划水源地选址

贵南县城为共和东盆地城镇建设发展的重点地区,根据工作区水文地质条件,拟在塔秀沟口至茫什拉河谷规划一个集中开采水源地。含水层岩性主要为砾卵石、含泥砂卵石,厚20～55m,由山前至茫什拉河增厚。该地区补给条件良好,塔秀沟汇水面积大,经常性水流、洪流出山后潜入地下,使该区水量丰富。水位埋深由山前至茫拉河渐浅,据钻孔资料显示,12号孔水位埋深19.90m,茫拉河边以泉的形式溢出。12号、13号孔单井计算涌水量1231～2707m³/d。其水质良好,属HCO_3-Ca·Mg型水,矿化度小于0.5g/L(表12-3-1)。此段地下水丰富的主要原因与补给条件良好有关,塔秀沟汇水面积大,经常性水流、洪流出山后潜入地下,使该段水量丰富,因此,将该层第四系孔隙潜水作为贵南县地下水开发利用目标含水层。

表12-3-1 塔秀沟口-茫什拉河谷钻孔资料

孔号	含水层		水位埋深 /m	涌水量 /(L·s⁻¹)	水位降深 /m	单井计算用水量 /(m³·d⁻¹)	矿化度 /(g·L⁻¹)	水化学类型
	岩性/m	厚度/m						
11	砂卵石	52.26	29.90	11.42	2.81	2707	0.341	HCO_3-Ca·Mg
12	砂砾石	54.25	51.00	15.48	6.0	1231		

2. 规划方案

拟在塔秀沟口至茫什拉河谷布设供水管井4眼,呈矩形布置,每排开采井间距为600m,排距为600m。井深控制在120m左右,预计单井出水量1250m³/d,合计拟建水源地地下水开采量$5.00×10^4$m³/d,满足贵南县县城水源工程建设项目的要求。

(二)恰卜恰河谷重点区地下水开发利用规划

1. 规划水源地选址

恰卜恰河谷平原为共和县城镇建设发展的重点地区,黄河河谷平原区的地形平坦,也是恰卜恰镇工业园区的重点规划区,根据工作区水文地质条件,提出两个水源地规划方案:①恰卜恰河谷下更新统承压水为本区主要的开采水源,分布范围较广,厚度大,河谷西岸地下水主要接受西部邻区的地下水向东径流补给,东岸则接受北部地下水的径流补给。在恰卜恰河谷左岸的尕巴台—上西台一线以南的高台地规划一个集中开采水源地,拟布设的水源地处于规划的工业园区内,开采出的地下水可以直接供园区工业使用;②依据青海省海南州共和县建设海南州共和县恰卜恰镇城镇供水(一期)工程,规划水源地位于切吉滩(图12-3-2),距恰卜恰镇97km,设计供水规模为$2.09×10^4$m³/d。

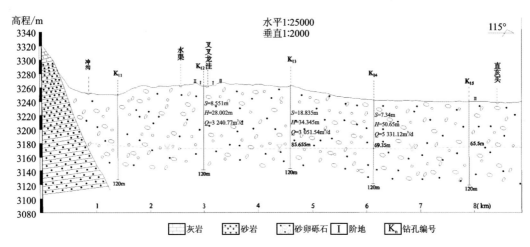

图 12-3-2 共和县恰卜恰镇城镇供水切吉滩水源地水文地质剖面图

2. 规划方案

规划方案一：根据《青海省共和县恰卜恰城镇及工业园供水水文地质勘查报告》(2014)，建议将上西台村南的承压含水层作为恰卜恰河谷重点区开发利用目标含水层。拟布设的开采井呈线型布置，布井线基本上垂直地下水流向，大致呈北东东向展布，井间距300m左右，共布设3排，9眼，井深300m，揭露含水层厚度在150m左右，单井涌水量控制在1000～1400m³/d间，总的出水量为9000～12 600m³/d。

规划方案二：依据切吉滩水源地水文地质勘探报告，开采型抽水试验显示该区为水量丰富区。从上游至下游，含水层岩性由上更新统砂卵砾石组成，揭露含水层厚度为56.21～98.85m，地下水位埋深51.15～77.00m，单井出水量3515.25～6457.54m³/d(表12-3-2)，因此，将该层第四系孔隙潜水含水层作为恰卜恰河谷重点区开发利用目标含水层。

表 12-3-2 抽水试验技术资料一览表

抽水孔号	孔深/m	水位埋深/m	含水层厚度/m	涌水量/(m³·d⁻¹) Q_2	抽水孔降深/m S_2	抽水稳定时间/h S_2	备注
KT_1	150	64.60	85.40	5 210.78	7.67	9	潜水非完整孔
K_4	150	63.43	85.566	5 031.10	5.241	9	潜水非完整孔
KT_2	150	68.48	81.52	6 457.54	4.16	8.5	潜水非完整孔
KT_3	150	55.60	94.20	3 674.59	4.83	9	潜水非完整孔
KT_4	150	61.90	88.90	4 912.72	5.36	9	潜水非完整孔
KT_5	150	51.15	98.85	4 166.24	6.22	9	潜水非完整孔
KT_6	150	70.35	79.65	4 620.92	7.85	8.5	潜水非完整孔
KT_7	150	56.35	93.62	3 515.25	4.72	8.5	潜水非完整孔
KT_8	150	77.00	73.00	4 110.95	9.499	8.5	潜水非完整孔
K_{14}	120	69.35	56.21	5 331.13	7.34	8.5	潜水非完整孔

建议在切吉滩叉叉龙洼规划地下水水源地，根据青海省水文地质工程地质环境地质勘察院所实施的开采型抽水试验，供水规模可达$2.09×10^4$m³/d，水位处于动稳定状态，井内水位降在3.622～8.427m之间，动态稳定7d后，恢复到原来的初始水位，表明水源地运行后，改变原水循环条件，逐渐向

新的地下水平衡状态过渡。在开采量不超过补给量的前提下,随着水源地水位的降低,将会逐渐演变至新的平衡状态,其开采能力和资源补给条件都是可行的。

(三)沙珠玉地下水开发利用规划

1. 规划水源地选址

目前,沙珠玉乡人畜饮水工程多为分散的小型工程,大部分为浅层地下水,易被污染,供水质量难以保证,供水设施较为简陋,无过滤、净水消毒设施,供水水质无法保证,存在饮水安全隐患。本次工作根据沙珠玉乡水文地质条件,拟在上卡力岗和下卡力岗设计一个集中开采水源地。含水层为下更新统上段冲湖积粉砂、粉细砂、砂砾石,厚度及水位埋深变化较大,沙珠玉河谷厚度在60m左右,水位埋深小于30m。据钻孔资料显示,32号孔水位埋深18.45m,茫拉河边以泉溢出。32号孔单井计算涌水量244.44m³/d,33号孔单井计算涌水量100.04m³/d,该区水量中等,矿化度0.77g/L(表12-3-3),因此,将该层承压含水层作为沙珠玉乡地下水开发利用目标含水层。

表12-3-3 沙珠玉乡钻孔资料

孔号	位置	孔深/m	含水层厚/m	水位埋深/m	单井涌水量/(m³·d⁻¹)	渗透系数	顶板埋深/m	含水层岩性	含水层时代	水化学类型
32	上卡力岗	106.13	69.03	18.45	244.44	1.5	31.15	粉砂	早更新世	
33	下卡力岗	119.8	57.79	26.38	100.04	0.5	31.1	粉细砂、砂砾石	早更新世	$HCO_3 \cdot Cl$-$Na \cdot Ca$

2. 规划方案

拟在上卡力岗和下卡力岗之间规划一个集中开采水源地,布设供水管井6眼,呈矩形布置,每排开采井间距为600m,排距为600m。井深控制在120m左右,预计单井出水量100m³/d,拟建水源地地下水开采量600m³/d。

(四)切吉乡地下水开发利用规划

1. 规划水源地选址

依据青海省海南州共和县建设海南州共和县恰卜恰镇城镇供水(一期)工程,水源地位于切吉滩,考虑切吉乡人口较少,切吉乡和共和县恰卜恰镇城镇同步协调供水。根据切吉乡人口153人,乡村9111个人,按定额生活用水量约650.0m³/d。

2. 规划方案

依据切吉滩水源地水文地质勘探工作,该区为水量丰富区,含水层岩性由上更新统砂卵砾石组成,揭露含水层厚度为56.21~98.85m,地下水位埋深51.15~77.00m,单井出水量3515.25~6457.54m³/d,因此,将该层第四系孔隙潜水作为切吉乡地下水开发利用目标含水层。拟在切吉滩水源地布设供水管井1眼,单井出水量3000m³/d,满足切吉乡居民生活用水需求。

(五)茶卡镇地下水开发利用规划

1. 规划水源地选址

工作区内具备供水潜力地区是茶卡—莫河山前冲洪积平原轴部地区,富水性较好的供水靶区为:①茶卡河附近;②莫河农场一大队附近。两个地段的第四系厚度大,含水层岩性为中上更新统的砂砾卵石、泥质砂砾卵石,颗粒粗大,富水性强,水位埋藏浅,地下水质量属Ⅲ类,需进行适当处理后作为集中供水水源。

茶卡河附近适宜开采地段位于茶卡河下游一带,地段长约 4.5km,宽 600~1200m,地势平坦开阔,地面高程 3176~3205m,地下水水位埋深较浅(16~30m),周围无取水用户,地下水基本处于天然状态。根据青海省水文地质工程地质环境地质勘查院资料,利用干扰井群法求得:当该地区地下水开采量为 $0.72×10^4 m^3/d$ 时,开采初期 0.027~30a 井群中心 M 点水位持续下降,最大降深值为 12.94m,占开采区含水层平均厚度的 1/3。据 TK_{18} 号孔资料:孔深 120m 未揭穿第四系中更新统泥质砂砾卵石层,含水层岩性为中上更新统砂砾卵石及泥质砂砾卵石,厚度 79.17m,抽水试验最大涌水量 $1516.67m^3/d$,最大降深 2.34m,最大单孔换算涌水量 $2999.54m^3/d$,因此,将该层第四系孔隙潜水作为茶卡镇地下水开发利用目标含水层。

莫河农场一大队附近的适宜开采地段位于莫河农场一大队南侧的 TK_5 孔一带,地段长约 4.5km,宽 600~1200m,地势平坦开阔,地面高程 3176~3205m,地下水水位埋深较浅(8~10m),周围无取水用户,地下水基本处于天然状态。根据青海省水文地质工程地质环境地质勘查院资料,利用干扰井群法求得:当该地区地下水开采量为 $1.00×10^4 m^3/d$ 时,开采初期 0.027~30a 井群中心 M 点水位持续下降,最大降深值为 11.28m,仅占开采区含水层平均厚度的 14%。据 TK_5 号孔资料:孔深 120m 未揭穿第四系中更新统泥质砂砾卵石层,含水层岩性为中上更新统砂砾卵石及泥质砂砾卵石,厚度 80.96m,抽水试验最大涌水量 $2268.69m^3/d$,最大降深 3.31m,最大单孔换算涌水量 $3192.50m^3/d$,因此,将该层第四系孔隙潜水作为茶卡镇地下水开发利用目标含水层。

2. 规划方案

建议在茶卡河下游布设供水管井 3 眼,呈等边三角形布置,井间距为 600m。井深控制在 120m 左右,井径 300mm,预计单井出水量 2500~3000m^3/d,水源地地下水开采量 $0.72×10^4 m^3/d$。

建议在莫河农场二队附近布设供水管井 4 眼,呈矩形布置,每排开采井间距为 600m,排距为 600m。井深控制在 120m 左右,预计单井出水量 2500m^3/d,水源地地下水开采量 $1.00×10^4 m^3/d$。

三、共和盆地地下水可持续利用对策

1. 调整水资源利用结构,提高地下水开发利用率

在总供水构成中,地表水的开发利用程度远大于地下水开发利用程度。共和盆地地下水可开采资源量为 $3.76×10^8 m^3$,地下水开采量仅为 $0.16×10^8 m^3$,开发利用率 4.33%,在地下水丰富的地区,如大水河冲洪积扇、哇洪河冲洪积扇、塔秀沟冲洪积扇,地下水基本没有开采,在这些地区,可扩大地下水开采,适度减少地表水直接利用量,可有效减少水库、渠道水面的无效蒸发,保护盆地宝贵的水资源,改善因出山口水库截留引水而加剧的生态环境问题。

2. 大力推广节水灌溉技术,提高水资源利用效率

共和盆地农业用水比重大,超过 49.27%,水资源利用方式粗放,基本是明渠引水后大水漫灌,而且渠道大都没有衬砌，灌溉水利用系数在 0.38~0.40 之间，水资源利用方式落后，浪费严重。农业用水中要逐步推广节水灌溉技术，从切吉水库、大水水库、娘塘水库、卡加水库、沟后水库等主要引水灌溉水库修建衬砌的渠道，或通过暗渠、管道引水，减少无效蒸发，田间除了大量兴建农渠、实行小陇灌溉外，要逐步推进塑料管输水灌溉、喷灌以及滴灌等技术。根据实验数据，渠道衬砌可节水 20%，塑料管输水灌溉可节水 25%，喷灌可节水 30%，滴灌节水率最高，可达 50%。逐步提高水资源利用效率和效益。

3. 充分利用黄河过境水量，保障生态用水，改善生态环境

共和盆地是青藏高原沙漠化最严重的地区之一，目前龙羊峡水电站已被周围肆虐的流沙所包围，库区西岸有绵延长达 50km 的沙带，对龙羊峡水库构成直接威胁，因区内黄河台地与黄河落差较大，取用水较困难，一直也基本未从龙羊峡水库提水灌溉。建议加大在龙羊峡水库区周边修建提水工程的力度，充分利用汛期水库水资源，尤其是龙羊峡西侧的一、二塔拉台地和东侧贵南县木格滩地，水资源极其短缺，地下水又埋深很大，水量贫乏，利用龙羊峡水库地表水，可极大缓解上述地区水资源短缺现状，为龙羊峡水库周边灌溉用水和生态环境建设提供所需水量，构建龙羊峡西部生态防风固沙防护林带和草地，改善盆地生态环境。另外，需进一步加强水资源开发利用与生态环境需水研究工作，提高黄河过境水量的利用率。

4. 加大山区水资源涵养，加大山前雨洪资源利用，调蓄地下水资源

共和盆地山区是盆地地下水主要补给区，在山区要大力实行退牧还草工程，加大水资源涵养力度。山前河流在出山口入渗是地下水最主要的补给来源，每年汛期大量洪流和水库弃水通过山前沟口进入盆地下游：一是径流路径长，水资源浪费；二是对下游的生活、生产安全构成威胁。如在山前可修建一系列橡胶坝等设施；在汛期拦截地表洪流，在山前砂卵砾石层入渗，加大对地下水的补给，可有效调蓄地下水资源，增加地下水可利用量。

5. 地表水-地下水资源优化配置，加强水资源统一管理

目前盆地水资源开发利用主要以地表水为主，山前大水水库、切吉水库、哇洪河水库、茫曲河上的卡加水库等拦蓄地表水，通过渠道、管道引入田间灌溉或农村生活供水，除恰卜恰地区以外，其他地区地下水开发利用程度很低，在地下水资源评价工作的基础上，针对共和县城、贵南县城的城镇供水，切吉灌区、沙珠玉灌区、大水灌区、恰卜恰灌区、塘格木灌区、茫拉灌区的农业供水，龙羊峡库区周边生态环境建设用水等问题，要大力开展地表水-地下水优化配置与合理开发利用研究，对水库引水、龙羊峡提水和地下水开发利用进行综合考虑，从流域水资源可持续利用角度加强水资源统一管理和调度。

6. 提高勘查精度，查明地下水开采的基础条件，支撑地下水可持续开发利用

共和盆地地下水资源勘察工作由于受各种条件限制，大部分地区的水文地质研究程度仅为 1:20 万精度，很难满足地区经济社会发展的需要，供水水源、水质和水量没有科学的勘察或分析评价，地下水资源不清，水资源承载力不明，无法满足当地经济发展需要。需要进一步加强水文地质勘查工作，着力提高盆地地下水勘查精度，为地下水的开发利用提供基础依据，支撑地下水可持续的开发利用。

7. 农牧业发展规划要与水资源承载力、生态环境保护相协调

共和盆地水资源短缺，农业、牧业是盆地主要的产业，用水比重大，要根据水资源承载能力和生态环境保护的需求，合理规划农牧业发展规模，做到生活、生产、生态用水相协调，实现水资源可持续利用，逐步改善和恢复生态环境。

第十三章 结论与建议

一、主要结论

（1）20世纪70年代以来，共和盆地降水量略有增加，盆地周边河流径流量相应略有增大，20世纪80年代以来修建的水库在山前局部地段减少了地下水入渗补给量，水库引水到田间灌溉后大部分仍为入渗补给地下水。整体来看，共和盆地地下水补给量基本没有明显变化。盆地地下水开采量很小，除恰卜恰河谷、沙珠玉河谷下游等局部地段以外，大部分地区地下水基本处于天然状态，区域地下水循环没有明显变化。

（2）依据地下水流系统和补径排特征，共和盆地划分为1个一级地下水系统、3个二级地下水系统、20个三级地下水系统。一级地下水系统为共和盆地地下水系统；二级地下水系统为共和东盆地地下水系统、共和西盆地地下水系统、茶卡盆地地下水系统；在二级地下水系统的基础上，依据中间水流系统和含水介质差异，进一步划分20个三级地下水系统。

（3）共和东盆地地下水水化学类型较为单一，以 HCO_3-Ca 型、HCO_3-Ca·Mg 型、HCO_3-Ca·Na·Mg 型为主，大部分地区矿化度小于 0.5g/L；共和西盆地地下水水化学类型较为复杂，盆地边缘山前洪积倾斜平原地带主要为 HCO_3-Ca 型、HCO_3-Ca·Mg 型及 HCO_3·SO_4-Ca·Mg 型水，矿化度小于 0.5g/L，沿地下水流向，山前洪积倾斜平原与河谷冲洪积平原交互带形成 HCO_3-Na·Ca 型水，进入河谷冲洪积平原内部，逐渐变为矿化度较高的 HCO_3·Cl-Na·Mg·Ca 型和 HCO_3-Na 型水，在盆地地下水排泄带——沙珠玉河末端河谷平原及恰卜恰河下游河谷平原，地下水矿化度接近 2g/L；茶卡盆地山前冲洪积平原地下水水化学类型为 HCO_3·SO_4-Ca·Mg 型，矿化度小于 1g/L，盆地中央冲湖积平原区，矿化度增大到 5mg/L 以上，水化学类型由边缘的 Cl·SO_4-Na·Mg 型、Cl·HCO_3-Na·Ca 型渐变为 Cl-Na 型。

（4）通过1977年、1987年、1994年、2003年、2013年5期动态遥感解译，查明了盆地沙漠化、草场退化等环境问题的演变过程。沙漠化：呈现发展→增速→减缓→基本稳定的变化过程，1977—1987年沙漠化土地增加了5.42%，年平均沙漠化发展速率0.49%；1987—1994年平均沙漠化发展速率增至0.74%；1994—2003年平均沙漠化发展速率仅为0.02%。山区植被：30多年间面积在不断减少，但退化速率有明显差异，1977—1994年植被减少了6.43%，年平均变化率为－0.36%；1994—2004年，植被退化速率急剧增大，在此期间植被减少了19.84%，年平均变化速率为－1.77%；2004—2013年植被变化速率显著变小，在此期间植被减少了3.77%，年平均变化率为－0.38%。草地：30年间面积在不断减少，但各阶段的变化速率差异较大，1977—1994年草地减少了7.11%，年平均变化率为－0.40%；1994—2004年期间，草地退化速率略有增长，在此期间草地减少了1.46%，年平均变化率为－0.13%，2004—2013年草地退化速率较快，在此期间草地减少了31.92%，年平均变化速率为－3.19%。

（5）首次系统评价了共和盆地地下水资源量。盆地地下水天然资源量 $4.42×10^8 m^3/a$，其中共和西盆地天然资源量 $3.045×10^8 m^3/a$，东盆地天然资源量 $1.045×10^8 m^3/a$，茶卡盆地天然资源量 $0.33×10^8 m^3/a$。重点区地下水天然资源量：恰卜恰河谷天然资源量 $1424.47×10^4 m^3/a$，茶卡盆地北缘冲洪积平原天然资源量 $2859.65×10^4 m^3/a$，哇洪河冲洪积扇天然资源量 $8779.15×10^4 m^3/a$。地下水天然资源模数：塔秀河冲洪积扇、恰卜恰河谷地天然资源模数 $(20～50)×10^4 m^3/(km^2·a)$；哇玉香卡冲洪积扇天然资源模数$(10\sim20)\times10^4\mathrm{m}^3/(\mathrm{km}^2\cdot\mathrm{a})$;大水桥冲洪积扇、切吉河冲洪积扇、茫曲河河谷天然资源模数为$(5\sim10)\times10^4\mathrm{m}^3/(\mathrm{km}^2\cdot\mathrm{a})$;塔拉台地、木格滩地、恰卜恰河谷东侧山地、茶卡盆地南缘天然资源模数小于$1\times10^4\mathrm{m}^3/(\mathrm{km}^2\cdot\mathrm{a})$;其余地区地下水天然资源模数$(1\sim5)\times10^4\mathrm{m}^3/(\mathrm{km}^2\cdot\mathrm{a})$。共和盆地地下水可开采资源量$3.57\times10^8\mathrm{m}^3/\mathrm{a}$,其中西盆地可开采资源量$2.27\times10^8\mathrm{m}^3/\mathrm{a}$,东盆地可开采资源量$1.01\times10^8\mathrm{m}^3/\mathrm{a}$,茶卡盆地可开采资源量$0.29\times10^8\mathrm{m}^3/\mathrm{a}$。重点区可开采资源量:恰卜恰河谷可开采资源量$421.40\times10^4\mathrm{m}^3/\mathrm{a}$,茶卡盐湖北缘冲洪积平原可开采资源量$2\,450.21\times10^4\mathrm{m}^3/\mathrm{a}$,哇洪河冲洪积扇可开采资源量$8\,029.73\times10^4\mathrm{m}^3/\mathrm{a}$。除恰卜恰河谷、沙珠玉河谷以外,其他地区地下水开采量很小,开采资源模数和天然资源模数分布特征接近。

(6)系统评价了共和盆地地下水质量。共和盆地Ⅰ类水面积$2\,244.79\mathrm{km}^2$,占盆地总面积17.4%,主要分布于盆地周边的山前冲洪积倾斜平原,是盆地内人畜饮水的优质水源;Ⅱ类水面积$3\,890.15\mathrm{km}^2$,占盆地总面积的30.2%,主要分布于山前冲洪积倾斜平原的下部,属于地下水径流区,适用于各种用途;Ⅲ类水面积$4\,435.85\mathrm{km}^2$,占盆地总面积的34.4%,主要分布于盆地中部的塔拉台地、沙珠玉河谷阶地以及东盆地木格滩地,适用于集中式生活饮用水水源及工、农业用水;Ⅳ类水面积$1\,681.1\mathrm{km}^2$,占盆地总面积的13.1%,主要分布于盆地中部地下水排泄带,影响地下水水质的常规指标主要为Na^+、TDS、SO_4^{2-}、Mg^{2+}、硬度以及Cl^-等,毒理性指标主要为F^-、I^-、NO_3^-、As等,适用于农业和部分工业用水,适当处理后可作生活饮用水。

重点区地下水质量:哇洪河冲洪积扇地下水质量好,可直接饮用的Ⅰ、Ⅱ、Ⅲ类水所占比例为96.2%;恰卜恰河谷平原承压水质量次之,无Ⅰ类水分布,区内Ⅱ、Ⅲ类水所占比例为51.7%,主要影响指标为硬度、TDS、As、F^-;茶卡盐湖北缘冲洪积平原地下水质量较差,无Ⅰ类水分布,Ⅱ、Ⅲ类水占全区面积的47.9%,主要影响指标为TDS、As、F^-、硬度等。

(7)首次评价了共和盆地地下水潜力。评价结果:切吉镇、河卡镇、塔秀乡、森多乡潜力系数$\alpha\geqslant300$,地下水开采潜力大;茶卡镇、廿地乡、过马营镇、沙沟乡潜力系数$30\leqslant\alpha<300$,地下水开采潜力较大;塘格木镇、沙珠玉乡潜力系数$1\leqslant\alpha<30$,地下水开采潜力一般;龙羊峡镇、铁盖乡、茫拉乡、贵南草业开发公司共4个乡镇地下水资源较贫乏,富水性差,综合考虑,为无潜力区。

重点地区地下水潜力:贵南县城茫曲镇潜力系数$\alpha=4.43$,地下水资源丰富,地下水开发利用程度较低,为潜力大区;共和县城恰卜恰镇主要开采承压水,承压水潜力系数$\alpha=1.02$,开采程度较高,潜力一般,潜水潜力系数$\alpha=6.5$,潜力大,综合评价为潜力较大区。

(8)评价了农牧业和生态环境建设对水资源的需求,提出了灌溉用水地下水开采方案。共和盆地总耕地面积63.21万亩,农业灌溉总需水量$1.79\times10^8\mathrm{m}^3/\mathrm{a}$。共和县沙珠玉河上游防风固沙林地4.33万亩,龙羊峡北岸防护林带1.07万亩,塘格木-沙珠玉及塔拉台地214国道沿线防风固沙林6.38万亩,盆地河谷牧草总面积约472.2万亩,生态环境建设总需水量$0.99\times10^8\mathrm{m}^3/\mathrm{a}$。

农业灌溉地下水开发利用方案:莫河农场规划地下水开采量$180\times10^4\mathrm{m}^3/\mathrm{a}$;塘格木农场建议由直买亥沟引水$2800\times10^4\mathrm{m}^3/\mathrm{a}$,叉叉龙洼引水$275.9\times10^4\mathrm{m}^3/\mathrm{a}$,规划地下水开采量$1100\times10^4\mathrm{m}^3/\mathrm{a}$;河卡滩地引用地表水灌溉$1100\times10^4\mathrm{m}^3/\mathrm{a}$,规划地下水开采量$1300\times10^4\mathrm{m}^3/\mathrm{a}$;共和县城可自叉叉龙洼引水供城市用水$762.85\times10^4\mathrm{m}^3/\mathrm{a}$,基本满足城市供水需求,原由沟后水库引用生活用水量$1\,119.59\times10^4\mathrm{m}^3/\mathrm{a}$可置换进行农业灌溉,规划地下水开采量$600\times10^4\mathrm{m}^3/\mathrm{a}$;铁盖乡规划地下水开采量$150\times10^4\mathrm{m}^3/\mathrm{a}$。

生态用水开发利用方案:沙珠玉河谷中下游沿岸牧草灌溉需水量$2\,518.4\times10^4\mathrm{m}^3/\mathrm{a}$,建议由娘塘水库引水$496.86\times10^4\mathrm{m}^3/\mathrm{a}$,规划地下水开采量$2030\times10^4\mathrm{m}^3/\mathrm{a}$;龙羊峡河谷西侧沿岸及塔拉台地牧草灌溉需水量$2\,518.4\times10^4\mathrm{m}^3/\mathrm{a}$,建议由龙羊峡水库提水灌溉$2450\mathrm{m}^3/\mathrm{a}$,地下水作为补充水源,规划地下水开采量$70\times10^4\mathrm{m}^3/\mathrm{a}$;共和县沙珠玉河中上游防风固沙林地需水量$1\,299.15\times10^4\mathrm{m}^3/\mathrm{a}$,规划地下水开采量$1300\times10^4\mathrm{m}^3/\mathrm{a}$;龙羊峡北岸防护林地规划地下水开采量$330\times10^4\mathrm{m}^3/\mathrm{a}$;塘格木-沙珠玉及塔拉台地214国道沿线防风固沙林带需水量$2034\times10^4\mathrm{m}^3/\mathrm{a}$,建议由龙羊峡水库提水$1900\times10^4\mathrm{m}^3$,地下水为

补充水源,规划地下水开采量 $135\times10^4\,\mathrm{m}^3/\mathrm{a}$。

(9)首次完成了共和盆地水资源承载力评价。共和县水资源承载力等级为尚具一定承载潜力,2022年可承载耕地 35.70 万亩,可承载草场 143.82 万亩,2030 年可承载耕地 45.83 万亩,可承载草场 144.32 万亩;贵南县水资源承载力等级为承载潜力较大,2022 年可承载耕地 24.30 万亩,可承载草场 82.03 万亩,2030 年可承载耕地 43.73 万亩,可承载草场 67.75 万亩;茶卡镇水资源承载力等级为承载潜力较大,2022 年可承载耕地 5.26 万亩,可承载草场 11.01 万亩,2030 年可承载耕地 5.26 万亩,可承载草场 12.69 万亩。

重点城镇地下水资源承载力:恰卜恰镇水资源承载力等级为基本无承载潜力,2022 年可承载耕地 4.71 万亩,可承载草场 3.98 万亩,2030 年可承载耕地 4.71 万亩,可承载草场 4.69 万亩,在大力推广节水灌溉之后,可适度承载草场生态用水;茶卡镇水资源承载力等级为尚具一定承载潜力,2022 年可承载耕地 5.26 万亩,可承载草场 1.78 万亩,2030 年可承载耕地 5.26 万亩,可承载草场 3.52 万亩,在实行节水灌溉之后,可支撑的草场面积大幅度增加;切吉镇水资源承载力等级为承载潜力较大,2022 年可承载耕地 5.63 万亩,可承载草场 36.39 万亩,2030 年可承载耕地 7.04 万亩,可承载草场 35.98 万亩,可支撑大面积的耕地和草场用水;茫曲镇-塔秀乡水资源承载力等级为承载潜力大,2022 年可承载耕地 0.77 万亩,可承载草场 18.39 万亩,2030 年可承载耕地 0.77 万亩,可承载草场 18.39 万亩,该区地下水、地表水资源均很丰富,水资源除支撑耕地、草场外,可用于防沙绿化工程。

(10)系统进行共和盆地地下水合理开发利用区划。共和东盆地:塔秀河冲洪积扇、茫什多滩、沙沟河谷区为扩大开采区;巴洛滩、茫曲河上游为可适度扩大开采区;木格滩地为不宜开采区。共和西盆地:大水河、哇洪河冲洪积扇、沙珠玉河谷下游为扩大开采区;塘格木农场、龙羊峡水库西岸、恰卜恰河谷西岸周边以及沙珠玉河中下游周围塔拉台地防风固沙林带、河滩滩地东部为可适度扩大开采区;北部山前冲洪积扇、沙珠玉河谷中上游为维持现状开采区;北部山前倾斜平原、二塔拉-三塔拉地带为不宜开采区;恰卜恰河谷为控制开采区。茶卡盆地:莫河农场西侧的乌啦利滩、大察加奴沟、茶卡镇东部的巴勒和坦地带及大水桥冲洪积扇西部为可适度扩大开采区;茶卡盆地北缘冲洪积平原中部-前缘地带为维持现状开采区;茶卡盆地南部冲洪积平原为不宜开采区。

(11)应用数值模型进行了重点区地下水开发利用方案预测。恰卜恰河谷地区:针对规划中的切吉水源地能否按时供水,制订了两种地下水开采方案:方案一,2022 年后切吉水源地外来水能够按时供水;方案二,2022 年后切吉水源地不能按时供水。方案一和方案二最大地下水开采量分别为现状开采量的 1.49 倍和 1.69 倍。预测结果:方案一对潜水水位影响较小,对承压水水位有一定影响,随着 2022—2030 年地下水开采量减小,地下水水位能够基本能够恢复至现状水平;方案二对承压地下水水位影响更为明显,可能对地下水可持续开发利用带来负面影响,如若 2022 年后切吉水源地不能按时供水,恰卜恰地区供水除开采本地地下水以外,要考虑盆地其他流域调水。茶卡盐湖北缘地区:针对不同的地表水供水保证率,制订了两种供水方案,方案一,地表水供水保证率为 75%,供水量 $2\,227.23\times10^4\,\mathrm{m}^3/\mathrm{a}$,2022 年和 2030 年需开采地下水量分别为 $559.40\times10^4\,\mathrm{m}^3/\mathrm{a}$ 和 $529.95\times10^4\,\mathrm{m}^3/\mathrm{a}$;方案二,地表水供水保证率为 95%,供水量 $1\,756.46\times10^4\,\mathrm{m}^3/\mathrm{a}$,2022 年和 2030 年需开采地下水量分别为 $1\,030.17\times10^4\,\mathrm{m}^3/\mathrm{a}$ 和 $1\,000.71\times10^4\,\mathrm{m}^3/\mathrm{a}$。预测结果:方案一 2022 年地下水位降深最大值为 1.2m,绝大部分地区水位降深介于 0.4~0.6m 之间,至 2030 年,地下水位继续下降,最大降深为 1.8m。方案二 2022 年地下水位降深最大值为 2.2m;绝大部分地区水位降深介于 0.8~1.0m 之间,至 2030 年,虽然地下水开采量少量减小,但地下水位却继续下降,最大降深为 3.2m。两种供水方案都会对地下水产生一定影响,但影响幅度有限,均可行。模拟结果显示,模拟期内地下水开采消耗了部分储存资源量,从水资源可持续利用角度出发,方案一更为合理。

二、建议

（1）塔拉台地、中部冲湖积平原、木格滩地等地区需进一步加强水文地质勘查，含水层结构、富水性尚不清楚。共和盆地区域水文地质工作主要为20世纪70~80年代完成的1∶20万水文地质普查，其后开展的工作大多集中在恰卜恰河谷、茶卡盆地、哇洪河冲洪积扇等较富水地区，占盆地面积3/4以上的中部冲洪积平原、塔拉台地及共和西盆地、木格滩地等地区基本没有再开展过水文地质工作，而且这些地区在1∶20万水文地质普查工作中实施的钻孔也较少。目前该地区的含水层结构、富水性、水文地质参数等亟待进一步查清，需进一步加强水文地质调查评价工作。

（2）山前主要河流与龙羊峡库区周边典型泉点需要长期监测研究。共和盆地是典型的内陆盆地，盆地周边山区河流在出山口入渗是地下水的主要补给来源，盆地内龙羊峡库区周边泉水及沙珠玉河是地下水主要排泄途径，20世纪70年代在盆地南部哇洪河、盆地中央沙珠玉河曾有水文站，80年代至今这些水文站由于经费投入不足等原因已荒废，目前仅共和西盆地茫曲河有水文站，缺失山区河流流量和龙羊峡泉流量长期监测，仅靠项目实施期间的河流及泉流量调查，很难进行地下水资源长系列及动态评价。建议在盆地南部哇洪河、切吉河、直亥买河、塔秀河、盆地中部沙珠玉河及龙羊峡库区周边的典型泉点建立动态监测点，进行长期监测，这项工作对盆地地下水资源长系列动态评价及地下水可持续开发利用具有重要意义。

（3）进一步加强水资源优化配置和合理开发利用研究。目前盆地水资源开发利用主要以地表水为主，大水水库、切吉水库、哇洪河水库、茫曲河上的卡加水库等拦蓄地表水，通过渠道、管道引入田间灌溉或农村生活供水，除恰卜恰地区以外，其他地区地下水开发利用程度很低，在地下水资源评价工作的基础上，需要进一步加强地表水-地下水优化配置与合理开发利用研究，从流域水资源可持续利用角度加强水资源统一管理和联合调度利用。

（4）加强水资源开发利用与生态环境需水研究工作。共和盆地整体水文地质研究程度低，近年来开展的工作主要集中在恰卜恰河谷，茶卡盆地、哇洪河冲洪积扇等较富水地区，以城镇生活、工业供水为主。该区是青藏高原沙漠化最严重的地区之一，目前龙羊峡水电站已被周围肆虐的流沙所包围，库区北岸有绵延长达50km的沙带，对龙羊峡水库构成直接威胁，盆地生态恶化也直接威胁着青海湖，亟需进行生态环境整治。水资源是荒漠化、沙漠化治理的关键因素，建议进一步加强水资源开发利用与生态环境需水量的研究工作。

主要参考文献

陈英玉,2009.共和盆地大连海中全新世以来的环境变化研究[D].北京:中国地质科学院.

陈宗宇,齐继祥,张兆吉,等,2010.北方典型盆地同位素水文地质学方法应用[M].北京:科学出版社.

董光荣,高尚玉,金炯,1993.青海共和盆地土地沙漠化及防治途径[M].北京:科学出版社.

雷学东,2005.水资源承载力理论在城镇发展规划中应用初探:以青海省共和县城镇发展规划为例[D].北京:北京林业大学.

孙建光,2004.青海共和盆地水分时空分异与水土资源生产力[D].北京:中国农业大学.

唐仲海,2008.共和县水资源开发利用现状及问题探讨[J].青海农林科技,2:84-87.

王贵玲,刘志明,陈浩,等,2010.地下水资源调查评价技术方法汇编[M].北京:地质出版社.

王贵玲,杨会峰,2010.中国北方地下水系统[M].北京:地质出版社.

王学全,卢琦,杨恒华,等,2007.青海共和盆地水资源承载能力研究[J].水利经济,25(4):3-6.

魏婷婷,2011.青海共和盆地荒漠化评价与景观动态研究[D].北京:中国林业科学研究院.

杨会峰,王贵玲,张翼龙,2014.中国北方地下水系统划分方案研究[J].地学前缘,21(4):74-82.

张海红,1999.青海省共和县水资源开发利用中存在的问题与对策[J].青海科技,6(1):31-32.

张瑞斌,陈玉华,1994.共和盆地构造背景及发震构造探讨[J].高原地震,6(4):39-42.

张颖,余新晓,谢宝元,等,2007.青海共和盆地生态需水研究与计算[J].中国水土保持科学,5(1):55-59.

内部参考资料

青海省第二水文地质工程地质队,1983.中华人民共和国区域水文地质普查报告(共和幅)[R].

青海省第二水文地质队,1984.中华人民共和国区域水文地质普查报告(贵南幅)[R].

青海省地质局,1982.中华人民共和国区域水文地质普查报告(新哲农场幅)[R].

青海省地质局,1971.中华人民共和国区域地质测量报告(共和幅)[R].

青海省地质局,1974.中华人民共和国区域地质调查报告(贵南幅)[R].

青海省地质局,1976.中华人民共和国区域地质调查报告(新哲农场幅)[R].

青海省地质局,1973.中华人民共和国区域地质调查报告(兴海幅)[R].

青海省地质局,1969.中华人民共和国区域地质测量报告(天峻幅)[R].

青海省地质调查院,2002.青海共和盆地龙羊峡库区生态环境建设地下水资源勘查报告[R].

青海省地质调查院,2006.青海省共和县严重缺水地区地下水勘查示范与开发利用区划报告[R].

青海省环境地质勘查局,2013.青海省乌兰县茶卡工业园区供水水文地质勘查报告[R].

青海省环境地质勘查局,2014.青海省共和县恰卜恰城镇及工业园供水水文地质勘查报告[R].

青海省水文地质工程地质环境地质勘察院,2014.青海省共和县切吉农业开发区供水水文地质普查报告[R].

青海省水文地质工程地质环境地质勘察院,2014.青海省共和县恰卜恰镇城镇供水河卡水源地地下水详查报告[R].

青海省水文水资源勘测局、青海省水利水电科技发展有限公司,2013.青海省海南州水资源调查评价海南州水利局、海南藏族自治州统计局,2012.海南州第一次全国水利普查报告[R].

青海省地质局水文地质工程地质队,1962.共和县他买-阿乙亥地区农田供水水文地质勘察报告[R].

西北地质局青海综合地质大队水文地质工程地质队,1963.青海省海南藏族自治州共和盆地1∶20万综合地质-水文地质普查报告[R].

西北地质局青海综合地质大队水文地质工程地质队,1963.青海省共和县恰卜恰农田供水水文地质勘察报告[R].

青海省地质局第二水文地质工程地质队,1980.青海省共和县塘格木地区农牧业供水水文地质普查报告[R].

共和县水利局,2013.共和县水利普查报告[R].

贵南县水利局,2013.贵南县水利普查报告[R].

青海黄河水利水电设计咨询有限公司,2012.青海省海南州共和县切吉灌区续建配套及节水改造工程报告[R].

青海禹兴水利水电设计有限公司,2014.海南州共和县切吉(塘格木灌区)续建配套及节水改造工程报告[R].

青海省水利水电勘测设计研究院,2009.青海省共和县沙珠玉灌区改造工程报告[R].